図説 古生態学

森下　晶　著
糸魚川 淳二

朝倉書店

Preface

The Japanese islands are fortunate in having such a rich variety of fossil faunas and floras, at least in their younger sediments. They are also fortunate in having so many knowledgeable and enthusiastic palaeontologists, such as Akira Morishita and Junji Itoigawa, who see fossils not just, or even primarily, as a means of dating the rocks, but as a record of the changing pattern of life in relationship to its environment.

Palaeontology is a fascinating subject. I recently described it as 'the most important of the biological sciences and ultimately the only possible way to study such important subjects as evolution and extinction', but in a sense palaeontology is often regarded as a rather subservient craft, as a mere dating service (and at times a rather inefficient one) for the 'real' geologist who works out the successions and makes the maps. But palaeoecology brings our long-dead fossils to life. It shows them as members of living communities in the distant past. It shows us organisms moving and mating, feeding and fighting, living and dying. They cease to be dusty specimens in drawers and become active elements in complex inter-relating communities. Japan has a splendid record of palaeontology and palaeontologists and under the leadership of Akira Morishita, Nagoya has become an obvious centre for palaeoecological studies and for a book such as this. It is noteworthy that the oldest known fossils in Japan were found by a Nagoya geologist. It is appropriate that Junji Itoigawa should have been responsible for the stimulating palaeontological museum at Mizunami with its nearby nature trail laid out through the Miocene sediments of this little basin with its fascinating palaeoecological story. The crowds of school-children pouring through the museum when I visited it, from what is in fact quite a small community, impressed me with how much Nagoya has done for education in palaeoecology in Japan.

The study of the relationship between past life and its contemporaneous environments, which we call palaeoecology, is essential to the understanding of past life and evolution. Only through palaeoecology can we understand how closely the constantly changing environment has controlled evolutionary processes. Geneticists and neontological cladists and even the protagonists of fundamental religions may theorize about evolution and how life may have changed during the history of the earth, but only palaeontologists have the benefit of the dimension of time and can see what really happened through the record that has been preserved for us in the rocks.

I was delighted to have both the authors of this book as my guests in Britain and I was even more pleased to be entertained by them in Japan. I was particularly impressed, for example, by the molluscan record in the Neogene sediments of Japan. I was fascinated by the many magnificent aquaria and by the almost unique Japanese record of 'living fossils' such as *Lingula* and *Limulus* and *Ginkgo*. It is particularly useful that the well-studied and hospitable Japanese islands have so many of these things to compare with the fossil record for uniformitarianism, if used with restraint and scepticism, as in this book, is an essential part of palaeoecological understanding. Palaeoecology, indeed palaeontology as a whole, tends to be dominated by studies of marine organisms and I am sure that nowhere in the world has such a concentration of well-equipped institutes, laboratories and vessels for marine studies (reflected in the delicious Japanese cuisine). I was impressed by all these things in my travels in Japan and I was also positively astonished at the number and excellence of local museums, such as that at Mizunami, already mentioned, and described in this book.

There have now been quite a number of text-books published on palaeoecology around the world, differing widely in their main fields of emphasis and in their bias. It is particularly appropriate that we should have this "Illustrated Palaeoecology" from Japan, and Nagoya in particular, with their splendid fossil record, their splendid availability of living forms for comparison and their splendid palaeontologists.

I am highly honoured to have been asked to write this preface to this book.

March, 1986

Derek V. Ager
Swansea, U.K.

序　　文

　日本列島の地層，特に新しい時代の地層の中には，変化に富んだ動植物の化石が含まれており，多くの古生物学者によって研究されている．しかも，彼らは単に化石を時代決定の道具として使うだけでなく，生物の進化，環境の変化と関連させて扱っている．

　古生物学はチャーミングな学問であり，私は最近，「古生物学は生物科学のうちのもっとも主要なものであり，進化や絶滅のような重要な問題を研究する唯一の道である」と述べたことがある．しかし，一般には，古生物学は層序を決め，地質図をつくる地質学者に，時代を決めるサービスをするものと考えられている．

　古生態学は長い間眠っていた化石に生命を与え，それが過去の生物群集のメンバーであり，さまざまな生活をしたものであることを明らかにした．化石は標本棚の引出しの中のほこりをかぶった標本ではなく，生き生きした，生命をもったものになったのである．

　日本にはすばらしい古生物の記録があり，すぐれた研究者がいて，名古屋大学も古生態学の分野での，中心の一つとなっている．日本でもっとも古いと考えられる化石は名古屋の研究者によって発見されたことはよく知られているし，近くにある瑞浪市化石博物館は名古屋の人たちの協力によって，すばらしい自然の中で——この博物館は中新世の地層の露出の中にある——，魅力的な古生態の展示をもち，活発に活動している．私は博物館を訪れて，たくさんのかわいい小学生たちが来ているのを見て，古生態学の教育に"名古屋スクール"が大きい役割りを果たしている，との印象を受けた．

　過去の生物とそれらのすんだ環境との間の関係の科学，すなわち古生態学は，過去の生物とその進化を理解するための，本質的なものである．古生態学を通してのみ，常に変化している環境がいかに進化の過程をコントロールしているかを，われわれは理解できる．遺伝学者を初めとする生物学者はもちろんのこと，いろいろな宗教の主唱者たちでさえも，進化についての理論を述べ，地球の歴史の中で生物がいかに変化したかを説明できるかもしれない．しかし，古生物学のみが，化石によって，実際に何が起こったかを明らかにできると思われる．

　この本の著者たちは，イギリスの私の大学へ研究のために訪れ，私もまた，日本へ行き彼らにあちこち案内してもらった．日本で，私は保存のよい新生代の貝類化石，すばらしい水族館，そして多くの"生きている化石"——シャミセンガイ，カブトガニ，イチョウなど——に興味をもった．このような材料は，斉一説（uniformitarianism）のために役立つと思われる．特に，この本の中にあるように，控え目に，確かめて使うならば，古生態学の基本的な材料となるだろう．

　古生態学は古生物学そのものといってもよいが，海生生物の研究が主流になっている．日本には海洋研究のよい設備をもった研究所，実験室，調査船などが世界にも類をみないほどたくさんあり，古

生態学研究に有用と思われる．このことは，おいしい日本の料理にさえ反映しているほどである．私は日本中を旅行して，これらのことを印象づけられ，また，瑞浪のような，すぐれた地域博物館がたくさんあることにも驚かされた．

　世界中には多くの古生態学の教科書や参考書があり，それぞれ特徴をもっている．この『図説古生態学』が，日本，とりわけ名古屋で書かれたことは妥当なことであろう．

　この本の序文を書くことを依頼されて，私は大変嬉しく思っています．そして，日本の多くの読者が本書を利用されて，ますます古生態学への造詣を深められんことを，心から願っております．

　1986年3月

Derek Ager.

＊Derek V. Ager 博士のプロフィル

1921年，イギリスのハーローに生まれる．ロンドン大学を卒業し，学位（Ph. D.）をとる．ロンドン大学，インペリアル・カレッジのリーダー（Reader）を経て，ウェールズ大学スオンジー校の教授．中生代の腕足類を専門とし，層序学，古生物学（特に古生態学）の分野で活躍．フィールド・ワークを得意とし，グローバルなスケールで研究をしている．代表的な著書に，"Principles of Paleoecology" があり，ダイナミックな古生態学理論の展開には定評がある．

目　　次

I. 古生態学の基礎 …………………………………………………………… 1

1. 化　　石 ………………………………………………………………… 1
　1.1　いろいろな化石生物 ………………………………………………… 1
　1.2　生物の進化 …………………………………………………………… 7
　1.3　示相化石 ……………………………………………………………… 8
2. 古生態学 ………………………………………………………………… 11
　2.1　生態学と古生態学 …………………………………………………… 13
　2.2　古生態学と地質学 …………………………………………………… 13
　2.3　個体古生態学と群集古生態学 ……………………………………… 13
3. 現在主義 ………………………………………………………………… 14
4. 自然環境と生物 ………………………………………………………… 17
　4.1　海の環境 ……………………………………………………………… 18
　4.2　陸の環境 ……………………………………………………………… 25
　4.3　汽水域 ………………………………………………………………… 26
5. 堆積学的吟味 …………………………………………………………… 28

II. 古生態学の実際 …………………………………………………………… 31

6. 瑞浪層群を例として …………………………………………………… 31
　6.1　アウトライン ………………………………………………………… 31
　6.2　フィールド・ワーク ………………………………………………… 35
　6.3　貝類（軟体動物）化石群集 ………………………………………… 48
　6.4　生痕化石 ……………………………………………………………… 57
　6.5　その他の化石 ………………………………………………………… 64
　6.6　古環境・古地理の復元 ……………………………………………… 72
　6.7　瑞浪市化石博物館における展示 …………………………………… 81
7. 群集古生態学の例 ……………………………………………………… 87
　7.1　貝類化石群集と古地理 ……………………………………………… 87

7.2　中新世の熱帯的古環境 ………………………………………… 99
　　7.3　掛川層群の例 …………………………………………………… 108
　　7.4　微化石による古環境解析 ……………………………………… 115
　　7.5　縄文海進と貝類（軟体動物）化石群集 ……………………… 119
8.　個体古生態学の例 …………………………………………………… 127
　　8.1　カ　キ　類 ……………………………………………………… 127
　　8.2　生　痕　化　石 ………………………………………………… 132
　　8.3　デスモスチルス ………………………………………………… 141
　　8.4　浮　遊　性　貝　類 …………………………………………… 147
　　8.5　真　珠　化　石 ………………………………………………… 151
9.　古生態学とフィールド観察 ………………………………………… 155
　　9.1　古生態観察のモデル地 ………………………………………… 155
　　9.2　フィールドでの質問表 ………………………………………… 163

引　用　参　考　文　献 …………………………………………………… 166
あ　と　が　き ……………………………………………………………… 169
日本のおもな化石の博物館 ………………………………………………… 170
索　　　　　　引 …………………………………………………………… 172

［ケースの写真は *Paleoparadoxia*：瑞浪市化石博物館提供］

I. 古生態学の基礎

1. 化　　石

1.1　いろいろな化石生物

現在，地球上には，100万種以上の生物が生存している．それらは，それぞれ限られた環境のもとにそれぞれ固有の生活をしている．

一方，カンブリア紀（約5.7億年前）以降，各時代の地層中には，10億以上の生物種が化石として含まれており，生物に関するいろいろな問題を問いかけている．

化石 (fossil) ということばは，元来ラテン語の fossio (to dig) から由来したもので，「掘り出されたもの」という意味である．化石は，名の示すとおり，貝類の殻とか，動物の骨のように身体の固い部分の残っていることが多いが，埋もれている間に地下水の影響をうけて，オパール化した巻貝（腹足類）*Vicarya*（図I.1）のように，さらに固くなったものもある．

図I.1　*Vicarya*（右）とオパール化したもの（左）
（瑞浪市瑞浪層群，中新世）（瑞浪市化石博物館）

しかし，中にはシベリアの氷に閉じこめられた冷凍マンモス (*Elephas primigenius* BLUMENBACH)（図I.2），北アメリカのランチョ・ラ・ブレア (Rancho la Brea) 油田のアスファルトづけになった動物，コハク (amber) 中に閉じこめられた昆虫類（図I.3），クラゲの印象（図I.4），動物のはい跡 (trail)（図I.5），足跡 (footprint)（図I.9），巣穴 (burrow)（図I.6），糞 (excrement) などもある．

過去の地質時代に生存していたすべての生物を古生物，現在まで保存されている古生物の遺骸

図 I.2　シベリアのマンモス (DUNBAR, 1964)

図 I.3　コハク中の昆虫（瑞浪市産，第四紀）
　　　　（瑞浪市化石博物館）

図 I.4　クラゲの印象 (MOORE, 1958)
　　　　（ドイツ，ジュラ紀）

(remains) および遺跡 (ruins) を化石という．化石をあつかう分野を古生物学 (palaeontology or paleontology) という．

　貝殻 ($CaCO_3$)，ウニの殻 ($CaCO_3$)，サンゴ ($CaCO_3$)，有孔虫の殻 ($CaCO_3$)，昆虫の外骨格 ($C_{15}H_{26}N_2O_{10}$)，脊椎動物の骨格 ($Ca_3[PO_4]_2$)，植物の細胞膜 ($C_6H_{10}O_5$)，珪藻 (SiO_2)，石灰藻 ($CaCO_3$) などは，多くそのままの化学成分で保存されている．

　しかし，中には貝殻 (shell)，骨格 (skeleton)，珪化木 (silicified tree) などのように，埋没後，地下水中に溶解している種々の鉱物成分などにより，組織が置換され石化しているものもある．置換されている鉱物は，珪酸塩 (SiO_2)，炭酸石灰 ($CaCO_3$)，種々の酸化鉄 (FeO や Fe_2O_3)，硫化鉄 (FeS_2)，まれに金 (Au) その他の金属である．蛋白石(オパール) ($SiO_2 \cdot nH_2O$) 化した前述の *Vicarya*

1. 化　石

図 I.5 (*Macoma baltica*) 二枚貝のはい跡 (SCHÄFER, 1972)

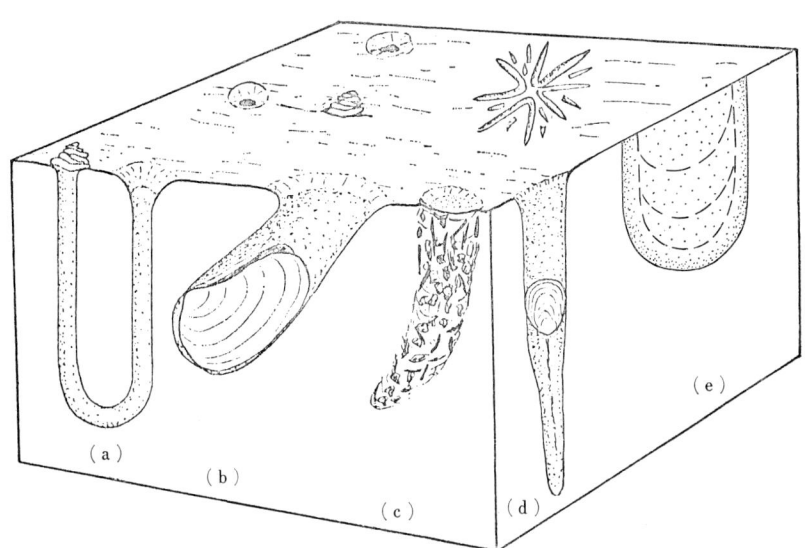

図 I.6　巣　穴 (AGER, 1963)　(a): *Arenicolites*, (b): *Edmondia*,
(c): *Terebella*, (d): *Lingula*, (e): *Corophioides*.

(図 I.1), 化石の森 (petrified forest) などはよい例で, このような硬い鉱物に置換された化石は, おのずから保存されやすくなる.

　生物体が溶解して, 母岩 (matrix) の上にその型だけが残っている場合がある. 西ドイツのバイエルンのジュラ紀の石版石泥灰岩中から発見されたクラゲの化石 (*Ephyropsites jurassicus*) は有名である (図 I.4). これは, 母岩上の印象 (impression) であるが, これには, 雄型 (cast), 雌型 (mold), 外形 (outer), 内形 (inner) などの区別がある (図 I.7). 印象のめずらしい一例として

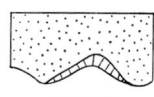
内形雄型

外形雌型

内形雌型　　　外形雄型

図I.7　雄型と雌型

は，米国の溶岩中に発見されたサイ（*Diceratherium*）の雌型がある（図I.8）．

古生物体そのものは残っていないが，古生物の生活状態が残っているものを生痕（trace mark, Lebensspuren）化石という．前述の足跡，はい跡，糞，卵，巣などである．仙台市西部の竜ノ口層（鮮新世）の水鳥の足

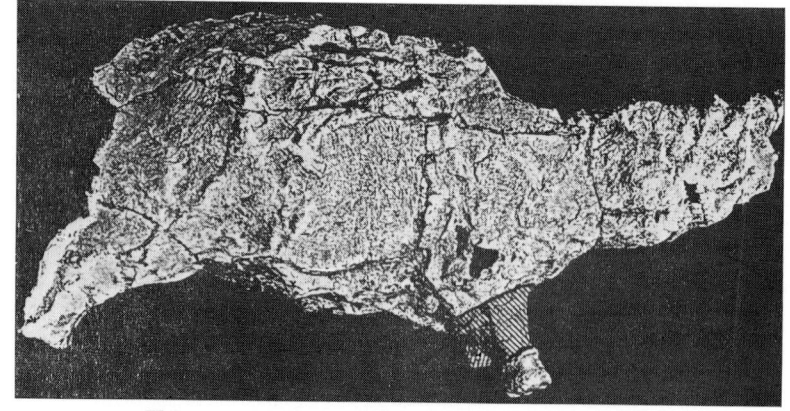
図I.8　サイの印象（雌型）（CHAPPELL *et al.*, 1951）

図I.9　恐竜の足跡（MOORE, 1958）

跡は，日本における好例であるが，米国テキサスの石灰岩に印象された恐竜（*Trachodon*）の巨大な足跡は有名である（図 I.9）．はい跡の化石は，多毛類（polychaeta）に多い．日本では深田淳夫（1951）が四国の室戸層群（始新世）から，多毛類化石の産出を報じたが，その後 1960 年，甲藤次郎は *Nereites tosaensis* その他を発表した（図 I.10）．この他，ウニによるもの（図 I.11）なども知られている．

図 I.10　室戸層群の多毛類の糞石（松岡敬二撮影）

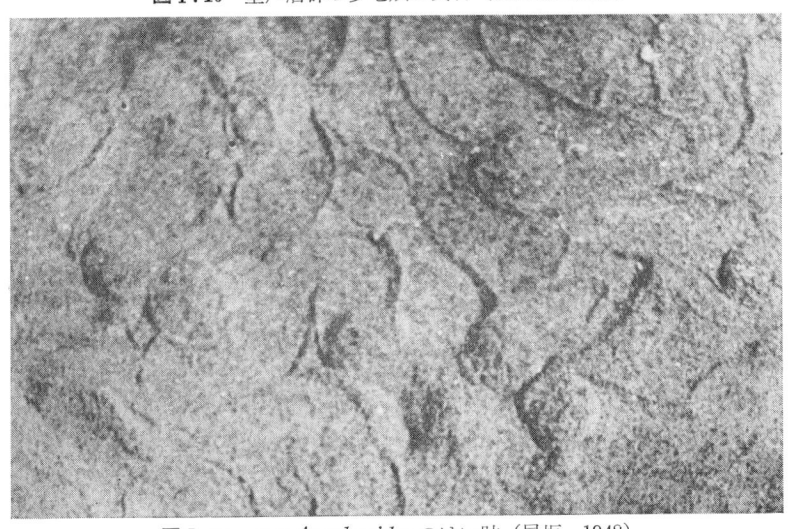

図 I.11　ウニ *Arachnoides* のはい跡（早坂，1948）

糞の化石を糞石（coprolite）というが，多毛類の糞石の他，恐竜の糞石も知られている．北海道厚岸の白亜系から産出した *Magarikune akkesiensis* MINATO and SUYAMA もその例である．卵の化石としては，1922年中央アジアのゴビの砂漠で発見された恐竜（*Protoceratops*）の化石は有名である（図 I.12）．

巣の化石としては，穿孔貝（boring shell）といって，岩盤や木，他の貝殻などに穴をあけて中にすむものがあるが，第三紀の流木中にフナクイムシ（*Teredo*）の巣穴の化石になったものが，しばしば発見されている（図 I.13）．以上のように生痕と呼ばれるものの化石は，いずれも地層面（bedding plane）上に印象されるので，地層の上下を知るのに役立ち，また，現地性（autochthonous），ひい

図 I.12　恐竜 *Protoceratops* の卵（森下ほか，1982）

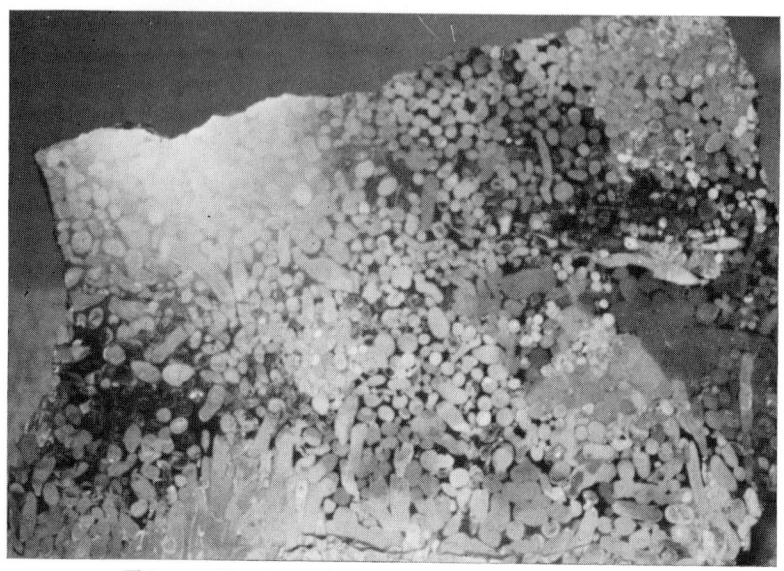

図 I.13　*Teredo* sp.（フナクイムシ）の化石（瑞浪市，中新世）
　　　　（瑞浪市化石博物館）

1. 化石

図I.14 瑞浪層群の生痕
(上部は明世累層，下部は土岐夾炭累層)

ては古生態 (paleoecology) を直接あらわすものとして重要である．岐阜県の瑞浪でも，かつて土岐夾炭累層と明世累層の接するところで，土岐夾炭累層のトップに生痕化石がみられた (図I.14)．

これまで，いくつかの化石例をあげたが，遺跡はもちろん，遺骸のあるものも，なんらかの形で昔の生活の姿を残している．

1.2 生物の進化

化石の効用のうち，もっとも重要なのは生物の進化に関することがらである．

チャールズ・ダーウィン (CHARLES DARWIN 1809-1882) は，有名なビーグル号探検 (1831-1836) の観察資料を，当時出版されたチャールズ・ライエル (CHARLES LYELL 1797-1875) の『地質学の原理』("Principles of Geology" 1830-1833) などを参考にしてまとめ，有名な『種の起源』("The Origin of Species by means of Natural Selection" 1859) として発表した．その中の第9章および第10章には，地質学・古生物学的な内容がもられている．

第9章は，「地質学的記録の不完全」('On the Imperfection of the Geological Record') で連続説の不備を弁解し，長大な地質学的時間を強調している．つまり，中間種 (たとえば始祖鳥 *Archaeopterix*) (図I.15) の問題にふれている．

第10章は，「諸生物の地質学的連続」('On the Geological Succession of Organic Beings') で，古生物学的資料は自然淘汰説 (natural selection) と矛盾しないことを述べている．

古生物学の提供するデータは，化石が過去の大進化を証明する唯一のものである反面，化石の不完全性が特徴といえるが，いずれもヘッケル (独. E. HAECKEL 1834-1919) の反覆説 (recupitulation theory) とコープ (米. E. D. COPE 1840-1897) の定向進化 (orthogenesis) を裏付けるものばかりである．定向進化は，古生物学者コープがはじめて着想したもので，「生物進化は一定方向に向かい，生物体に内在する要因で行われる」という，いわば環境条件に対する生物の独裁をいうもので，

図 I.15 始祖鳥 *Archaeopterix* (ZUMBERGE, 1963)
(ドイツ，ジュラ紀)

化石にはフズリナ，ゾウ，ウマ，キサゴ，カシパンウニなど，定向進化を示す例が多い．

生物進化には，いろいろな問題点があるが，いずれも環境を抜きにして考えることはできない．たとえば，恐竜がどうして絶滅したかという問題にしても，地球全体が何らかの原因で以前より低温になり，爬虫類である恐竜はこのことに対応することができなかったことは，十分に考えられる．

1.3 示相化石

化石生物の多くは，死後，波浪や流水などによって，生活場所から離れたところに運搬され，化石化するから，異地性 (allochthonous) と呼ばれるものが多い．各地でみられる，密集して産出するものは，ほとんど異地性と考えてさしつかえない．しかし，一部には生活場所と産出地点が一致する現地性と考えられるものもある．足跡などの生痕化石は，その代表で，貝化石なども単一的に発見されるものは，むしろ現地性である可能性がつよい．いずれにしても，堆積学的な吟味が必要である．

生物は，おのおの生活様式や生活環境に特徴をもっている．したがって，化石には古生物の古生態環境を明確に示す場合がある．このような化石を示相化石 (facies fossil or facies index fossil) という．生物は，死の瞬間から，砂礫と同じように無機物の性格をおび，運搬・篩別作用をうけるから，ある化石が示相化石であるかどうかは，十分検討する必要がある．たとえば，現在暖海にすむ造礁サンゴ (reef coral) は，40m以浅の浅海で成育し，年平均水温20°C以上の暖海に限られるので，

典型的な示相化石である．日本でも，古生界などで造礁サンゴの化石が発見される場合，当時の暖海性の浅海底を推定することが，よく行なわれている．

　示相化石をあつかう場合に，生物自体が時代とともに生息地も生活現象も変化していくことに，留意すべきであり，単なる体制上の類似から，その生態を推論するのは危険である．ある海生生物は，全盛時代には檜舞台である浅海底に生息するが，衰退に向かうと，じょじょに，敵の少ない深海底に生息地を変えるという事実もある．たとえば，日本の宮崎層群（中新世）その他から産出したウニの一属 *Palaeopneustes*（図I.16）は，岩相 (rock facies) や共存化石 (associated fauna) からは浅海性種と推定されるが，現生種は1000m前後の深海からも報告されている．北海道美唄炭鉱の石狩統（始新世）から，シュロの化石 (*Sabalites nipponicus* (CRYSHTOFOVICH)) が発見されたからといって，当時の北海道が熱帯だったとするのは早計である．シュロにはシュロなりに，生息地に消長があるはずである．

　一般には，現在生きている生物の形態や生態から類推して，化石生物の生態を推定することが行な

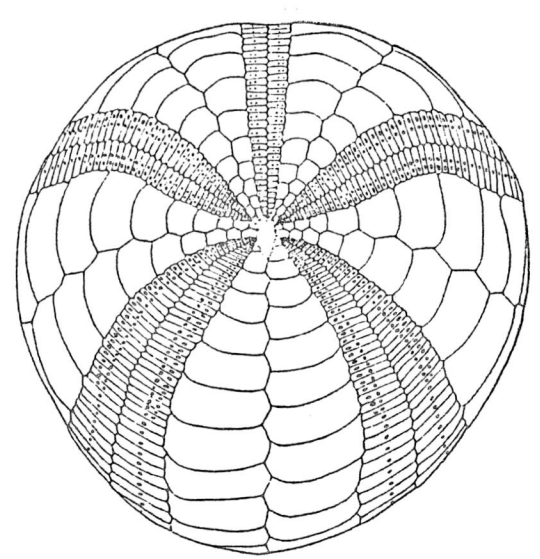

図I.16　*Palaeopneustes priscus* NISIYAMA（ウニの一種）（西山，1968）

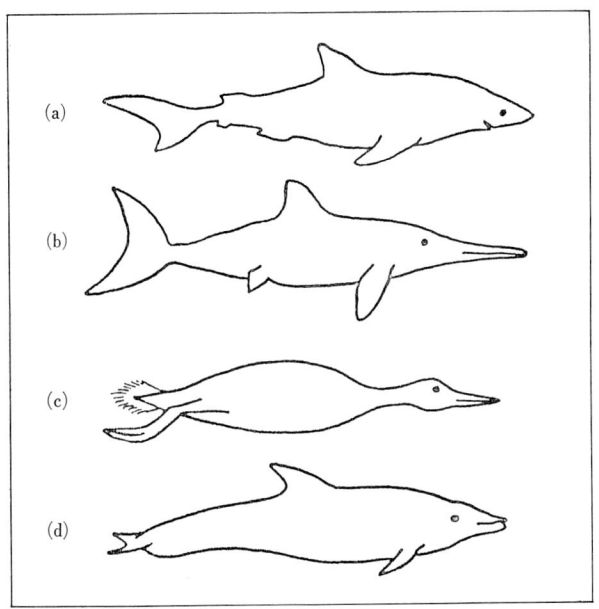

図I.17　遊泳型による適応（AGER, 1963）
（a）：サメ（魚類現生種），（b）：*Ichthyosaurus*（化石爬虫類），
（c）：*Hesperornis*（化石鳥類），（d）：イルカ（哺乳類現生種）

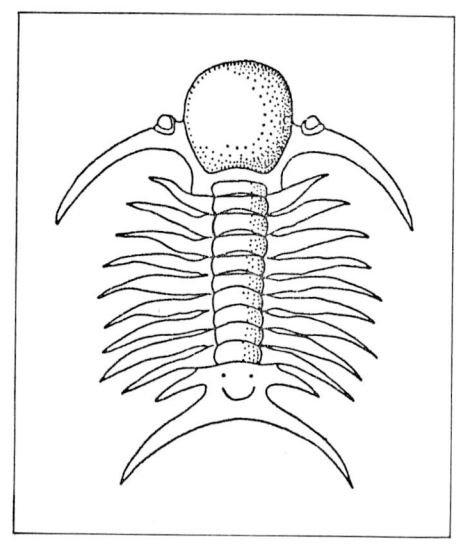

図 I.18　*Deiphon* 三葉虫（AGER, 1963）

れている．

　図 I.17 は，お互いに類縁関係のない脊椎動物どうしの形態の類似からみた，生活型の比較である．この図は，（a）が現生魚類のサメ，（b）が化石爬虫類の（*Ichthyosaurus*）イクチオサウルス，（c）が化石鳥類の（*Hesperornis*）ヘスペロルニス，（d）が現生哺乳類のイルカ（dolphin）である．*Hesperornis vegalis* は，全長 136 cm，北アメリカの上部白亜系から発見された．

　三葉虫は，古生代にしか生存しなかったグループであるが，古生代シルル紀の *Deiphon*（図 I.18）は，そのふくらんだ頭鞍（glabella）からみて，海底斜面を滑走したと推定されている．ふくらんだ頭鞍は，比重の小さな液体をみたし，浮きやすいと考えられるからである．三葉虫は，一般に底生性と考えられているが，一部には，このような多少浮遊性のものもいたと推定される．

2. 古生態学

　化石の材料を時代的に整理してみると，いろいろなことがわかる．生物界の古生代以降の変遷に関して，人類出現以前の3つの大事件をあげてみよう．
（1）　カンブリア紀における生物の急激な大繁栄．
（2）　古生代中期における生物の上陸．
（3）　中生代末における生物界の大変化．

　カンブリア紀のはじめ（約5.7億年前）には，生物の種類・個体数とも突如急激に増加し，海藻や海生の無脊椎動物がほとんど出そろった．これは，以前にくらべ環境要素としての酸素，二酸化炭素，塩化ナトリウムなどがふえ，生態系（eco-system）が安定したことを意味する．生物とその周囲の環境とは不即不離の関係で結びついた系として考え，生態系という．

　古生代中期には，シルル紀（約4.3億年前）の陸上植物の出現に続いて，デボン紀（約4.1億年前）には，陸生の無脊椎動物，続いて陸生の脊椎動物も出現した．その関係は，図Ⅰ.19のようなものである．最初の陸上植物は *Psilophyton*（プシロフィトン）で，高さは20〜50 cm，根と茎の区別があり，茎は地上茎，地下茎に分かれ，地上茎は，鱗またはトゲのような小葉におおわれていた．その後の石炭紀に，最初の陸上大森林が生じたのは，デボン紀の植生遷移によって土壌ができたことや，高温多湿な気候にもとづくものである．石炭紀には，大型シダ類の *Lepidodendron*（鱗木），*Calamites*（蘆木），*Sigillaria*（封印木）などが繁茂して森林をつくり（図Ⅰ.20），空気中には二酸化炭素や水が多く，雲量は大だったことが推定される．

　世界最古の脊椎動物は，北米で発見されたオルドビス紀魚類であるが，ヤツメウナギに近縁の無顎類（Agnatha）である．デボン紀に魚類は分化し，肺魚グループの出現が，上陸の端緒となった．最初

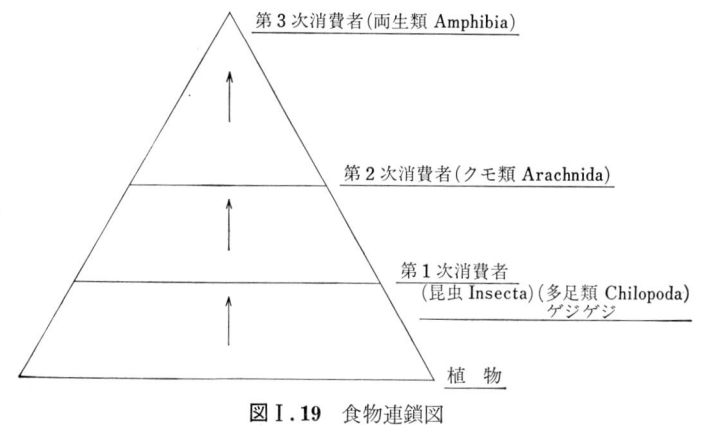

図Ⅰ.19　食物連鎖図

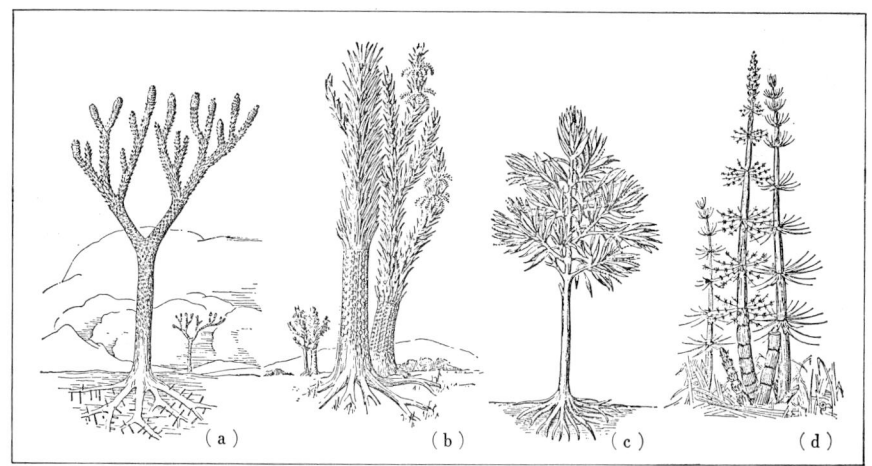

図 I.20 鱗木その他 (DUNBAR, 1964)
(a): *Lepidodendron* 鱗木, (b): *Sigillaria* 封印木,
(c): *Cordaites* コルダイテス, (d): *Calamites* 蘆木

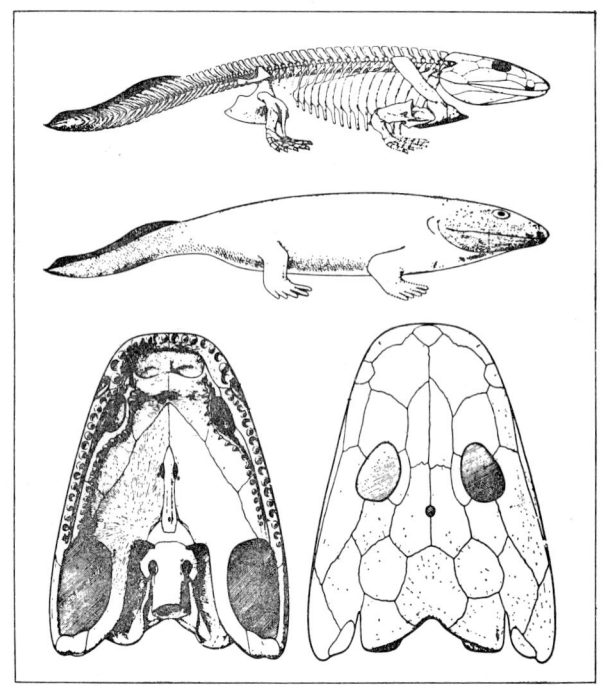

図 I.21 *Ichthyostega* (DUNBAR, 1964)

の陸生脊椎動物は，魚類から進化した両生類で，カナダのデボン紀後期から発見された *Elpistostega*（頭骨）や，グリーンランドから発見された *Ichthyostega* などである．*Ichthyostega* は，体長1mたらず，肉食で，海浜の淡水中に生息したと考えられる（図 I.21）．

食物連鎖 (food chain) というのは，動物社会における食うか食われるかの食物関係をいうものであるが，図 I.19 の古生代中期では，初めは食物になる植物が出現して，次にそれらを食する昆虫 (Insecta)，多足類 (Chilopoda) が出現し（第1次消費者），次にこれらを食物とするクモ類 (Arachnida)（第2次消費者），最後にこれらを食べる両生類（Amphibia）（第3次消費者）が出現した．

中生代末には生物界の大変動があった．恐竜は絶滅し，海に繁栄したアンモナイト類も同じ運命をたどり，裸子植物は被子植物にとってかわられた．その一大原因は，気候変化に耐ええなかったことによると思われる．

これらどの場合をとっても，周囲をとりまく環境と無縁ではない．このように古生物とその周囲にある生活環境の複雑な関係を探究する分野を，古生態学（paleoecology）という．

2.1　生態学と古生態学

古生態学は，現在生きている生物と周囲の自然環境との間に働く相互作用を研究する生態学（ecology）と，密接な関係がある．しかし，化石が保存されることが，むしろまれであるし，保存されていても絶滅した生物が多いために，生物に必要な条件が何だったか知ることができない．また，温度，湿度，塩分などの環境因子は，堆積岩中に直接残っていないのである．生態学は，1866年，ヘッケル（独．E. HAECKEL 1834–1919）によって創始され，現在，科学としての地位を確立しているが，古生態学は，それより遅れて創始され，いまだに科学としての地位を確立しているかどうか，疑問である．それにもかかわらず，現生生物との比較をつうじて，生物進化・生物地理・古気候その他の分野に，多くのデータを提供している．

2.2　古生態学と地質学

地質学（geology）では層位学（stratigraphy）が重視されるが，古生態学的要素を考慮しなければ意味がない．多くの研究は，環境を無視した対比論（correlation）に終止している．

古生態学は，かつての水陸分布のみでなく，どのような自然環境（水陸ともに）が存在していたかについても知ることができる．このことは，層位学や堆積学（sedimentology）にとっても有効である．

2.3　個体古生態学と群集古生態学

生態学は，動植物群（fauna, flora）に含まれている生物のある群と局地的な環境条件の間に働く相互作用を明確にする個体生態学（autecology）と，ある環境条件と全動植物群の分布や数量の関係を明確にする群集生態学（synecology）に2分される．それぞれ対応するのが個体古生態学（paleoautecology）と群集古生態学（paleosynecology）であるが，ある生物の生息地（habitat）や習性（habit）を明らかにするのが，個体古生態学であり，現生種と化石種の群集を比較して地質時代の環境を推定するのが群集古生態学である．

3. 現在主義

マガキ (*Crassostrea*) 類の化石は，日本の各地から産出するが，これらの産出によって，その場所が当時は波の静かな内湾のような環境であったことを推定することができる場合がある．これは，現在のマガキ類の生息環境にもとづく推定である．これに限らず，古生物の生息環境の推定は，現在生きている同一種，または類似種の生態についての知識，つまり，生物学の知識にもとづいており，現在主義 (actualism) といわれる．

チャールズ・ライエル (CHARLES LYELL 1797-1875) の有名な言葉に，「現在は過去への鍵」というのがあるが，過去の探究の手がかりは，現在に求めるより仕方がない．この説は，ライエルによって確立されたが，この考えは18世紀末のジェームズ・ハットン (JAMES HUTTON 1726-1797) の斉一説 (uniformitarianism) に根ざしている．元来，地質学に関して，過去のもろもろの地質現象は，現在の自然現象と同じように，一様に行われたとする考えである．昔は，先カンブリア時代 (Precambrian era) は，すべてにおいて古生代以降と異なった時代と解されていたが，現在では古生代以降のすべての地質現象と，同一にあつかわれている．

現在主義にもとづく化石例を，少しあげてみよう．

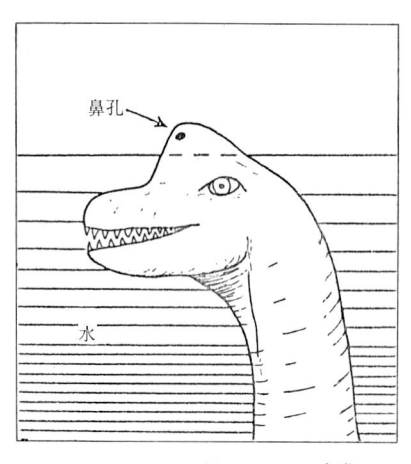

図 I.22 *Branchiosaurus* の鼻孔
(AGER, 1963)

図 I.22 は，水上に頭を出した恐竜 *Brachiosaurus* であるが，これは体重を支えるために，また敵から身を守るために，時折水中にもぐったと推定されている．その折，頭上の鼻孔は，水面上で呼吸をするのに便利であった．*Brachiosaurus* は，体長約 25 m，前肢長大な，ジュラ紀後期の巨大な草食恐竜であった．

図 I.23 は，白亜紀ウニ *Infulaster-Hagenowia* 群の進化を示したもので，現生種 *Spatangus purpureus* を参考にして，あとになるほど，殻の上部が深海に適応するように長くなったことを示している．

図 I.24 は，葉の化石をならべたものである．上段の (a)〜(d) は，英国のワイト島 (Isle of Wight) アラム湾 (Alum Bay) の前期始新統のもので，すべてフチが完全である．(a) がマメ (*Dalbergia*)，(b) がイチジク (*Ficus*)，(c) がクス (*Laurus*)，(d) が *Apeiobopsis* である．下段の (e)〜(h) は，南フランスの中新統から産出した，鋸歯状のフチをもった葉の化石で，(e) がヤマモモ (*Myrica*)，(f) がブドウ (*Vitis*)，(g) がカエデ (*Acer*)，(h) がコナラ (*Quercus*) で

3. 現在主義

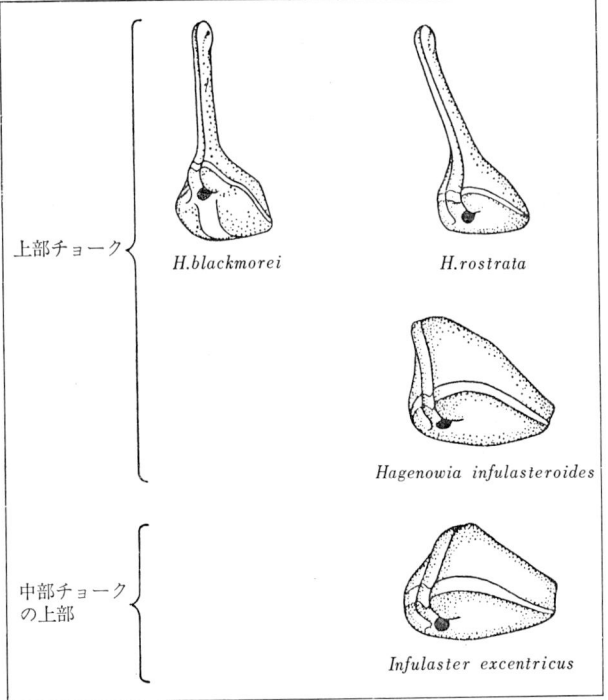

図 I.23 白亜紀ウニ化石 *Infulaster–Hagenowia* グループ
(NICHOLS, 1959)

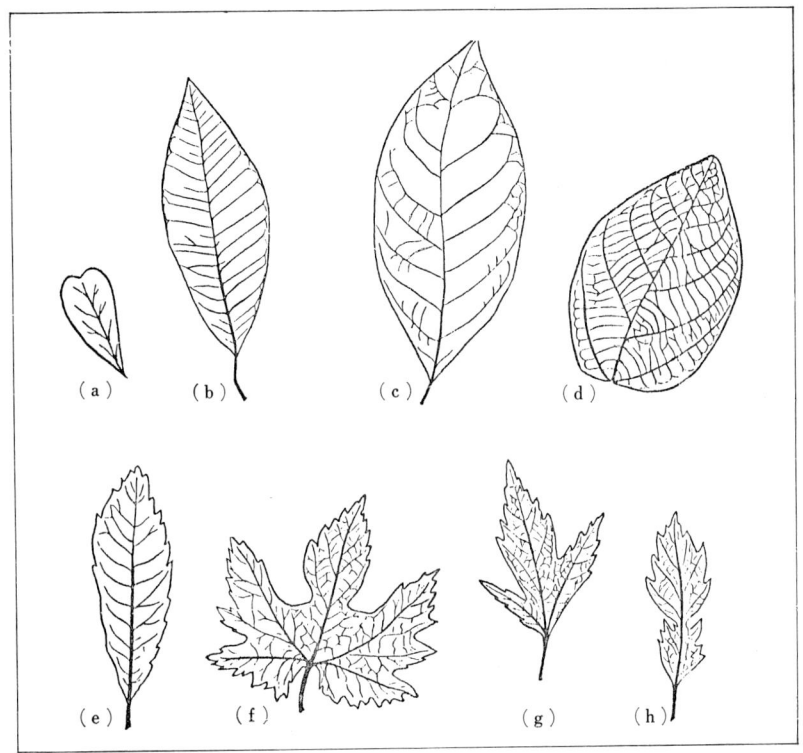

図 I.24 化石葉の形 (AGER, 1963)

ある．中新世の葉が，パーセンテージ上，圧倒的に鋸歯状の葉が多いことは，中新世になって気候が悪化した（雨が少なくなった）ことを示している．

以上の例は，いずれもなんらかの意味で，現在主義に根ざした推定といえるであろう．

現在と過去の比較は，異なった分類レベル（たとえば種と属）で行われる．もし，種に限ればせいぜい更新世までしか適用できないであろう．氷期のカバ（*Betula nana*）は高山型・寒冷型とされ，巻貝 *Belgrandia marginata* や二枚貝 *Potomida littoralis* は，南欧型・間氷期型とされている．一般に属は種よりもよく使用される．オルドビス紀以降，現在まで生息するシャミセンガイ *Lingula*（腕足類）は一例である．*Lingula* の現生種は，熱帯・亜熱帯にのみ分布し，沿岸帯の海底に付着し，自由に泳げる幼生期には汽水にも生息しているが，化石種も同様に考えられている．

現在と地質時代を比較しうる代表例は，サンゴ（coral）であろう．古生代，中生代，新生代とも多くの研究が行われている．米国のダーハム（J. W. DURHAM）は，古第三紀のサンゴの一覧表を，現生種を参考にしてつくっている．

底生有孔虫でも，同様の研究が行われている．とくに米国のメキシコ湾や南カリフォルニアに関する成果はいちじるしいものがある．現生の深度による区分を第三紀に適用している．

4. 自然環境と生物

生物のすむ自然環境は，次のように分けられる．
（1） 物理的環境
（2） 化学的環境
（3） 生物的環境
この3つの環境のおもな要素は，次のようなものである．
（1） 物理的環境
　　① 温　度 (temperature)
　　② 光 (light condition)
　　③ 輻　射 (radiation)
　　④ 圧　力 (pressure)
　　⑤ 重　力 (gravity)
　　⑥ 音　量 (sound)
　　⑦ 深　度 (depth of water)
　　⑧ 空気や水の粘性や拡散 (viscosity and diffusion of air and water)
　　⑨ 大気の状態 (atmospheric condition)
　　⑩ 水の運動 (water movement)
　　⑪ 地表条件 (land-surface condition)
　　⑫ 地表や海底の地形 (geomorphology of land surface and sea floor)
　　⑬ 堆積条件 (bottom sedimentological condition)
　　⑭ 汀線距離 (distance from shores)
　　⑮ 水域の形態 (geographical shape of water body)
　　⑯ 近接地の地理的条件 (geographical condition of adjacent land)
　　⑰ 緯度と経度 (latitude and longitude)
（2） 化学的環境
　　① 水の鹹度 (salinity of water)
　　② 水素イオン濃度 (hydrogen-ion concentration)
　　③ 緩　衝 (chemical buffer)
　　④ 痕　跡 (trace element)
　　⑤ コロイド (colloid)

⑥ 二酸化炭素量 (carbon dioxide content of air and water)
⑦ 窒素量 (nitrogen content of air and water)
⑧ 酸素量 (oxygen content of air and water)
⑨ 水素硫化物 (hydrogen sulfide content of air and water)
⑩ 酸化還元ポテンシャル (oxidation-reduction potential)
⑪ 他の化学的要素 (other chemical factor)
⑫ 有機炭素量 (organic-carbon content of air and water)

（3） 生物学的環境
① 共存生物 (associated organism)
② 共　生 (symbiotic relation with other species)
③ 敵　対 (antagonistic relation with other species)
④ 機動力 (mobility)
⑤ 出生率・死亡率 (birth and mortality rate)
⑥ 増減率 (rate of population increase or decrease)

これら多くの要素は，化石では認められないが，常に銘記しておく必要がある．

4.1 海 の 環 境

海域で重要な環境要素は，水温，深度および光である．
光と深度の関係によって，海域は次のように3つに分けられる．
（1） 多光帯 (euphotic zone)　80 m まで
（2） 少光帯 (disphotic zone) 200 m まで
（3） 無光帯 (aphotic zone)　200 m 以深

多光帯は光を通す部分で，光合成 (photosynthesis) も可能であるが，少光帯は光を通しても，光合成は不可能である．無光帯は光をまったく通さない．深度は，ところによって塩分濃度や不純物の多少によって，まちまちである．

図Ⅰ.25 は，海の環境のおおよその区分である．海底でみると，海岸から沖に向かって潮間帯 (littoral)，浅海帯 (sublittoral)，漸深海帯 (bathyal)，深海帯 (abyssal)，超深海帯 (hadal) に区分され，潮間帯はさらに細分されている．海域では海岸からいかにへだたっているかによって，浅海性 (neritic)，外洋性 (oceanic) に区分され，深度による細分は図Ⅰ.25に示すとおりである．そのような海でできた地層には，実にさまざまな習性 (habit) や生息場所 (habitat) をもつ生物たちが，化石として含まれているが，もとをただせば，図Ⅰ.25に示すようなところに生息していたのである．

これらの生物たちは，
（1） 海　底
（2） 海面近く
（3） 海中（海底と海面の中間）

に，それぞれ生活していた．図Ⅰ.26をみても，海底には海藻類や海綿，イソギンチャクのような固

4. 自然環境と生物

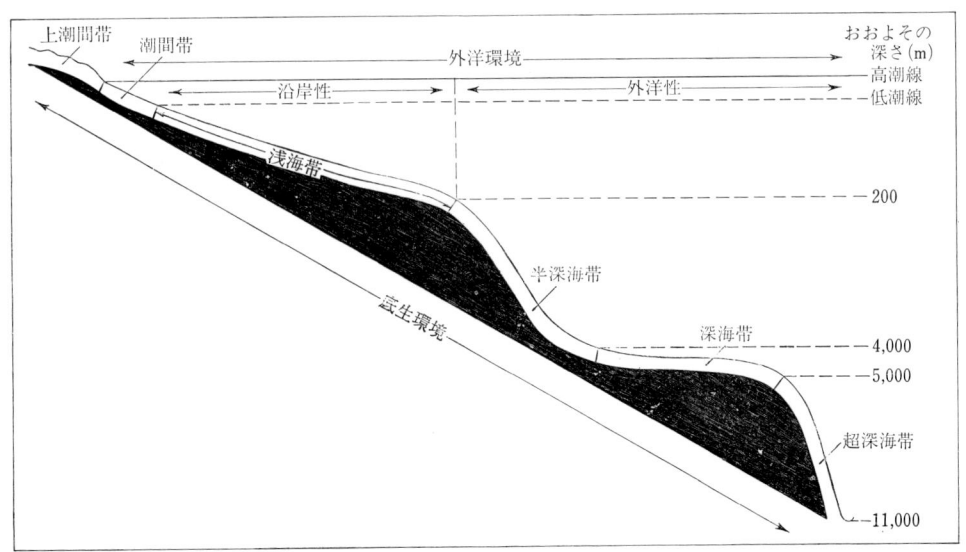

図 I.25　海の環境の分類 (AGER, 1963)

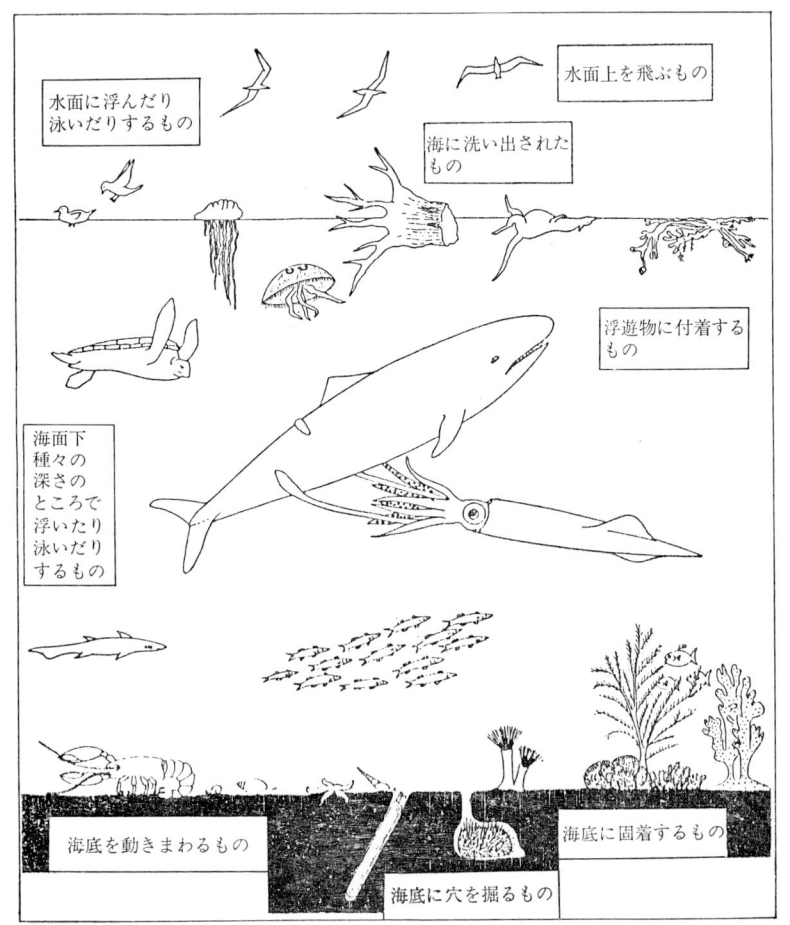

図 I.26　海成層中のいろいろな化石生物 (AGER, 1963)

着型，エビ，巻貝，ヒトデのような移動型，ウニ（オカメブンブク）やマテガイのような内生型，海面近くには，クラゲ，陸からの漂流物，海中には，クジラ，カメ，イカ，魚類などがみられる．

これらの海域に生活していたおもな海生生物をあげておくと，次のとおりである．

(1) 底生生物 (benthos)

底生生物は，固着型 (sessile benthos) と移動型 (vagile benthos) に区分され，後者には，表生型 (epibiose) と内生型 (endobiose) がある．

 1) 固着型

  ① 海藻 (seaweed)

  ② コケムシ類 (Bryozoa)

  ③ サンゴ類 (coral)

  ④ 海綿類 (sponge)

  ⑤ ウミユリ類 (crinoid)（図Ⅰ.27）

図Ⅰ.27　ウミユリ（岐阜県，二畳紀）

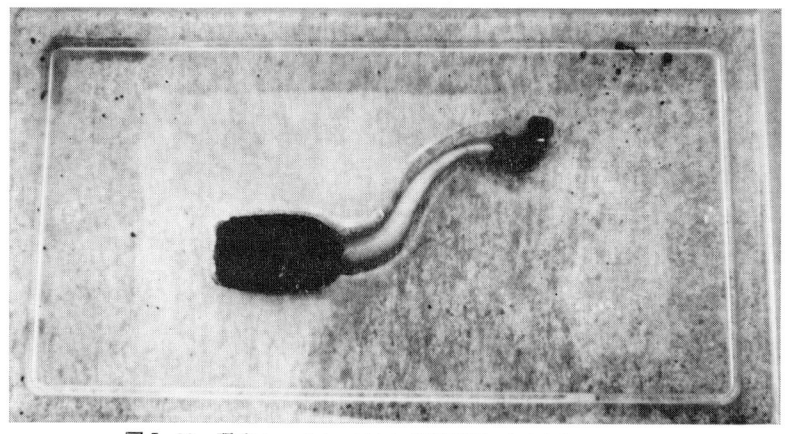

図Ⅰ.28　現生シャミセンガイ（腕足類）（三重県的矢湾）

⑥ 腕足類 (Brachiopoda) (図 I.28)

⑦ カキ類 (*Ostrea*)

2) 移動型

図 I.29　フズリナ *Triticites* (二畳紀, 米国) (MOORE, 1958)

図 I.30　ウニ *Astriclypeus manni minoensis* MORISHITA (中新世, 瑞浪層群)

①　フズリナ (fusulina)（図Ⅰ.29）
②　巻貝類 (Gastropoda)
③　二枚貝類 (Pelecypoda)
④　棘皮動物類 (Echinodermata)（図Ⅰ.30）
⑤　三葉虫類 (trilobite)（図Ⅰ.31）
⑥　アンモナイト類 (ammonite)（図Ⅰ.32）
⑦　タコ類 (octopus)

なお，内生型には，オカメブンブク (*Echinocardium*) のようなウニ類，*Callianassa* のような甲殻類，*Cardium* のような二枚貝類，*Agnostus* のような三葉虫類などがある．

（2）浮遊生物 (plankton)
①　有孔虫類 (Foraminifera)
②　放散虫類 (Radiolaria)
③　珪藻類 (diatom)
④　甲殻類 (Crustacea)
⑤　クラゲ類 (Hydrozoa)
⑥　フズリナ (*Pseudoschwagerina*)

（3）遊泳生物 (nekton)
①　魚　類 (Pisces)
②　爬虫類 (Reptilia)
③　哺乳類 (Mammalia)

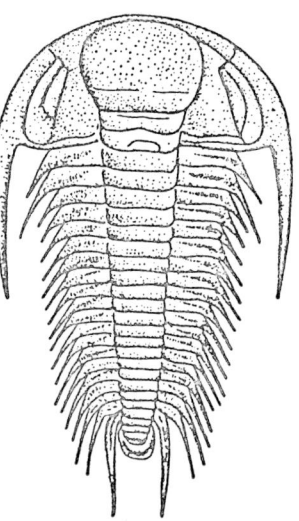

図Ⅰ.31　三葉虫 *Paradoxides*（カンブリア紀）

図Ⅰ.32　アンモナイト *Gaudriceras*（北海道，白亜紀）（水野吉昭標本）

4. 自然環境と生物

図Ⅰ.33 クジラの化石（瑞浪層群，中新世）（瑞浪市化石博物館）

図Ⅰ.34 魚竜 *Ichtyosaurus* の化石（ジュラ紀）（志摩マリンランド）

図Ⅰ.35 サメ *Carcharodon* の歯（瑞浪層群，中新世）
（瑞浪市化石博物館）

24   I. 古生態学の基礎

  ④ 頭足類 (Cephalopoda)
  ⑤ 甲殻類 (Crustacea)
遊泳生物には, 遠洋型, 深海型など, 特殊なものもある.
 1) 遠洋型
  ① クジラ類 (Cetacea) (図 I.33)
  ② 魚　竜 (*Ichtyosaurus*) (図 I.34)
  ③ サメ類 (*Carcharodon*) (図 I.35)
  ④ サメ類 (*Helicoprion*)
 2) 深海型
  ① 魚　類 (Pisces)
  ② 甲殻類 (Crustacea)
  ③ 頭足類 (Cephalopoda)
深海型には, 発光器官をもつか, 盲目のものが多い.
（4）上記のいずれにも属さないもの
 1) 偽浮遊型 (pseudoplankton)：はじめ底生だが, あとから浮遊性になるもの.

図 I.36　オウムガイ *Nautilus* (浜松市化石展覧会で)

① 珪藻（*Cossinodiscus*）
② 珪藻（*Pennella*）
③ 海藻（*Sargassum*）
2) 一時性浮遊型（meroplankton）：初め浮遊性だが，あとから底生になるもの．
① 甲殻類（Crustacea）
② 二枚貝類（Pelecypoda）
③ 腕足類（Brachiopoda）
3) 死後浮遊型（necroplankton）：生きているときは底生だが，死後浮遊型になるもの．
① オウムガイ（*Nautilus*）（図Ⅰ.36）

4.2 陸の環境

陸上は，温度と湿度によって次のように区分される．

① 万年雪（permanent snow and ice）
② ツンドラ（tundra）
③ 針葉樹林（coniferous forest, Taiga）
④ 温帯落葉樹林（temperate deciduous forest）
⑤ 草原（grassland, prairie and steppe を含む）
⑥ 乾燥砂漠（arid desert）
⑦ 温暖雨林（temperate rain forest）
⑧ 熱帯雨林（tropical rain forest）

図Ⅰ.37 では，矢印の右方に温度が減少し，下方に湿度が増大することを示す．

陸上の生物分布は，地形や海流などの影響で複雑である．東アフリカのケニア山では，山麓が熱帯雨林だが，その頂上は万年雪，というようにである．グランド・キャニオンのふちは，カナダ型の針葉樹林でおおわれるが，ふもとはメキシコ型の砂漠である．

海流による生物界の違いは，ラブラドルと同一緯度にある英国で明らかである．人類の歴史は，冷たいラ

図Ⅰ.37　温度・湿度と陸域環境（AGER, 1963）

ブラドルに海流が北大西洋を流れたり，暖かい湾流が東岸を流れなければ，非常に異なったであろう．このことは，古生態学上重要である．それらは，生物分布が必ずしも赤道と平行でないことを思い出させる．

上記の分類は，植物型にもとづいている一方，海抜，気温，気候にもとづいているが，古生態学に応用できる．地質学者からみると，地表はおもに浸食の働く地域であり，堆積作用の限られた環境である．化石も陸上で堆積する．

したがって，陸の環境は次のように分類される．

1) 陸の環境 (terrestrial environment)
   ① 内陸盆地 (inland basin)
   ② 風成堆積物 (eolian deposit)
   ③ 土　壌 (soil)
   ④ 火山灰等 (volcanic ash and similar deposit)
   ⑤ 氷河堆積物 (glacial deposit)
   ⑥ 山麓堆積物 (piedmont)
   ⑦ 河成堆積物 (river deposit, levees, 氾濫原堆積物など)
   ⑧ 三角洲 (delta)
   ⑨ 河口堆積物 (estuaries)
2) 沼の環境 (paludal environment)
   ① 種々の沼成環境
3) 湖成環境 (lacustrine environment)
   ① 淡　水 (fresh water)
   ② 鹹　水 (saline)
   ③ 潟 (lagoon)
4) 洞穴堆積物と裂か充填物 (cave deposit and fissure fillings)

4.3 汽　水　域

海と陸の境は，汽水域とされる．一般に水生生物は塩分濃度 (salinity) に敏感で，塩分濃度が高いほど種数が多く，大きさや形が変化する傾向がある．これを生物の嫌汽水性という．

一般的には，塩分濃度によって，次のように分けられる．

塩分濃度 (‰)

<0.5	淡　水 (infrahaline)	
0.5〜3.0	低鹹水 (oligohaline)	┐
3.0〜16.5	中鹹水 (mesohaline)	├─汽　水
16.5〜30.0	高鹹水 (polyhaline)	┘
>30.0	海　水 (marine)	

海水 1 l 中には 430 mg の Ca が含まれ，Ca と Cl の比は約 0.0216 である．汽水では，Cl 量の減少にともない，Ca 量も減ずる．Ca 量の減少が生物に及ぼす影響は甚大で，貝類を例にすると，貝殻が短くなったり，うすくなったりする．これを利用して，化石の殻から生息地の環境を推定することは，ある程度可能である．湊　正雄は，北上山地の登米海（ペルム紀中期）が汽水域であったとする理由として，この地の貝化石が小型であることをあげている．

また，彼は著書『地層学』の中で，「生物の種数は，多数の環境因子の中で，極値をとるものがあれば少なくなるのが必然である」とするチンネマン (THIENEMANN) の法則にふれ，塩分濃度という環境因子からいえば，汽水域が淡水域と海水域の中間域であるにもかかわらず，種数に乏しく，この

法則に背理的であることは，生活域として不安定な汽水域の性質が極値をとっているからだと解している．海岸ちかくの河口とか潟などは，地質学的時間からみれば，きわめて短時間のうちに淡水域または海水域に変化し，たえず不安定な場所であるため，生物も必然的に，十分な適応放散 (adaptive radiation) の余裕がなく，絶滅してしまう．

湊は，また次のような例もあげている．ウニのオカメブンブク (*Echinocardium cordatum*(PENNANT)) は，太平洋や大西洋・地中海など，汎世界的に広く分布し，沿岸帯から水深 230 m の間，多くは汀線付近の海底に生息する．化石としては鮮新世以降知られている．湊は，北海道石狩川河口付近の砂丘のふもとに，オカメブンブクが多量に集積しているのを観察し，汀線近くの浅海底に生息していたものが，波浪によって海浜に運搬され，さらに，風によって砂丘に運ばれたと推定した．

浅海──→海浜──→砂丘
　　　（波）　（風）

彼は，耐鹹度性を異にするヤマトシジミ (*Corbicula japonica* PRIME) などの混在に注目し，ふつう汽水種が浅海底に運搬されて混在するのとは逆の関係にあることを注意したのである．

湊はこれにヒントを得て，ムカシブンブク (*Linthia yessoensis* MINATO) の古生態について述べている．*Linthia* 属は，現生種のいない第三紀のみに知られる化石種であるが，日本では *L. yessoensis* のほか，九州の古第三系から *L. praenipponica*，日本各地の新第三系から *L. nipponica* が多産する．

L. yessoensis は，北海道石狩統のシダ (*Woodwardia*) を含む上部蜆貝層（シジミガイ）から産出し，*Corbicula sunagawaensis* NAGAO and OTATSUME のように中鹹性種と一緒に出ているが，前述のオカメブンブクと考え合わせて，汀線近くの浅海底に生息したと推定している．

5. 堆積学的吟味

環境と堆積物

　ある貝類の化石種が，異なった地点で，類似した砂岩から産出することから，その貝類は同じような浅海砂質底に生息していたと考えたり，ある貝類の現生種が，現在の海のある深度に好んですむことから，類似の化石種が地層中に含まれると，その地層が生成された深度を結論することは，一般に避けねばならない．それは，地層と構成する物質は，すべて，ある場所から運搬され，あちらこちら移動したあとに，一定地点で定着固結するのが一般であって，化石の産出地点が，もともとの生息場所とは限らないからである．

　地層では，堆積相が問題になり，浅海相か深海相かという大まかなことが問題にされる．浅海底の堆積物は，泥 (mud)，砂 (sand)，礫 (gravel) など，まちまちだが，きわめて不規則な堆積をするのが常で，海岸から沖に向かって規則正しい帯状配列をしないのが普通である．ところによっては堆積作用が行われないで，基盤が直接露出するところもある．

　浅海の堆積物質分布に関して，支配的な影響をもつものは，海流 (ocean current)，潮流 (tidal current)，底流 (undercurrent)，風波などと考えられる．これらの影響のつよいところでは岩盤が露出し，よわいところでは種々の堆積物を生ずる．浅海堆積物には，おもに底生型の生物遺骸が集積する．そして，水平的に古生物の種の組成は変化するのが普通である．外国では地層の水平的変化を示す岩相断面を作成し，化石がそれにいかに対応するかという研究が多く行われており，堆積岩相と化石相が相補的にとりあげられている．

　一般に堆積物は，粒度によって次のように分けられる (WENTWORTH, 1922)．

巨　礫	256 (mm)
大　礫	64
中　礫	4
細　礫	2
極粗粒砂	1
粗粒砂	1/2
中粒砂	1/4
細粒砂	1/8
極細粒砂	1/16
シルト	1/256
粘　土	

深海底は，すべて泥のみからなっている．陸源物質は浅海堆積物に圧倒的に多く，深海堆積物にない．深海堆積物には泥の他，遠洋性の動物（サメの歯，クジラの耳石など），火山毛，宇宙塵などがある．深海堆積物の泥（赤色泥）には，珪質の殻をもった放散虫（radiolaria）（図I.38）や珪藻（diatom）（図I.39），珪質海綿の骨針が多数含まれる．しかし，赤色泥には，石灰質の殻をもつ生物は普通まったくみられない．これは水温が低く，炭酸石灰の溶解によるものと考えられている．

生物は，動物の歯，骨格，殻や植物の材組織などを体の内外で生成することによって，堆積物と直接関係しており，死後すべて堆積物の粒子となる．古生代以降の地層の大部分は生物起源であるといわれている．

生物の骨などの物質は，風化し，運搬され，堆積するが，無機物質とほとんど変わりがない．骨や

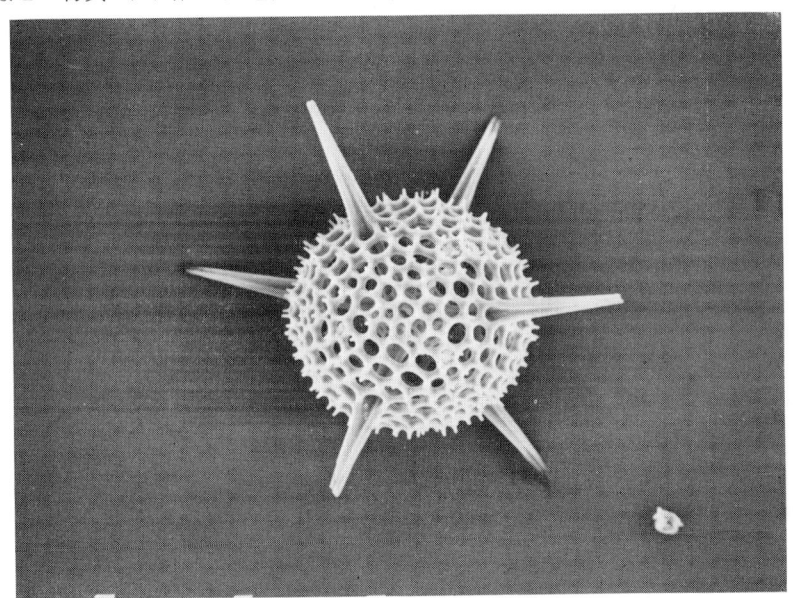

図I.38 放散虫（現生）

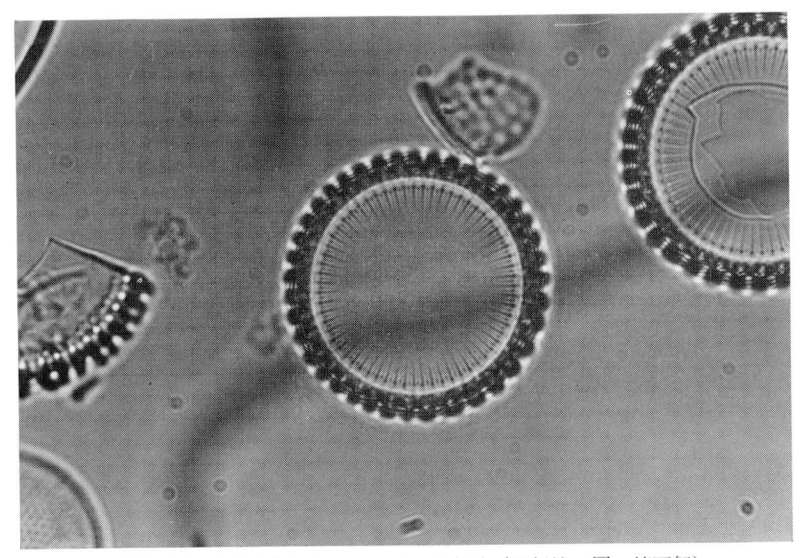

図I.39 珪藻 *Melosira sulcata* の変種（海部第二層，第四紀）

殻は死後分解され，堆積物の粒子となる．生物が作成する結晶質の物質（方解石やアラレ石）の一部は，堆積物の膠結(こうけつ)に使われる炭酸カルシウムや珪酸のプールとなる．

II. 古生態学の実際

6. 瑞浪層群を例として

6.1 アウトライン

　瑞浪層群は，岐阜県の東南部に分布する中新世の地層である．時代的には約22 Ma（Maは100万年を表わす）から約14 Maの，中新世前期から中期の初めに及ぶ．名古屋市から東北へ約30 kmの瑞浪市を中心とした，瑞浪盆地（あるいは土岐盆地）に分布する（図II.1，II.2）．同様な地層は東南に位置する岩村盆地，西北の可児盆地にもみられる（図II.3）．さらに愛知県瀬戸市の近くにも小分布がある．

　地層は海成・淡水成で，厚さは600 mたらず，乱されていない．3つの地域の瑞浪層群は，それぞれ，可児層群（可児地域），瑞浪層群（瑞浪－土岐地域），岩村層群と区分して呼ぶこともあるが，共通点が多い．層序的に3つ（下よりI，II，IIIのユニット）に区分され，それぞれの境界には非整合（不整合の一つ，時間的ギャップが小さい）がある．それぞれのユニットには特徴があり，3つの

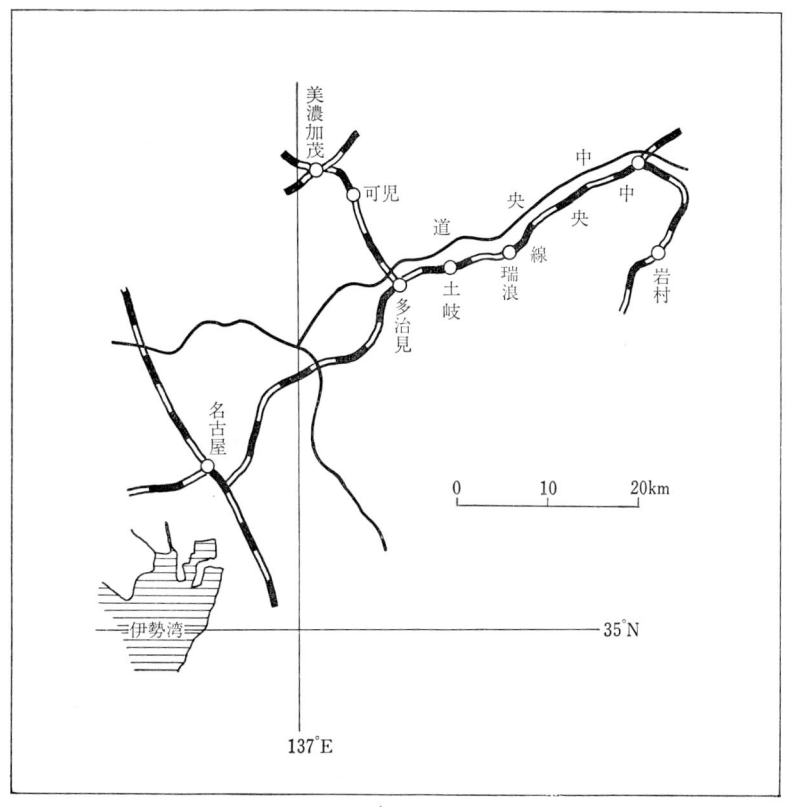

図II.1 瑞浪の位置

32　　　　　　　　　　　Ⅱ．古生態学の実際

図Ⅱ.2　瑞浪市を望む

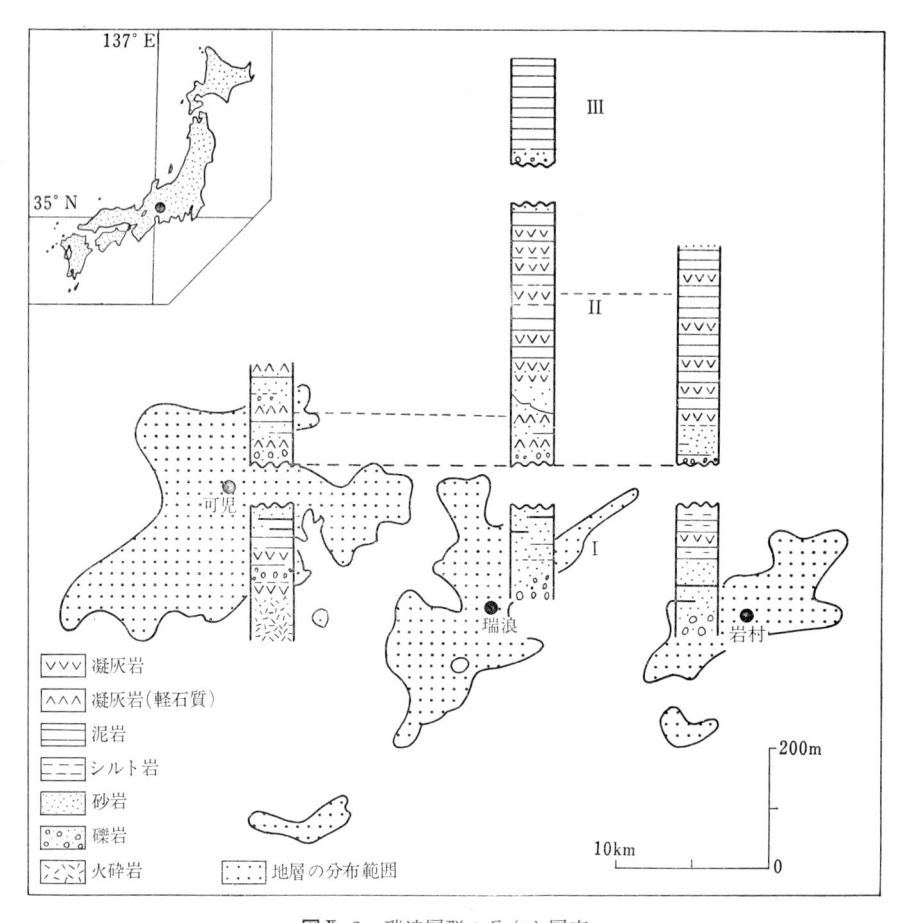

凡例：
- ∨∨∨ 凝灰岩
- ∧∧∧ 凝灰岩（軽石質）
- ＝＝＝ 泥岩
- ーーー シルト岩
- ∴∴∴ 砂岩
- ○○○ 礫岩
- ✕✕✕ 火砕岩
- ∷∷∷ 地層の分布範囲

図Ⅱ.3　瑞浪層群の分布と層序

6. 瑞浪層群を例として

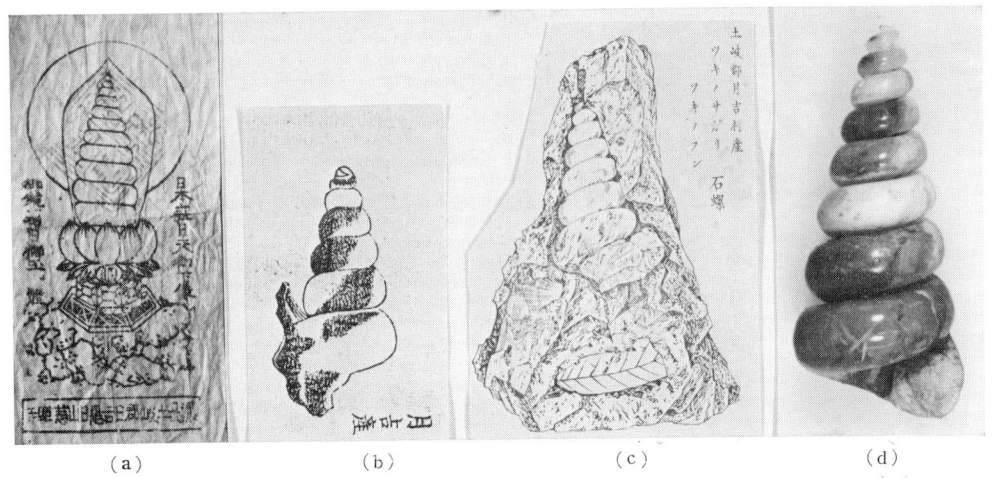

図Ⅱ.4 江戸–明治時代のおさがり（a）〜（c）と *Vicarya yokoyamai* のキャスト（d）

地域を通じての共通な性質をもつ．

　瑞浪層群は保存のよい化石を含むことで古くから知られていて，近年，中央自動車道建設にともなう工事の際の調査，それに続いて設立された化石博物館の活動などにより，研究がいちじるしく進み，地層と化石について，日本でもよくわかっている地域の一つである．

　この地域の化石が人間によって認められたのは古く，近くの多治見市の白山神社遺跡（縄文時代前期）から，*Vicaryella* sp. の二酸化珪素（SiO_2）で置換されたもの（いわゆる，おさがり）が出土している．一方，"おさがり"は信仰の対象にもなっていて，瑞浪市明世町月吉の「月の宮」，日吉町社別当の「日の宮」の御神体になっている．日の宮に関連の深い，日吉町宿洞の慈照寺の「お札」には *Vicarya* の"おさがり"が登場する（図Ⅱ.4a）．江戸時代末〜明治時代に刷られたものであろうが，元版はさらにさかのぼるものと考えられる．

　瑞浪を代表する化石の一つ，*Vicarya yokoyamai*（図Ⅱ.4d）は本草書や紀行記にも出てくる．江戸時代中〜後期の有名な紀行家，菅江真澄（1759-1829）の『粉本稿』には，前述の「お札」によく似たものが描かれている．また，図Ⅱ.4bは，『貝石画譜』（耕雲堂灌圃著，1804-文化元年）中にみられる図である．

　明治時代に入っても，江戸時代の物産誌（各地の産物を集めたリスト）の系統をひく出版物がみられた．日本での第一号理学博士である，伊藤圭介（1803-1901：名古屋の人）は1876（明治9）年に，『日本産物誌』美濃部を刊行した．その（上）が鉱物部で，化石を含んでいて，*Vicarya* も「ツキノサガリ」として描かれている（図Ⅱ.4c）．

　近代科学としての瑞浪の化石の研究は，デスモスチルスに始まる．1898（明治31）年に発掘され，1914年，*Desmostylus japonicus* として記載された哺乳類の頭骨である（図Ⅱ.5）．*Vicarya* とともに瑞浪を代表する化石で，よく知られている（141頁参照）．

　瑞浪層群は，他の日本の中新統とくらべて地層が薄く，岩相の水平的・垂直的変化がはげしい．また，これにともなって化石相もきわめて多様である．

　現在までにわかっている，各類の種数をまとめると，表Ⅱ.1のようになる．それぞれが特徴的な

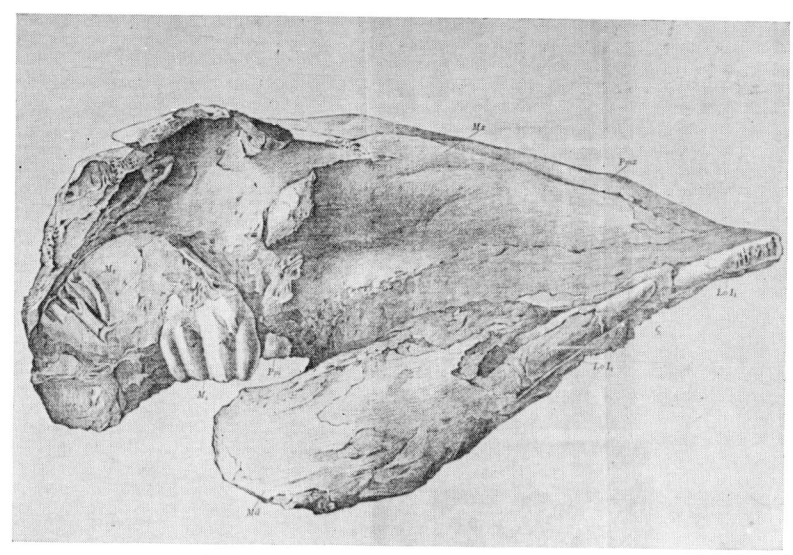

図II.5 デスモスチルスの頭骨
(YOSHIWARA and IWASAKI, 1902)

表 II.1 瑞浪層群の化石の数

有孔虫	168	貝形類	3+
放散虫	34	貝　類	570+
海　綿	5	硬骨魚類	35+
サンゴ	28	軟骨魚類	47
コケムシ	17+	ワ　ニ	1
腕足類	12	カ　メ	2
ウ　ニ	10	鳥　類	1
多毛類	8+	哺乳類	16
フジツボ	5+	珪　藻	96+
カニなど	12	植　物	73+

種類を含み，また種数も多く，日本でも有数な化石産地であることをうかがわせる．なかでも，貝類（軟体動物）の570種という数は，その保存のよさとともに，世界的にもすぐれた内容をもつといえよう．その他，哺乳動物，板鰓類(ばんさいるい)（サメ・エイ類），植物などもよく研究されていて，代表的なタクサである．

このように豊富な内容をもち，かつ保存がよいので，この地域の化石は，古生態・古環境の研究にたいへんよい材料である，といえる．ゆるく傾斜し，乱されていない地層の性質も，このことを支えている．

本書『図説古生態学』の後半を占める実践編において，まず，瑞浪層群を1つのモデルとして，どのように調べ，研究し，どのような事実が明らかになったかを説明する．そしてさらに，その研究の，その後の発展についても次章以後でふれることにする．

6.2 フィールド・ワーク

地層や化石の研究の第一歩は野外作業である．フィールドで，実際に地層を観察し，化石を採集することは，そのものの，あるがままの姿を理解する上で，たいへん重要である．古生態学・古環境学の分野では，このことをしないで立派な成果をあげることはむつかしい，とさえいえよう．

まず地質調査から始まる．露出のよい，そして化石が多い場所がよい．瑞浪では，中央道のインター・チェンジや瑞浪市化石博物館のある，瑞浪市明世町山野内から戸狩・月吉あたりである．あちこちにある露頭（outcrop）（図Ⅱ.6）で，地層を観察して，記録する．この地域では，地層が水平に近いので，1つの崖で，下から上へ登り（あるいは逆に下り），柱状図をつくる作業の方がよい．地層を

図Ⅱ.6 瑞浪層群の露頭

区分し，厚さをはかる．岩質を調べ，粒度・色・鉱物の種類などをノートに記入する．堆積構造・風化の仕方などにも，注意する．化石の産状，種類などについては，あとでくわしく述べるが，重要な項目である（図Ⅱ.7）．

必要であれば，細かいスケッチ（図Ⅱ.8）をし，いろいろな角度から写真にとる．

このような柱状図をできるだけ多く，そして，できる限り精密，正確につくってゆく．柱状図をつくるまでもない，小さい露頭でも，スケッチをしたり，ノートをとる．柱状図と柱状図の間を埋める資料となるからである．

柱状図相互の関係を決めるには鍵層（key bed）が役立つ．おもに，凝灰岩（火山灰）層が使われるが，亜炭（褐炭）層や特徴的な地層も使える．Ⅰ～Ⅲのユニットを分けた非整合もたいへん有効である．

瑞浪でもっとも役立った鍵層は，アベックタフ（タフは tuff で，凝灰岩の英語）で，2枚ともなって重なっているので，この名前で呼ぶ．真白で固く，目立ちやすい．よく連続し，約 15 km² の広がりをもつ．多数ある凝灰岩層の相互の関係をつかんでおくと，対比（相互に比較し，同じものと決めること）がしやすい．

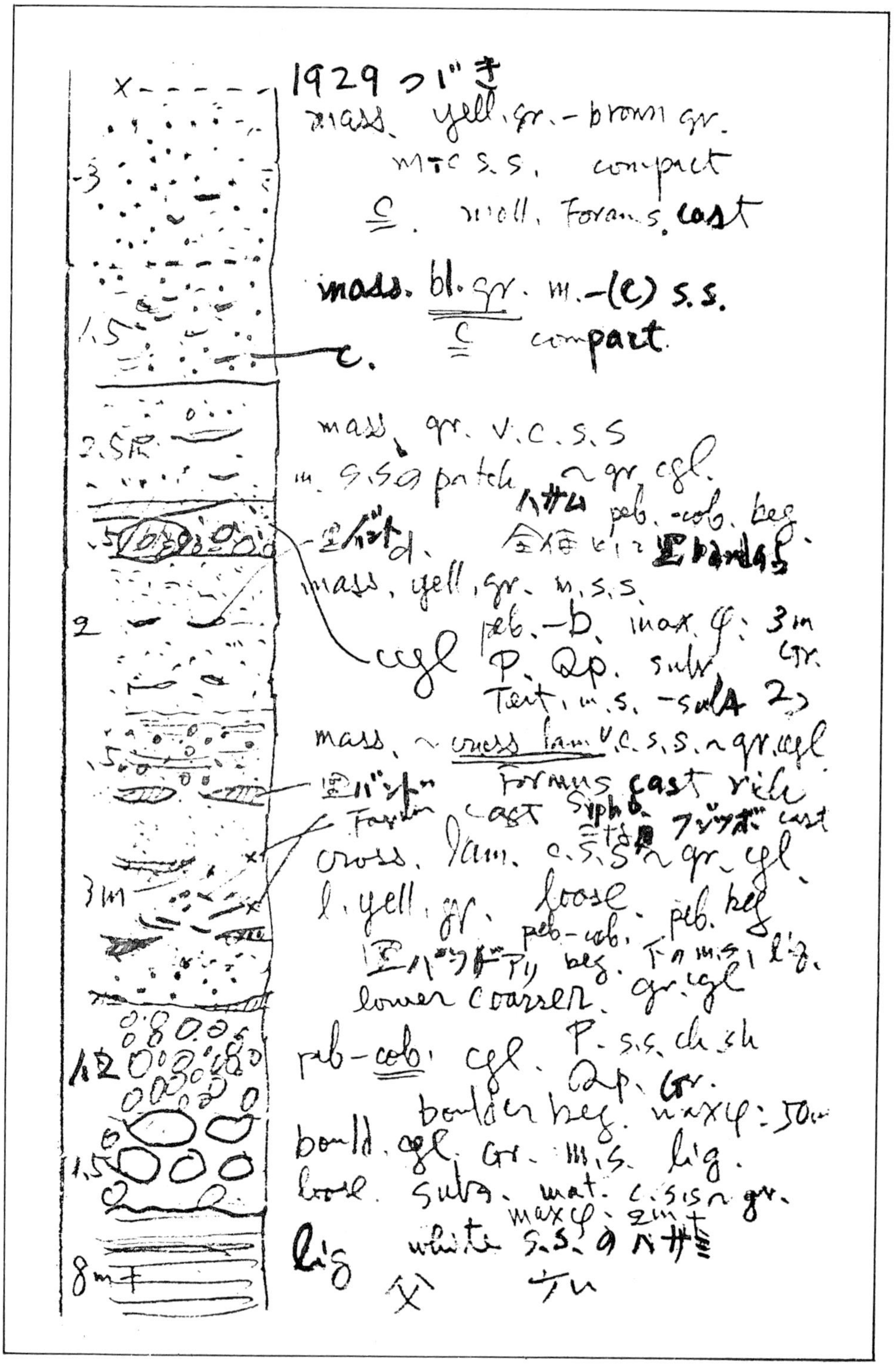

図Ⅱ.7　柱状図の例

6. 瑞浪層群を例として

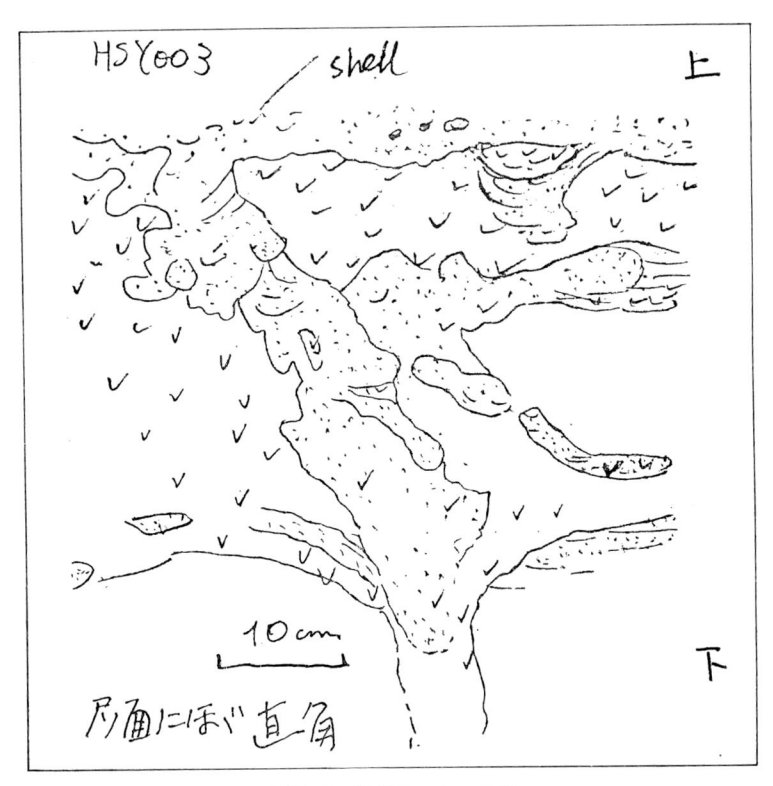

図Ⅱ.8 露頭のスケッチ例

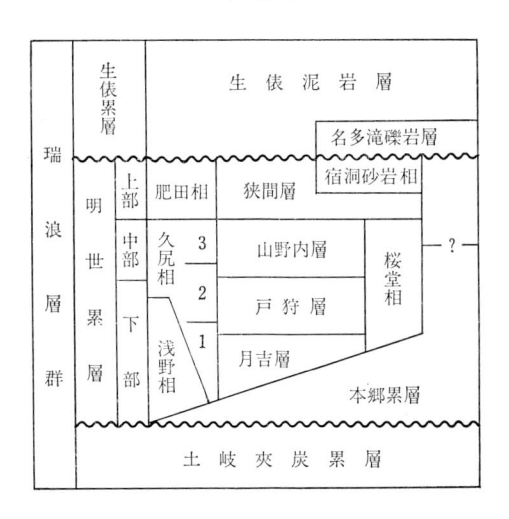

表Ⅱ.2 層序表（瑞浪盆地）
（糸魚川，1980）

瑞浪層群	生俵累層		生俵泥岩層			
	明世累層	上部	肥田相	狭間層	名多滝礫岩層	
					宿洞砂岩相	
		中部	久尻相 3	山野内層	桜堂相	?
		下部	2	戸狩層		
			浅野相 1	月吉層		
					本郷累層	
	土岐夾炭累層					

　柱状図を対比させるのと平行に，地層を特徴によって区分し，地質図をつくってゆく（図Ⅱ.9）．ここでは，地層の走向・傾斜，地質構造，断層などに注意する必要がある．

II. 古生態学の実際

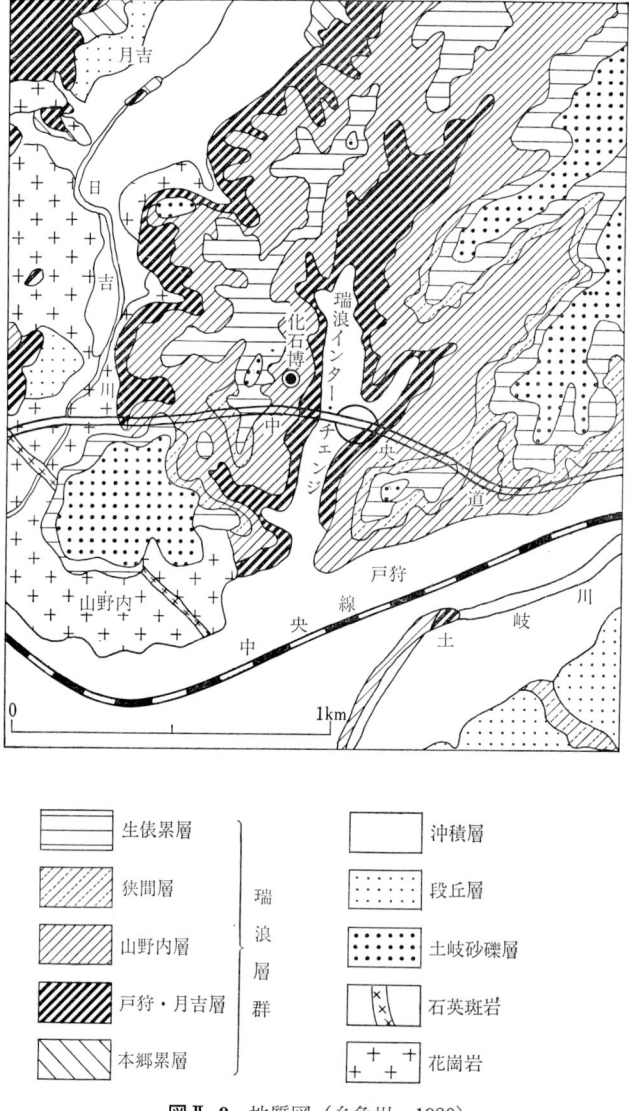

図II.9 地質図（糸魚川，1980）

凡例：
- 生俵累層 ┐
- 狭間層　 │
- 山野内層 ├ 瑞浪層群
- 戸狩・月吉層 │
- 本郷累層 ┘
- 沖積層
- 段丘層
- 土岐砂礫層
- 石英斑岩
- 花崗岩

　前にも述べたように，瑞浪層群は岩相の変化がいちじるしい．地質調査を始めた博物館付近は，堆積盆地の中心部にあたり，地層区分がしやすい．しかし，ここから離れて，東や西，あるいは北へ行くと岩相が変って，この区分が適用できなくなる．たとえば，狭間層と呼ぶ，軽石を主とした凝灰岩層があるが，この地層は瑞浪市南部の小田・市原などでは軽石と凝灰質泥岩の互層となる．さらに，西部の土岐市浅野‐上田町方面では，全然違った岩相となり，砂岩・泥岩の互層が分布する．ただ，軽石凝灰岩層が何層かはさまり，これが，瑞浪市付近の軽石層に連続し，同層準であることがわかる．肥田相と呼び，模式地の狭間層と区別してあつかう．このような〇〇相として区別する例は多い（表II.2）．

　図II.10は，瑞浪盆地全域の代表的な柱状図を，相互に関連させ，地層区分を行ったものである．これを基礎として全域の地質図がつくられ，いくつかの断面図も描かれる．

6. 瑞浪層群を例として

　表Ⅱ.2はこれらを総合してつくられた，瑞浪盆地の層序表である．大きく4つの累層に区分され，Ⅰ．土岐夾炭累層，Ⅱ．本郷—明世累層，Ⅲ．生俵累層，の3つのユニットが認められたことになる．表中に波線で示されるのが，非整合である．

　明世累層はさらに細かくいくつかの部層（あるいは層）に区分される．すでに述べたように，中心部の区分に層名を使い，周辺部の，岩相の変ったところでは相と呼ぶ．この細分は化石相と対応していて，これからの討論の重要な基礎データとなる．

　地層区分は瑞浪盆地だけでなく，可児盆地と岩村盆地でも行われていて，多くの研究者によってくわしい調査がされている．ここではくわしく述べないが，可児盆地では，下より蜂屋・中村・平牧の三累層に分けられ，すべて淡水成層である．最下位の蜂屋累層は，瑞浪盆地にない層準で，火山性の砕屑物からできている．最近，約22 Maという年代が得られており，いままでⅠのユニットに含めてきたが，2分して，1a（蜂屋），1b（中村）とした方がよいかもしれない．いずれからも植物化石が産し，上位の2累層は哺乳類化石を含む．魚類・淡水貝類も知られている．

　岩村盆地では阿木・遠山の両累層が認められる．下位の阿木累層は淡水成，上位の遠山累層は海成である．両者から植物化石が発見されており，遠山累層からは，貝類をはじめ，多くの海生動物化石を産し，明世累層と同様，（部）層区分がなされている．

　3つの盆地のそれぞれの地層は，地層の特徴，重なり方，共通な凝灰岩層および非整合の存在，化石群集の特徴などにより，対比がされている（表Ⅱ.3）．

表Ⅱ.3　3つの盆地の瑞浪層群の対比表
（糸魚川，1980）

可児盆地	瑞浪盆地	岩村盆地
	生俵累層	
平牧累層	明世累層	遠山累層
	本郷累層	
中村累層	土岐夾炭累層	阿木累層
蜂屋累層	基　盤	基　盤
基　盤		

　地質調査と平行して，化石調査が行われる．柱状図をつくる時にも，化石についての記録が行われ，採集もする．露頭をみつけたら，注意深く観察し，化石があるかどうか確かめる．ハンマーを使って石を割ってみる．ありそうなところに見当をつけ，熱心に，注意深く探す．

　化石があることがわかったら，記録が第1の仕事である．地層のことの他に，化石の出た層準，化石の産状・堆積のしかた，種類（とくに多産するもの）などをノートする．産状はスケッチしたり，写真にとったりする．

　採集はまず，みつけたものをとることから始まる．多い種類は，目につきやすいから，たくさんと

Ⅱ. 古生態学の実際

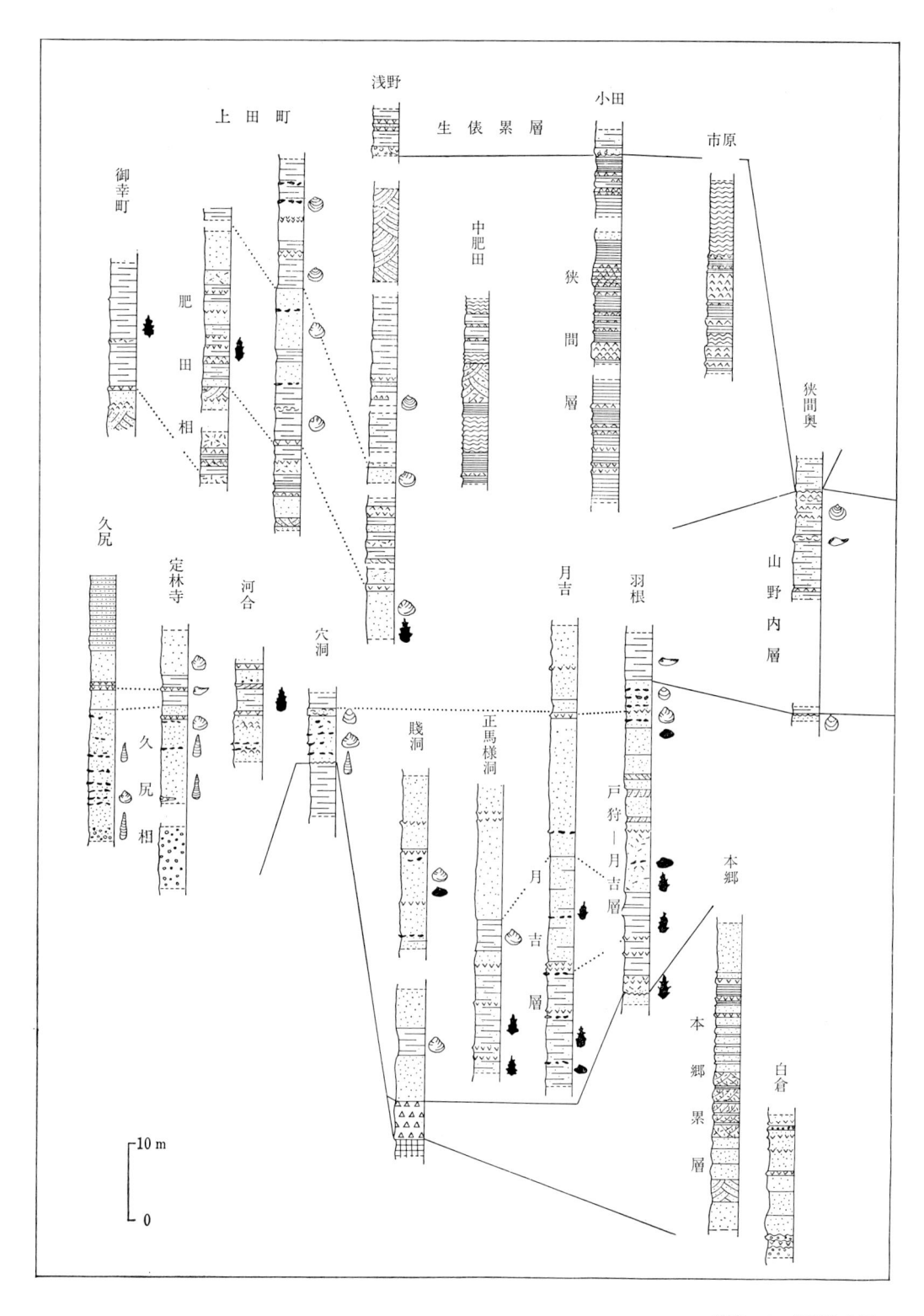

図Ⅱ.10 地質柱状図

6. 瑞浪層群を例として

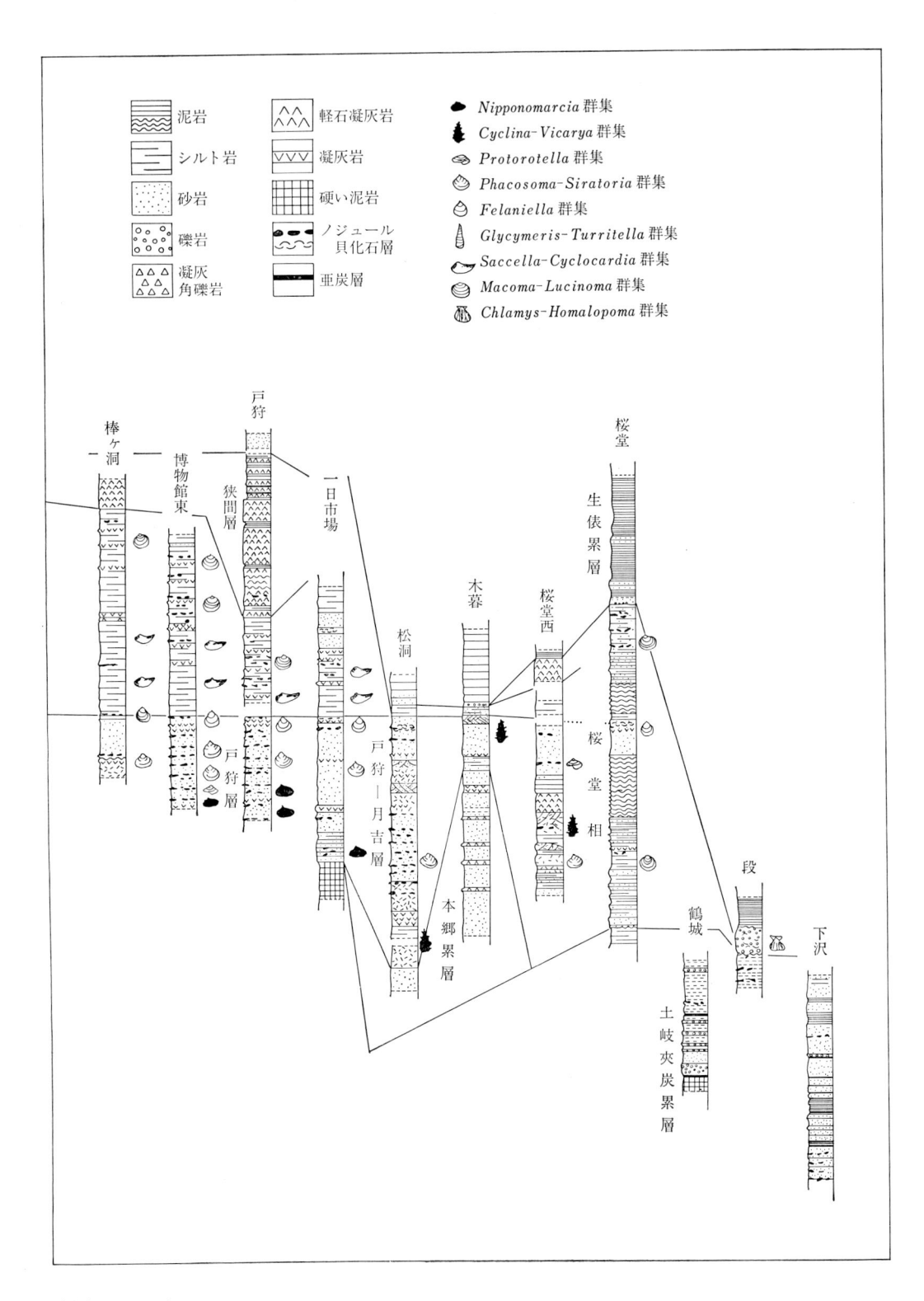

凡例:
- 泥岩
- シルト岩
- 砂岩
- 礫岩
- 凝灰角礫岩
- 軽石凝灰岩
- 凝灰岩
- 硬い泥岩
- ノジュール貝化石層
- 亜炭層

群集:
- *Nipponomarcia* 群集
- *Cyclina-Vicarya* 群集
- *Protorotella* 群集
- *Phacosoma-Siratoria* 群集
- *Felaniella* 群集
- *Glycymeris-Turritella* 群集
- *Saccella-Cyclocardia* 群集
- *Macoma-Lucinoma* 群集
- *Chlamys-Homalopoma* 群集

柱状図地点: 棒ヶ洞、博物館東、戸狩、狭間層、一日市場、松洞、木暮、桜堂西、桜堂、生俵累層、戸狩―月吉層、本郷累層、桜堂相、鶴城、段、下沢、土岐夾炭累層

(糸魚川, 1980)

ることになるが，なるべく多くの種類をみつける方がよい．しつこく，ひたすらに努力することがいい結果を生むようである．

ただ，このやり方は，全体としてどんな種類があるか，ということはわかるが，どれが多く，どれが少ないか，ということについては適確ではない．目につきやすい大型のもの，めずらしい形のものを多く採集してしまう可能性がある．個人の好みも影響する．客観性に欠けているわけである．

これを避けるために，いろいろな工夫がされている．たとえば，次のような方法がある．

（1）一定の時間を決めて，選択しないで，みつけたものを採集し，種類ごとに数を求める．この方法では，他の産地との，多い，少ないの比較もできる．

（2）一定量の岩石・堆積物を採集し，それをもちかえって砕き，あるいは溶解して，そこに含まれる化石のすべてをとり出し，種類数と量を求める．微化石の場合に普通に行われている方法である．瑞浪でも軟かく，水に溶解しやすい宿洞相の砂岩について，行ったことがある．マトリックスごと標本をとり，ふるいを使って洗い，化石をとり出した．

（3）直線法（図Ⅱ.11）；コドラート法　層面に平行に，一定の長さ（数m）のひも（つな）を張り，その線上にかかった化石の種類と数を調べる．垂直方向に間隔を置き，層準を変えて測定すれば，種類の時間的変化がわかる．水平方向に追跡して行えば，地理的変化をとらえることができる．コドラート法は同様なやり方を層面上で行う．すなわち，一定面積中にみられる種類と個体数を調査するのである．層準を変えて，あるいは場所を変えて行うことができれば，直線法より確かなデータが得られるが，このような条件を満たすケースは少ないかもしれない．

コドラート法は，現生生態学の分野で，植生や海岸生物の調査に使用されている．この場合は，面積を増大してゆき，群落または群集の最小面積（ある群落または群集が，その特徴的な組成・構造を

図Ⅱ.11　直線法（AGER, 1963）

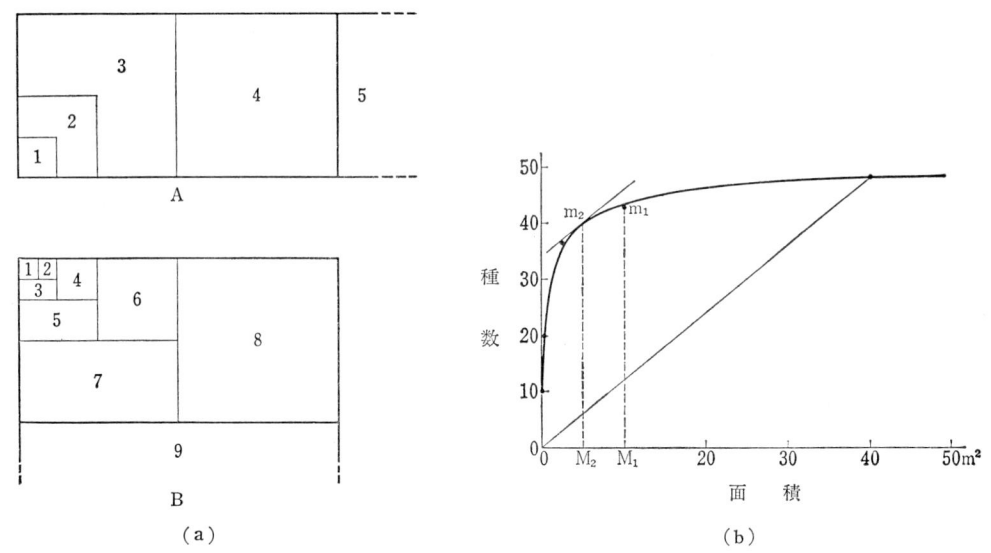

図Ⅱ.12 コドラート法の (a) 面積増大法 (A, B) と (b) 種類-面積曲線
(M_1, M_2 は異なる解釈による最小面積)(宮脇・佐々木, 1967)

発展させることのできる最小面積)を求めることが行われている．その結果，群落や群集を区分できるとする(宮脇・佐々木, 1967)(図Ⅱ.12 a, b)．このような生態学的方法も，化石の場合に応用できる可能性を残している．

瑞浪層群の化石調査として，直線法が形を変えて行われた．1972年，中央自動車道の工事の際，大きい露頭が数多くできたためである．露頭は新鮮で，その中に含まれる化石も保存がよかった．層準は戸狩層中部から生俵累層までである．

調査は瑞浪インター・チェンジを中心に約10地点で行われた．対象としたのは戸狩層・山野内層で，化石は軟体動物(以下貝類と略称する)の他，ウニ・魚の鱗・サメ・植物片などである．露頭において，10 cm(垂直方向-地層の厚さ)×100 cm(水平方向-横)の枠をとり，その枠内で，露出し

図Ⅱ.13 化石の数量調査

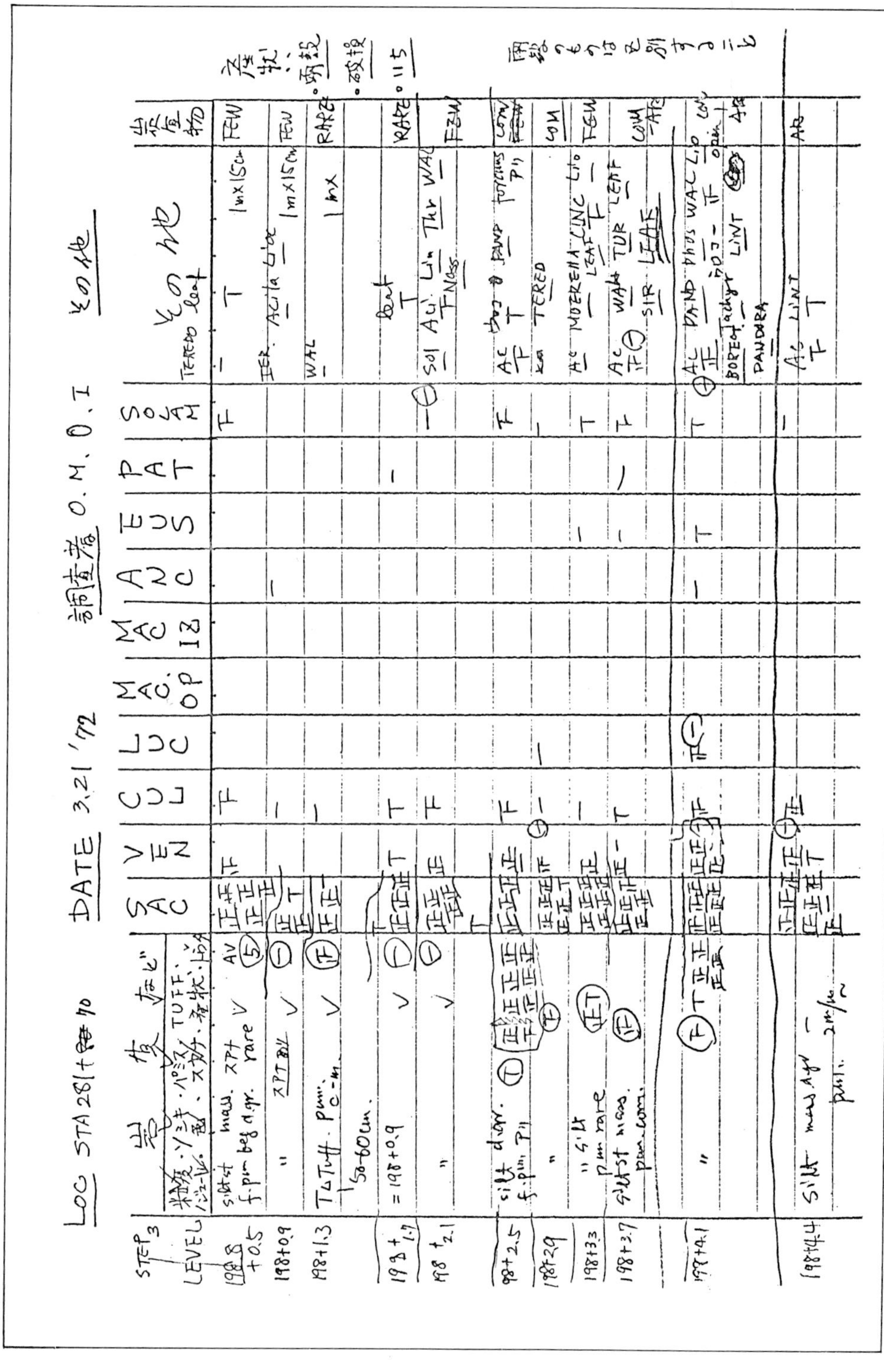

44　Ⅱ. 古生態学の実際

図Ⅱ.14　化石の数量調査，記録ノートの例

ている化石の個体数を各種類ごとに求めた．ノジュール（化石が密集して固まっている部分）は避け，二枚貝の片殻は 1/2 個としてあつかった．各枠は原則として 50～100 cm（地層の厚さで）間隔でとり，あるセクションでは 40 を超す場合があった（図Ⅱ.13）．

ここで，直線でなく，10 cm の幅がとられたのは，i) 化石の数が直線では十分でないこと，ii) 岩質が均一で，ノジュールのような，特殊な密集部を避ければ，大きい差が出てこないこと，iii) 測定作業のやりやすさ，などによる．厳密には 1 つの層準の群集構成を表わさないが，精度を承知していて解釈をすれば，問題はあまりない，と判断された．

数量の他，化石について，破損の程度，保存の程度，産状などが，地層について，岩質，堆積状態（無層理か葉理があるか，ノジュールはあるかないか），風化の程度，火山性物質の量などが記録された（図Ⅱ.14）．

図Ⅱ.15 は整理されたデータの 1 つで，282+10（露頭番号）の結果で，数量を各種について，そのまま表わしたものである．地層は山野内層である．この図からわかることは，それまで *Lucinoma-Cultellus* 群集 (ITOIGOWA, 1960) として一まとめにしてあつかわれていた，山野内層の群集が，下位から上位へ，均質でなくて，上下に 2 分されうるということである．全体として，*Saccella miensis*（図Ⅱ.22 参照）が多いが，上部の YM₂ 凝灰岩の層準で減少し始め，かわりに，*Macoma optiva*，

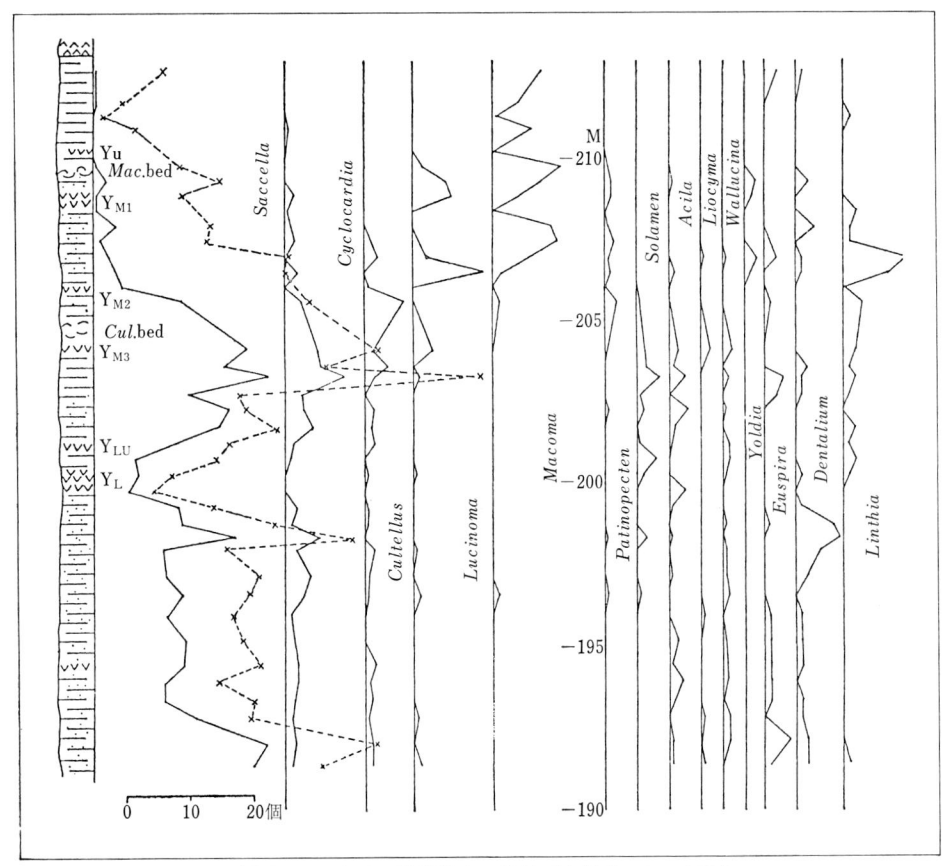

図Ⅱ.15　化石の数量調査の結果（糸魚川ほか，1974）
点線は総個体数を示す．

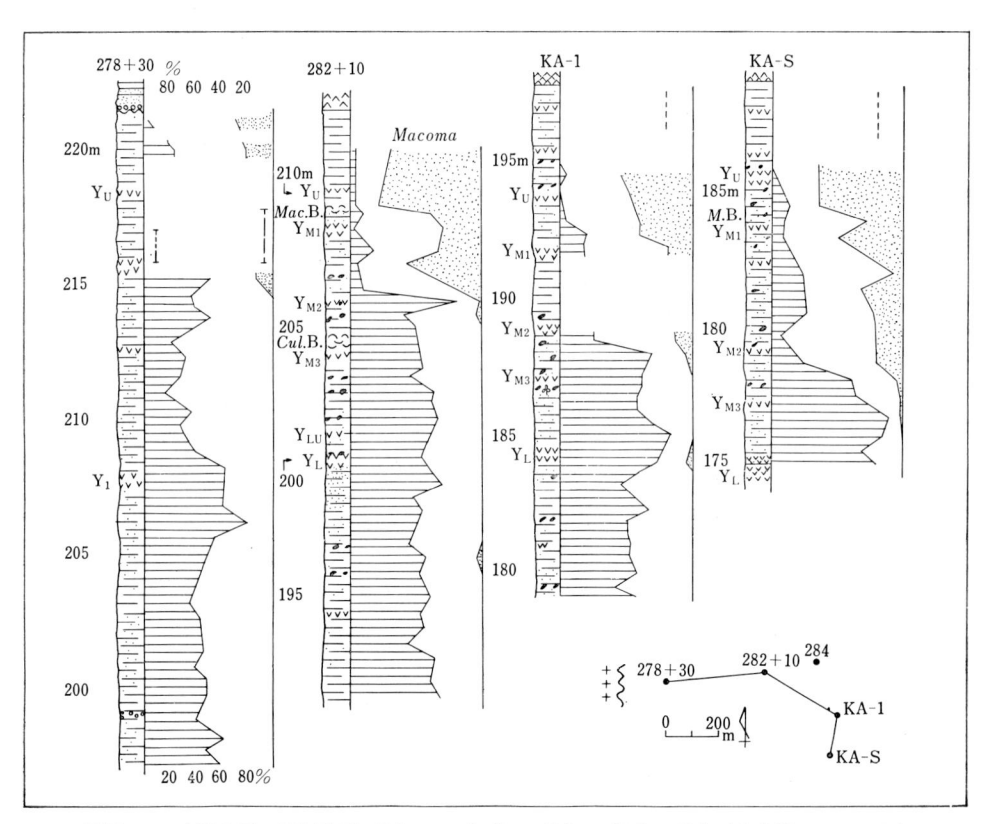

図Ⅱ.16　山野内層の貝類化石（*Macoma* と *Saccella*）の組成の変化（糸魚川ほか，1974）

M. izurensis（図Ⅱ.22参照）が増加することである．*Lucinoma*（図Ⅱ.22）も同様に増加する．その他の種類についての数の増減，他の地点での結果を考えに入れると，山野内層の貝類化石群集は *Saccella-Cyclocardia* (*-Cultellus*) 群集（下位）と，*Macoma-Lucinoma* (*-Patinopecten*) 群集（上位）に2分できる．その層準はこの地点では YM_2 凝灰岩である．上下における岩質の明らかな差は肉眼的には認められない．

　この結果から，*Saccella* と *Macoma* が上下2つの群集の代表者であることがわかったので，これらを指標として，いくつかの地点で，その数量の全体に対する割合（％）を求めたのが図Ⅱ.16である．両者の産出する層準に上下の差があり，それは，YM_2〜YM_3 層準に境界があることを示している．この図をみると，地理的に南にあり（位置図参照），基盤から遠い距離にある KA-S 地点で，移り変りの層準がより下位にあることがわかる．*Macoma-Lucinoma* 群集が，*Saccella-Cyclocardia* 群集より，やや深い環境を示すことを考えの中に入れれば，南の方で海が早く深くなった，また，南の方で海が深かった（海が南へ開いていた）ことを示すものといえる．

　戸狩層と山野内層の境界付近（アベックタフ層準をはさむ）の，貝類化石の種構成の変化を示すのが，図Ⅱ.17である．地点は284（戸狩狭間）である．*Felaniella*（図Ⅱ.22）層を中心として，大きい変化が認められる．下位の戸狩層上部では，*Protorotella*（図Ⅱ.22）-*Nipponomarcia*（図Ⅱ.22），*Phacosoma*（図Ⅱ.22），*Meretrix*（図Ⅱ.22），*Nipponomarcia-Phacosoma* などの群集が認められる．*Felaniella* 層およびその上位では *Felaniella usta* が主体になり，*Phacosoma nomurai* をとも

6. 瑞浪層群を例として

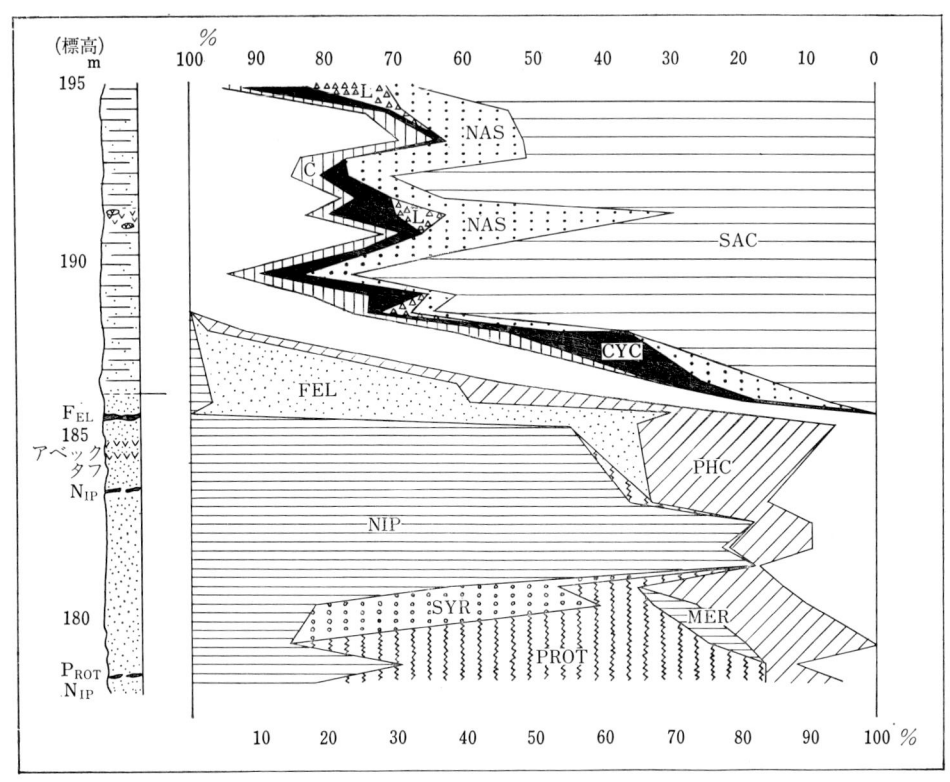

図Ⅱ.17 284（戸狩狭間）における貝類化石の組成変化（糸魚川ほか，1974）
L：*Lucinoma*, NAS："*Nassarius*", C：*Cultellus*, SAC：*Saccella*,
CYC：*Cyclocardia*, FEL：*Felaniella*, NIP：*Nipponomarcia*, PHC：*Phacosoma*, MER：*Meretrix*, PROT：*Protorotella*, SYR：*Syrnola*

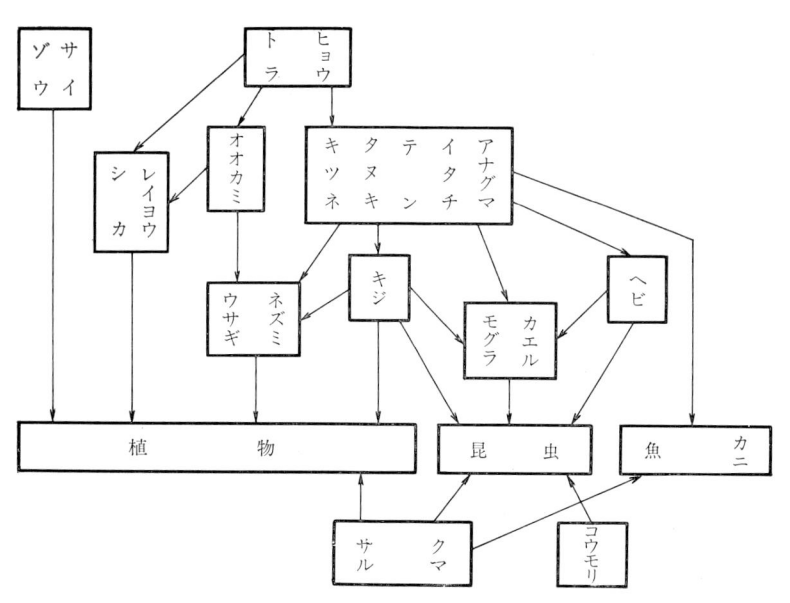

図Ⅱ.18 上部葛生層ハタネズミ-アナグマ層群集の食物連鎖（鹿間，1961）

なう．さらに上位では，山野内層の要素が出現し，増加してくる．戸狩層と山野内層の境界は，岩質的には区別されるが，化石の内容でも差がある．すなわち，*Felaniella* 層を下限として，それより上位では，*Saccella*，*Cyclocardia* などが増加している．

この調査は，露頭の条件がよい（新鮮で連続している）場合の例であり，風化した，連続しない露頭ではむつかしいことが多い．しかし，さらに簡略化したり，ケース・バイ・ケースで適用を考えて，テストされることが望ましい．

このような定量的な化石産出のデータが得られると，古生物のうちの，わずかな部分を代表するに過ぎないという化石本来の性質からみて，十分とはいえないが，現生生態学により近いレベルでの取扱いができるかもしれない．たとえば，生態系，員数のピラミッド，食物連鎖などの概念が，古生態学の中に導入できる可能性がある．鹿間（1961）の，上部葛生層の哺乳類などの群集についての処理は，その1例といえる（図Ⅱ.18）．

6.3 貝類（軟体動物）化石群集——群集古生態学の一例——

この節の最初で，化石の産状のことにふれておく．古生態や古環境を討論する上の，もっとも基礎的な問題である．すなわち，ある化石を使って，その古生態を知り，古環境を推定する場合に，それが，本来生息していた場所から他へ移動していては，何の意味もなくなることがあるからである．

一般に，化石の産状は，現地性（autochthonous，自生的）（図Ⅱ.19）と異地性（allochthonous，他生的）（図Ⅱ.20）の2つに分けられる．前者はそれが生息した場所で化石化し，古生態を示すものであり，後者は死後移動して後，化石化したものである．

大型化石についてみると，この2つの対照的な性質は，その古生物のもつ生態・分布と，堆積環境によって左右されている．たとえば，陸生の生物と海生の生物とをくらべれば，後者の方が現地性であることが多い．それは，生息場所が堆積場所になる可能性が大きいからである．哺乳類などの陸生動物や陸生の植物は，死後，堆積する場所へ運搬されて化石化することが多い．同じ海生動物でも，

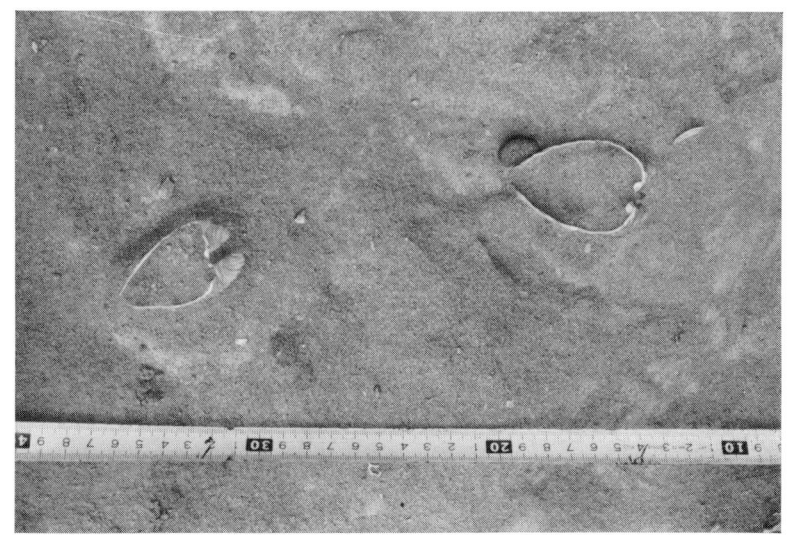

図Ⅱ.19　現地性の化石（島根県唐鐘層の *Panope*）

6. 瑞浪層群を例として

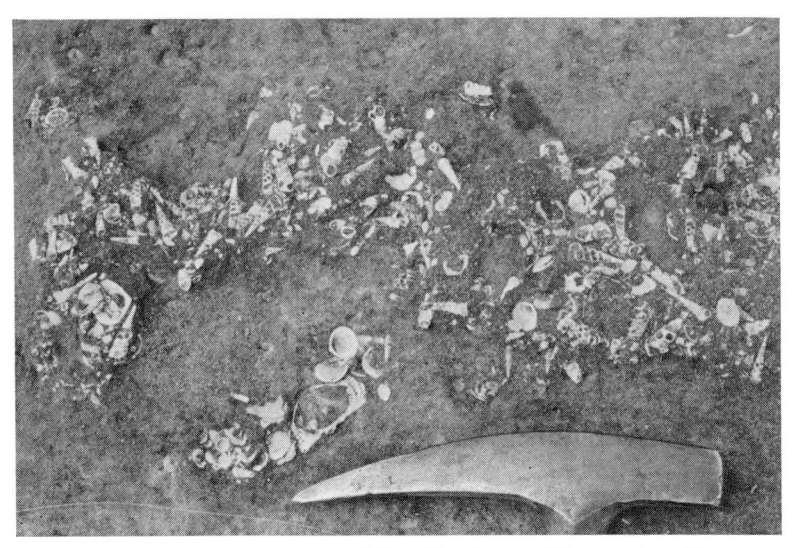

図II.20 異地性の化石（唐鐘層の *Turritella*, *Glycymeris* など）

底生の，内生型（泥や砂の中にもぐってすむ）のものが，表生型の可動性のものより自生的であることが普通である．

堆積環境の点からみれば，水中において水の動きの少ない場所の方が，そこにすむ生物の，死後の移動が少ないといえる．一般論として，深い方が，閉じられた環境である方が，そして，細粒の堆積物がある方が現地性であることにとって，よりよい条件である．この観点からみれば，浅い海，とくに波浪・潮流の動きのある潮間帯～浅海帯上部の，礫や粗い砂が堆積する場所では，異地性の化石が生まれることが多い．

瑞浪層群の堆積した水域は，一般に浅海～浅い湖であったと推定されるが，あとで述べるように，海は内湾～内海の状態のことが多く，水の運動はむしろ弱く，異地性の化石が生じにくい条件下にあったといえる．

実際の化石の産状と岩質を各層についてみると，次のようになる．

現地性　　　　{ 生俵層 　　　　　　　　　　　　　　　　　　　　　　　　　　　　　　　
　　　　　　　　狭間層 } 泥　岩
　　　　　　　　山野内層　　シルト岩

ほぼ現地性　　{ 宿洞相　　砂　岩
　　　　　　　　月吉層　　細粒砂岩～砂質シルト岩
　　　　　　　　戸狩層の *Felaniella* 層　　化石層

現地性に近い　{ 戸狩層　　砂　岩
　　　　　　　　久尻相　　砂　岩

異地性～異地性に近い　　名滝層　　礫岩

同じ層の中でも，岩質には違いがあるし，ノジュールや化石層の場合はまた状況が異なる．それぞれの露頭において，産出する化石の産状をくわしく観察して区別する必要がある．

フィールドでの化石調査の際，露頭で層準ごとに，また，岩質ごとに産状を記録し標本を採集す

表Ⅱ.4 瑞浪層群の貝類化石群集と古生態（糸魚川ほか，1981）

群集名	主要構成種	出現する地層	生活型	底質	深度	塩分濃度	水温
1. *Geloina*	*Geloina* sp.	宿洞相	U	M, sm	L	b	T-S
2. *Batillaria-Vicaryella*	*Trapezium modiolaeforme, Cerithideopsilla minoensis, Batillaria mizunamiensis, Vicaryella ishiiana*	月吉層	U, R	M, sm	L	b	S-(W)
3. *Cyclina-Vicarya*	*Cyclina japonica, Hiatula minoensis, Batillaria mizunamiensis, Vicarya yokoyamai, Vicaryella ishiiana*		U, R	M, sm	L	b	S-(W)
4. *Nipponomarcia-Saxolucina*	*Saxolucina khataii, Nipponomarcia nakamurai, Batillaria mizunamiensis, Vicaryella ishiiana*		U, R	sm	L	b	S-(W)
5. *Arca-Saccella*	*Saccella miensis, Arca* sp., *Wallucina habei, Turritella sagai*	浅野相	U, D	S, R	L-S2	m	W
6. *Glycymeris-Turritella*	*Glycymeris ikebei, Nipponomarcia nakamurai, Protorotella depressa, Turritella sagai*	久尻相	U, R	S	L-S1	m	W
7. "*Proclava*"-*Reticunassa*	*Protorotella depressa,* "*Proclava*" *otukai, Reticunassa simizui*		U, R	S	L-S1	m	W
8. *Turritella-Euspira*	*Siratoria siratoriensis, Turritella sagai, Euspira meisensis*		U, R	S	L-S1	m	W
9. *Homalopoma-Reticunassa*	*Glycymeris ikebei, Homalopoma ena, Turritella sagai, Reticunassa simizui*		U, R	S	L-S1	m	W
10. *Felaniella*	*Felaniella usta*	久尻相 戸狩層 桜堂相	U	S	S1-S2	m	W-C
11. *Nipponomarcia-Homalopoma*	*Nipponomarcia nakamurai, Homalopoma ena*	戸狩層	U, R	S, sm	L-S1	m	W
12. *Protorotella-Nipponomarcia*	*Nipponomarcia nakamurai, Protorotella depressa*		U, R	S	L-S1	m	W
13. *Phacosoma-Meretrix*	*Phacosoma kawagensis, Nipponomarcia nakamurai, Meretrix arugai*		U, R	S	L-S1	m	W
14. *Nipponomarcia-Phacosoma*	*Phacosoma nomurai, Nipponomarcia nakamurai*		U	S, sm	L-S1	m	W
15. *Mytilus-Arca*	*Arca* sp., *Mytilus coruscus*	桜堂相	U, D	S, R	L-S1	m	W
16. *Saccella-Lucinoma*	*Saccella miensis, Felaniella usta, Lucinoma acutilineatum*		U, R	S, sm	S1-S3	m	W
17. *Macoma-Cultellus*	*Macoma optiva, Macoma izurensis, Cultellus izumoensis*	山野内層	U	sm	S2-S4	m	W
18. *Saccella-Cyclocardia*	*Saccella miensis, Cyclocardia siogamensis, Cultellus izumoensis*		U	sm	S2-S3	m	W
19. *Macoma-Lucinoma*	*Saccella miensis, Lucinoma acutilineatum, Macoma optiva, Macoma izurensis*		U	sm	S2-S4	m	W
20. *Macoma-Ennucula*	*Ennucula akitana, Lucinoma acutilineatum, Macoma optiva, Macoma izurensis,* "*Periploma*" sp.	狭間層	U	sm	S3-S4	m	W
21. *Cyclina-Phacosoma*	*Phacosoma kawagensis, Cyclina japonica, Batillaria mizunamiensis*	肥田相	U, R	S, sm	L-S1	m	S-(W)

群集11〜14は *Nipponomarcia-Phacosoma*

6. 瑞浪層群を例として

22. Phacosoma-Turritella	Phacosoma kawagensis, Turritella sagai, Euspira meisensis	肥田相	U, R	S	L-S1	m	W
23. Macoma-Cyclocardia	Cyclocardia siogamensis, Macoma optiva, Macoma izurensis		U	sm	S2-S4	m	W
24. Zirfaea-Parapholas	Zirfaea subconstricta, Parapholas minoensis, Jouannetia cumingii		O	R	L	m	W
25. Turbo-Chama	Arca minoensis, Barbatia minoensis, Cardita minoensis, Turbo ozawai	宿	R, D	R	L-S1	m	(S)-W
26. Cavilucina-Glycymeris	Glycymeris cisshuensis, Cavilucina kitamurai, Phacosoma suketoensis, Polinices mizunamiensis, Ringicula minoensis		U, R	S	L-S1	m	(S)-W
27. Bellucina-Polinices	Bellucina civica, Turbo ozawai, Polinices mizunamiensis Neverita coticazae	洞	U, R	S	S1	m	(S)-W
28. Turbo-Glycymeris	Glycymeris cisshuensis, Turbo ozawai, Neverita coticazae		U, R	S, R	S1	m	(S)-W
29. Mitrella-Vermetus	Bellucina civica, Rissolina sp., Vermetus sp., Mitrella sp.		U, R, D	S, R	S1	m	(S)-W
30. Hyotissa-Aequipecten	Glycymeris cisshuensis, Aequipecten yanagawaensis, Hyotissa hyotis	相	U, D	S, R	L-S1	m	(S)-W
31. Crassostrea-Suchium	Crassostrea sp., Diplodonta ferruginata, Anisocorbula venusta, Suchium jyoganjiense		U, D	S, R	L-S1	m	(S)-W
32. Glycymeris-Chlamys	Glycymeris rhynchonelloides, Chlamys itoigawae		U, D	S, R	L-S1	m	(S)-W
33. Turbo-Crassostrea	Glycymeris cisshuensis, Crassostrea sp., Turbo ozawai		U, R, D	S, R	L-S1	m	W
34. Pitar-Chama	Chlamys cf. ingeniosa, Chama fragum, Pitar cf. itoi	名	U, R, D	S, R	L-S1	m	W
35. Antalis-Glycymeris	Glycymeris cisshuensis, Chlamys minoensis, Antalis sp., Neverita coticazae		U, R	S	S1	m	W
36. Chlamys-Homalopoma	Chlamys cf. ingeniosa, Chama fragum, Antalis sp., Homalopoma hidensis	滝	R, D	S, R	S1	m	W
37. Chlamys-Anisocorbula	Chlamys cf. ingeniosa, Chama fragum, Anisocorbula venusta, Antalis sp. Turbo ozawai	層	U, R, D	S, R	S1	m	W
38. Neilonella-"Dentalium"	Neilonella cf. soyoae, Lucinoma acutilineatum, Fissidentalium cf. yokoyamai, Antalis sp.		U	M, sm	S3-B	m	C
39. Acharax-Neilonella	Acharax tokunagai, Neilonella cf. soyoae, Lucinoma acutilineatum, "Periploma" sp.	生俵泥岩層	U	M	B	m	C-(A)
40. Acilana	Acilana tokunagai		U	M	B	m	C-(A)
41. Vaginella	Limacina sp., Vaginella depressa, Cavolinia raritatis	宿洞相 名滝層 生俵層	P	表層水		m	T-S
42. Corbicula	Corbicula sp.	宿洞相	U	S, sm	L-S1	f, b	W
43. Miocenehadra	Miocenehadra mizunamiensis, M. nakamurai	月吉層 戸狩層	R	陸　　　生			

生活型 (D：付着型　O：穿孔型　P：浮遊型　R：ほふく表生型　U：埋没型)，底質 (M：泥　sm：砂泥　S：砂　R：岩礫)，
深度 (L：潮間帯　S1：10 m　S2：20～30 m　S3：50～60 m　S4：100～120 m　B：200 m)，塩分濃度 (f：淡水　b：汽水
m：海水)，水温 (T：熱帯水　S：亜熱帯水　W：暖温帯水　C：冷温帯水　A：寒帯水)

る．種類によって産状が異なることがあるので注意する．出てくる化石の種類は，厳密には野外で決められないことが多い．しかし，少なくとも属名レベルは仮に決めてノートしておきたい．産出の多い，少ないも知っておきたいことの1つである．要するに，現地で化石群集のアウトラインを，それを含む地層の状況とともにしっかりつかんで，記録しておくのである．

採集された化石は，研究室へ運ばれ，クリーニングされる．種名がつけられ（同定），数が求められる．産地，層準ごとにまとめられ，種名表がつくられる．数の多いもの，特徴的なものに注意し，それぞれの産地の，層準・岩質ごとに，群集をまとめる（露頭群集）．全体を総合し整理すると，各層を代表する貝類化石群集が区別される（表Ⅱ.4）．

この表の中に，各群集の古生態（生活型・底質・塩分濃度・水温）が記入されている．これらのデータは，おもに，現生の対応する種類の生態を主とし，それに加えて，その種類のもつ殻形から推定される生態，その種類を含む高位の分類単位（taxon-taxa（複数））のもつ，一般的な特性を参考にして推定したものである．群集の構成種はそれぞれに特有な生態をもち，同一ではない．また，現生の対応するものの生態が地質時代のそれと変っている可能性もある．

このような点での誤りを避けるために，1つの種類だけでなく，多数の種類のそれを総合すること，推定する古生態の幅をできるだけ広くとることが行われている．これは逆に，推定できることが適確でなくなり，あいまいになることにつながるが，やむをえない．このことは，産出する地層の特性を考慮すること，共産する他の分類単位（たとえば，ウニ・サンゴなどの他の無脊椎動物，脊椎動物，植物など）の古生態を参考にすること，その他のデータ（たとえば堆積学的・地球化学的資料）なども加味して推定すれば，より精度を上げることが可能である．

古生態推定に使用する現生のデータは貝類についてはきわめて多い．一般的に，海生生物は生活型によって浮遊性生物（plankton），遊泳性生物（nekton），底生性生物（benthos）の3つのタイプに区分される．さらにくわしくみれば，細分が可能である．たとえば，底生性の貝類は，海底の表面にすむ表生型（epifauna; epibiose）と埋没して生活する内生型（infauna; endobiose）に分けられる．さらに前者には可動型（vagile）と付着型（sessile; adhering），後者は掘進型（burrowing）と穿孔型（boring）に区分される．

食性でみると，沪過食者（filter-suspension-feeder），堆積物摂食者（deposit-feeder），植食者（herbivorer），肉食者（carnivorer），腐生者（scavenger）などのタイプがある．

貝類の分布は，いくつかの要因により規定される．第1は海流系によるもので，水温に関係し，たとえば，日本列島のように，南北に長い分布をもつ地域では南からの暖流系と北からの寒流系が交差し，南方・北方両要素の種類が，それぞれの分布型をもって生息している．第2に深度がある．これも，種類によってそれぞれ，特有の深度分布，および深さの分布範囲（狭深性と広深性がある）をもつ．深度分布と密接に関係して，第3の要素として底質がある．岩礁，礫，砂，泥，サンゴ礁，海草の上などの区分が可能である．

このほか，水塊（外洋水か沿岸水か），塩分濃度（海水-汽水-淡水），内湾度，光なども分布を規定する要因となる．

分布は分類単位のいろいろなレベルで区別される．種のレベル，属のレベル，さらにはそれより上

6. 瑞浪層群を例として

```
           Superfamily Cerithiacea    オニノツノガイ上科
              Family Potamididae     ウミニナ科
Cerithidea (Cerithidea) largillierti (Philippi, 1848)           クロヘナタリ（平瀬）
    13-35P;     T$_{1-2}$; Br, M;(rr);    Bz (Kojima Bay), Suo (Onoda).
    波：11(25), 平：84(9).
Cerithidea (Cerithidea) ornata Adams, 1855                  シマヘナタリ（黒田）
    -0-34P,     T$_3$-N$_1$; Br, M; (rr);    Bz (Kojima Bay).
    波：11(24).
Cerithidea (Cerithidea) rhizophorarum Adams, 1855              フトヘナタリ（岩田）
                                                          〔ヘナタリ（目八―黒田）〕
    -0-35P;     T$_{1-2}$; Br, Es, M; (c);
    波：11(23), 原：78(25), 平：84(7), 動：3259, 小：9(103).
Cerithidea (Cerithideopsilla) cingulata (Gmelin, 1791)      ヘナタリ（岩川（目八））
                                                          〔カワアイ（目八―黒田）〕
   =Cerithidea microptera (Kiener, 1841; Cerithium)
    -0-35P, -37J;    T$_{1-2}$; Br, SM; (c).
    吉：12(11), 原：78(11), 平：84(11), 小：9(101).
Cerithidea (Cerithideopsilla), djadjariensis (K. Martin, 1899)  カワアイ（岩川（六介））
   =Cerithidea cingulata auct. non (Gmelin, 1791; Murex)
    -0-39P, -37J;    T$_{1-2}$; Br, Es, SM; (m).
    吉：12(12), 原：78(26), 平：84(10), 動：3260, 小：9(102).
Batillaria cumingii (Crosse, 1862)                         ホソウミニナ（岩川）
    23-44P, -45J;    T$_{1-2}$; SM; (m).
    波：11(21), 原：78(22), 平：84(15, 16).
Batillaria multiformis (Lischke, 1869)                ウミニナ（目八）（方言―岩川）
    14-46P, J;    T$_{1-2}$; SM; (m).
    吉：12(10), 原：78(21), 動：3261, 小：9(99).
Batillaria zonalis (Bruguière, 1792)                       イボウミニナ（岩川）
    -0-41P, -40J;    T$_{1-2}$; SM; (c).
    波：11(22), 原：78(23), 平：84(14), 小：9(100).
```

図Ⅱ.21 目録の一例（稲葉，1963）

位の単位で共通性が認められる．このことは，化石に適用する時に大きい意味をもっている．すなわち，瑞浪層群のもののような新第三紀の貝類化石の場合，種は違っていることが多いが，属は共通なことが多い．したがって，属レベルでの議論になることが多いからである．

　現生貝類の分布の，実際のデータはいろいろな形で公表されている．学術的な海洋調査によるもの，漁業者・コレクターによるもの，養殖によるものなどである．貝類は重要な海産資源の1つであり，利用されている．一方，貝類はたいへん美しく，人の目をひきつけ，収集の対象になっている．これらのことが，貝類についての多くの情報を提供してくれる基礎となっている．

　地理的分布・深度分布・底質などは，各種の目録に記載されていることが多い．日本近海についていえば，KURODA and HABE (1952)，肥後（編）(1973)などの総合的なもの，各地方や県のもの（稲葉，1963；和歌山県貝類目録編集委，1981；松本，1979など）がある（図Ⅱ.21）．これらが，分布データのすべてを，そして正しく与えてくれるわけではないが，たいへん有用で参考になる．多数発行されている図鑑にも，その説明の中で分布のことがふれられていて役立つ．

　塩分濃度や水温などの生態的要素は，養殖されている貝類について，多く得られている．カキ類，ハマグリ，ホタテガイ，アコヤガイ，アワビなどである（129頁参照）．実験的なデータが多く，適確である．

54　　　　　　　　　　　　Ⅱ. 古生態学の実際

Acharax tokunagai ×1.5

Neilonella soyoae ×3

Acilana tokunagai

Ennucula akitana ×1.7

Lucinoma acutilineatum

Macoma izurensis

Cultellus izumoensis ×0.6

Saccella miensis

Macoma optiva ×0.7

Patinopecten egregius

Felaniella usta ×1.3

Cyclocardia siogamensis

Zirfaea subconstricta ×1.5

Glycymeris ikebei

Turritella sagai

図Ⅱ.22　瑞浪層群の

6. 瑞浪層群を例として

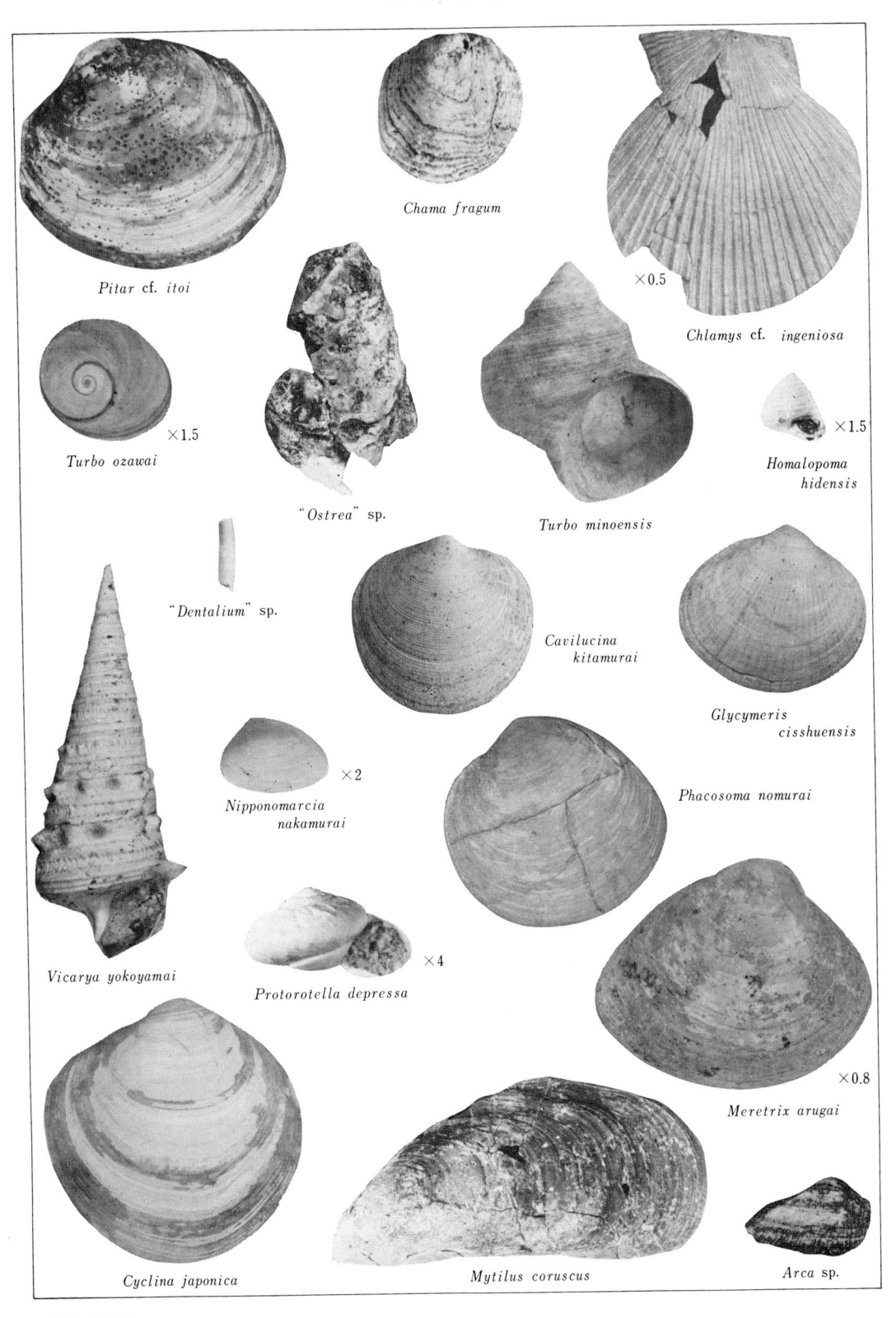

Pitar cf. *itoi*

Chama fragum

×0.5

Chlamys cf. *ingeniosa*

×1.5
Turbo ozawai

"*Ostrea*" sp.

Turbo minoensis

×1.5
Homalopoma hidensis

"*Dentalium*" sp.

Cavilucina kitamurai

Glycymeris cisshuensis

×2
Nipponomarcia nakamurai

Phacosoma nomurai

Vicarya yokoyamai

×4
Protorotella depressa

×0.8
Meretrix arugai

Cyclina japonica

Mytilus coruscus

Arca sp.

群集構成種

II. 古生態学の実際

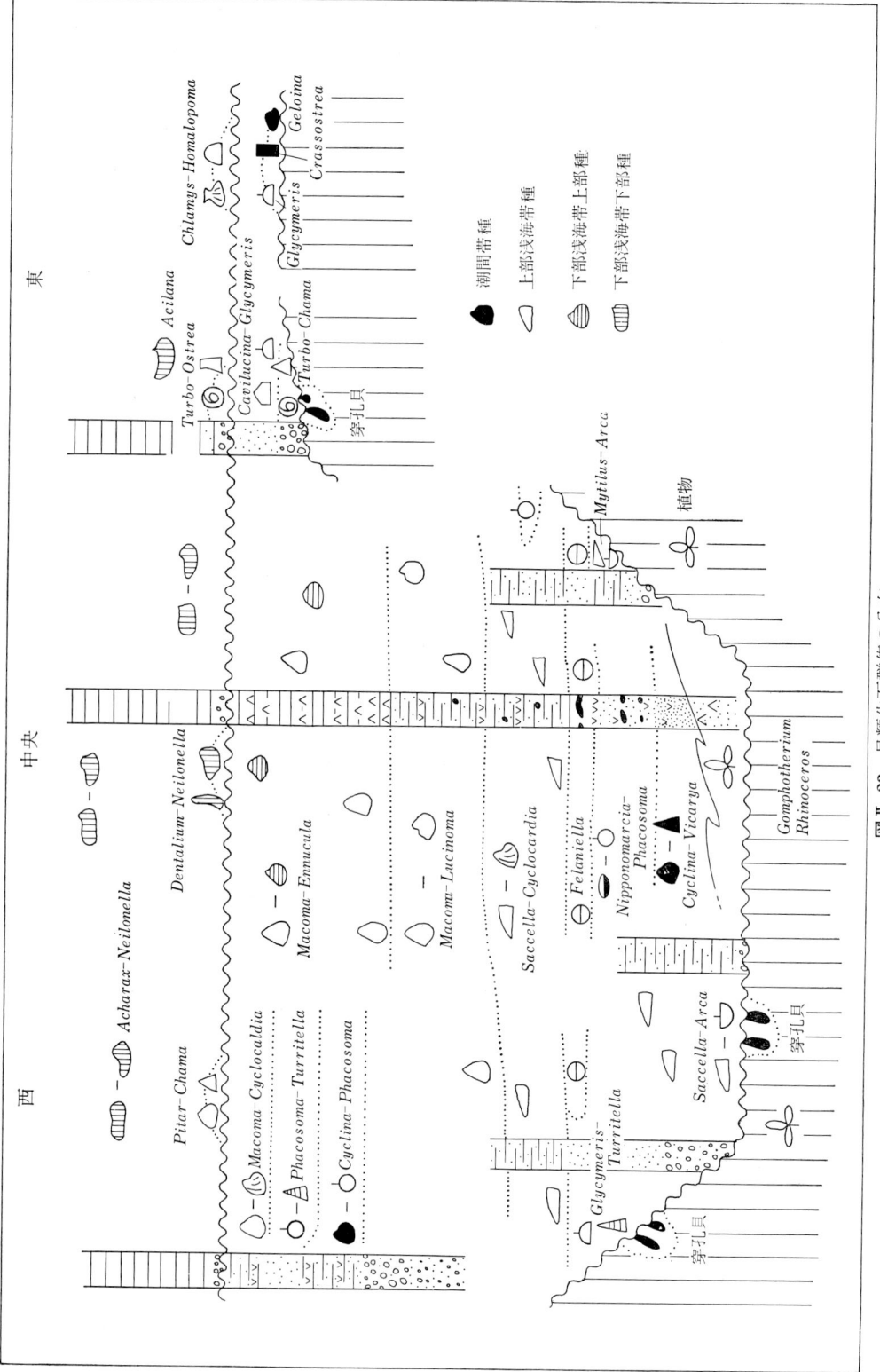

図II.23 貝類化石群集の分布

表Ⅱ.5 貝類化石の産地数と種数（糸魚川ほか，1981）

地層名	産地数	種数					
		全体	二枚貝類	掘足類	腹足類	頭足類	ヒザラガイ類
全体	74	570	199	6	345	2	18
月吉層	12	63	27	0	35	1	0
浅野相	1	43	27	0	16	0	0
久尻相	8	130	56	1	70	1	2
戸狩層	15	75	36	1	36	1	1
桜堂相	2	45	27	0	18	0	0
山野内層	19	123	60	4	58	1	0
狭間層	5	49	27	2	20	0	0
肥田相	3	44	25	1	18	0	0
宿洞相	11	318	107	3	198	0	10
名滝層	13	252	94	5	144	1	8
生俵層	12	57	29	2	25	1	0

　学術調査による貝類分布のデータは必ずしも多いとはいえないが，最近の，海洋調査の発展にともなって多くなってきた．とくに，漁業の対象になりにくい，漸深海帯〜深海帯についてのデータは重要である．目録などと違って一般化していないが，古生態学にとって，見逃せないものである．

　表Ⅱ.4に示された43の群集は，それぞれ個有の分布をもつ．細かくみれば，たいへん複雑なものになる．表中に示された，出現する地層というのは，代表的なものを示したものである．さらに，主要なものを選び出して，瑞浪盆地の中での，地理的・層序的分布を示したのが，図Ⅱ.22，Ⅱ.23である．こういった基礎的データを使って，古生態-古環境の復元がなされる．

　最後に，貝類化石の各層ごとの産地数と種数を示しておく（表Ⅱ.5）．層によって化石の産状が異なり，産地の数も同様に異なる．月吉層・戸狩層・山野内層などのように，普遍的に化石を含み，特定の産地として区別しにくい場合もある．宿洞相・名滝層は産地が割合はっきりしており，それぞれ，10以上の，いちじるしい産地がある．狭間層・生俵層などは，化石の産出が少ないが全体として点在して産する．

　種数をみると，45種前後から300種を超えるものまで多様であるが，それぞれ古生態・古環境を反映して，特性をもっている．多い方がよいが，それだけでもない．各種の性質，産状も関係する．当然，各層・各群集について，推定できることに精粗があり，また多少もある．しかし，瑞浪層群にみられる各群集は古生態を知る上に十分な材料であり，さらに各層についても，各群集を利用して古環境を推定することが，可能である．

6.4 生痕化石——個体古生態学の一例——

　化石は大きく遺体（遺骸）化石と生痕（遺跡）化石とに分けられる．生痕化石は目立たなくて，よく知られていないことが多い．しかし，(1)現地性であること，(2)体化石として残りにくいもの，残りにくい場所にすむものが残っていること，(3)生活習性が復元できること，(4)生物と堆積作用の間の関係がとらえやすいこと，(5)先カンブリア時代から第四紀まで世界中から産すること，などの性質により，たいへん重要である．とくに古生態・古環境に関していえば，興味ある材料である．

　生痕化石は，それをつくった生物が不明であることが多い．このことを解決するために，現生生物

II. 古生態学の実際

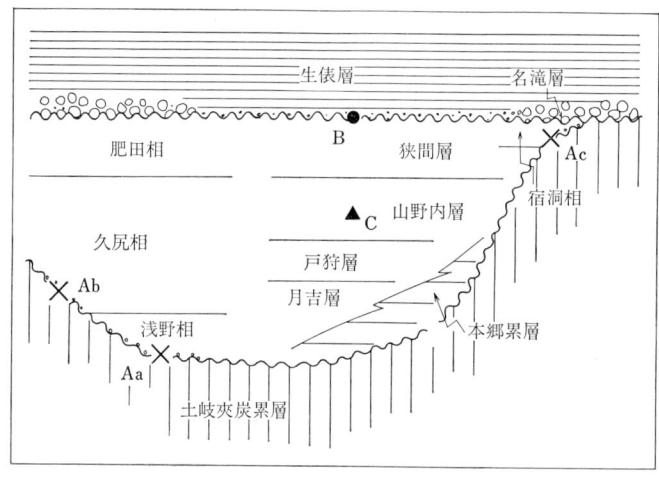

図II.24 生痕化石の層準

の生態を観察し，それをつくる巣穴と生痕化石と対比することが行われている．また，共産する体化石との対比もされている．生痕化石は，それをつくった生物の習性を反映しているわけだから，そこに視点をおいて古環境との関連を考えることができる．

瑞浪層群には多くの生痕化石がみられる．十分に研究がつくされていない面があり，これからのテーマである．現在までにわかっていることを紹介する．

図II.24に示されるように，生痕化石はその産状・産出層準から，3つのタイプに区分される．すなわち，タイプAは明世累層の基底部にみられるもので，a. 浅野相，b. 久尻相，c. 宿洞相と，下位の土岐夾炭累層の間の非整合面にあり，穿孔性二枚貝類のつくる巣穴（boring）生痕である（図II.25, II.26）．タイプBは生俵累層基底の，下位の明世累層狭間層との間の非整合面（図II.27）にみられるものである．狭間層の最上面に刻まれた，成因のよくわからない構造で，その形態から，おそらく生物起源であると推定される（図II.28）．他の1つ，タイプCは各層の層面から下方にのびる巣穴

図II.25 穿孔性貝類 (*Zirfaea subconstricta*) (×3)

図Ⅱ.26 明世累層久尻相の基底にみられる穿孔性貝類の巣穴化石

図Ⅱ.27 狭間層（下位）と生俵累層（上位）の非整合面

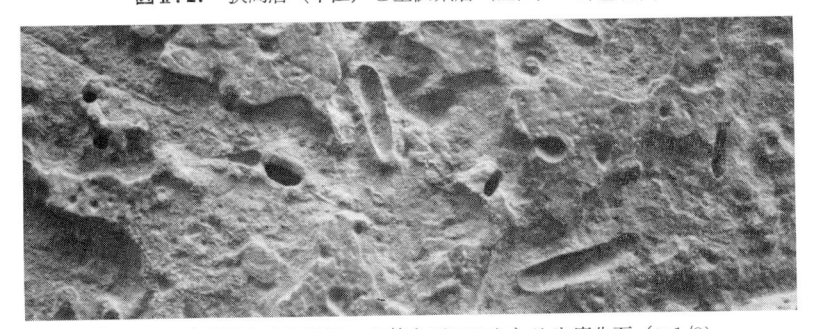

図Ⅱ.28 狭間層と生俵累層の非整合面にみられる生痕化石（×1/3）

図Ⅱ.29 戸狩層中のTu凝灰岩（アベックタフ）中の巣穴化石

化石で，山野内層・戸狩層中の凝灰岩層にみられるものがいちじるしい（図Ⅱ.29）．

この3つのタイプの生痕化石は，成因的に大きい違いをもっている．すなわち，A1は穿孔性貝類による巣穴（穿孔）で，非整合面上につくられたものであり，下位の地層がかなり固結していたことを示す．これは，この非整合にかなりの時間的ギャップ（堆積物が，穿孔性貝類により穴をあけられる程度の固さになるほどの）があることを示している．Bは，同様に非整合面にみられるが，Aほど明らかな固結を示す証拠がない．時間的ギャップはより小さいと推定されるが，生痕化石の実体が不明で，わからない点が多い．Cはいわゆる巣穴動物の活動の証拠で，A，Bにみられるような時間的間隙は示さない．生物かく乱（bioturbation）と呼ぶ現象がみられる．

このように，瑞浪層群の3つのタイプの生痕化石は，地層間にみられる時間的ギャップ（非整合面-層面）と深い関係にあり，古環境の変化を考える上で，重要な意味をもっている．それぞれの生痕化石について，さらにくわしくみてみる．

タイプAの生痕化石は，穿孔性二枚貝類のつくった巣穴（boring）に，砂がつまった砂管であり，

表Ⅱ.6 穿孔性貝類化石の種類（糸魚川，1967）

種　　名	層　　準			穿孔した対象			化石のみ産する
	明世累層		名滝層	基盤（泥岩）	礫	カキ	
	宿洞相	その他					
1. *Lithophaga* (*Leiosolenus*) *rechifora* ITOIGAWA	×	×	×		×		
2. *Zirfaea subconstricta* (YOKOYAMA)	×	×	×	×	×		
3. *Pholadidea* sp.	×	×	×	×			×
4. *Parapholas minoensis* ITOIGAWA	×		×	×			×
5. *P.　　 hiyoshiensis* ITOIGAWA	×					×	
6. *Jouannetia* (*s.s.*) *cumingii* (SOWERBY)	×			×			
7. *Barbatia* (*Savignyarca*) *minoensis* ITOIGAWA	×				×		×
8. *Irus* sp.	×			×			×
9. *Pseudoirus* sp.			×				×
巣穴化石	×	×	×	×			

中に，それをつくった貝類が体化石として残っていることが多い．種類は9種あり（表Ⅱ.6），現生種でみると，それぞれ異なる穿孔の方法をもつ．表のうち，2〜6は，機械的な運動で，岩石をけずり，穴をあけるもので，殻表の彫刻にそのことを示す証拠がある（図Ⅱ.25参照）．1は，化学的な作用によって岩石を弱くし，殻の開閉運動などによって掘進するといわれている．7〜9は偽似穿孔あるいは2次穿孔を行う種類で，他の生物のあけた穴，自然にできたわれ目などを使い，これの形を修正して巣穴とするものである．穿孔貝類の巣穴には非整合面から基盤に穿孔したものの他に，礫・カキの殻に入ったものもみうけられる．

これらの二枚貝類のつくった巣穴は，やはりいくつかのタイプに分けられる（表Ⅱ.7，図Ⅱ.30）．基本的なものは1次穿孔による，Ⅰ〜Ⅳのタイプのもので，その他のものは様々な要因によって，形の変わったものである．

タイプⅠは，Ⅱ〜Ⅳのものと形が異なって円筒状であり，石灰質の内壁をもち，*Lithophaga* 特有の形である（図Ⅱ.31 a）．Ⅱ〜Ⅳは，Pholadidae の二枚貝類のつくる巣穴で，貝類の大きさ・形などにより，その形が規制されている．ⅡとⅢは基本的に同形で（図Ⅱ.31 b, c），大きさによる差である．Ⅳは *Jouannetia* のつくるもので，その殻形に左右されている（図Ⅱ.31 d）．Ⅱ〜Ⅳの生痕の外

表Ⅱ.7 穿孔性貝類化石のつくる生痕のタイプ（糸魚川，1967）

タイプ	形	大きさ 長さ/最大直径 (mm)	岩質	彫刻	穿孔する貝	穿孔の方向	その他	でき方
Ⅰ	前後に細長い円筒形	35〜60 / 10〜20	中〜細粒砂，シルト，方解石，空洞	石灰質の内壁（さや）をもつ	*Lithophaga*	30〜80° 逆方向もあり		1次穿孔
Ⅱ	下のふくらんだ棍棒状（小〜中）	45〜100 / 10〜20	含細礫 中〜粗粒砂	同心円状彫刻 斜めの擦痕（下底部）	*Zirfaea* *Pholadidea*	60〜90°	幼貝の入るものは棒状	
Ⅲ	下のふくらんだ棍棒状（大）	180 / 50±	〃	〃	*Parapholas minoensis*	80〜90°	*Lutraria* が入ることあり，Ⅱとは大きさ，中の貝で区別	
Ⅳ	フラスコ型（中〜小）	20〜30 / 13〜20 （管状部4mm±）	〃	被板のしわの痕跡，斜めの擦痕（下底部）	*Jouannetia*	80〜90°	幼貝の入るものは棒状	
Ⅰ′	Ⅰに同じ		方解石 細粒砂		*Barbatia*	80°		偽2次穿孔
Ⅱ′	Ⅱに近い	15〜20	含細礫 中〜粗粒砂	不明	*Irus*	不明	数個の貝殻が入ることがある（1次穿孔のものもある）	
えだわかれ	分岐，二つの砂管がつながる，一方が大きく，他方小		〃	不明	貝殻が入ってない		大きい方が小さい方を切ったもの	二重穿孔
こぶ	こぶ状のふくらみをもつ		〃	こぶの部分の彫刻不明	貝殻が入っていない（こぶの部分）			
わん型	皿形，わん形，U字形，太く，短い棍棒状	4〜47 / 5〜25 直径/長さ： 3.1〜0.55	〃	Ⅱに同じ	貝殻が入っていない（*Zirfaea*?）	Ⅱに同じ	Ⅱ〜Ⅳの砂管の上部が切りとられたもの	巣穴の侵

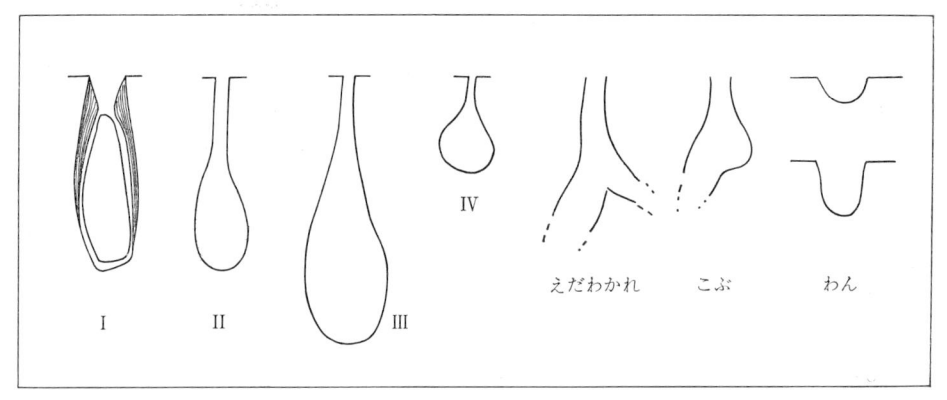

図Ⅱ.30 生痕のタイプ

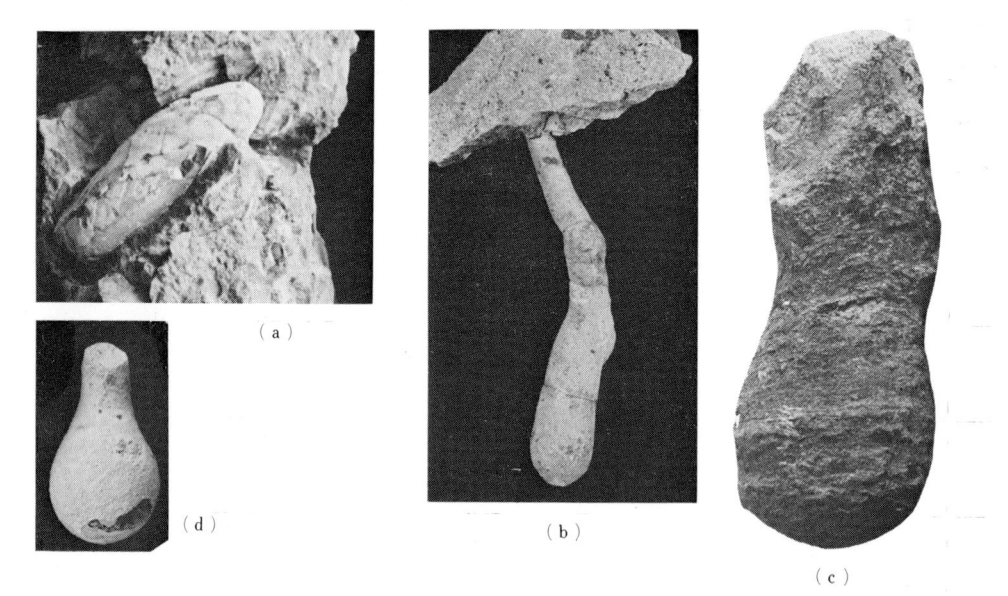

図Ⅱ.31 4つのタイプⅠ～Ⅳの生痕化石　b, c：×1/2

表面には，擦痕として鋸目状の刻みとリング状の刻みがある．後者は，殻の回転運動によるものであろう．

Ⅰ′，Ⅱ′はすでに述べたように，既存の穴の修正を行ったもので，形はそれぞれⅠ，Ⅱに近い．ⅠはBarbatia，ⅡはIrusによる，偽似(2次)穿孔である．このような活動をする二枚貝類は他にも知られている．

二重に穿孔が行われたと推定される生痕がある．えだわかれをしたり，こぶ状のふくらみをもつものである．貝殻が入っていないので，詳細はわからないが，すでにあった巣穴を他のものがさらに切るような活動があったかと推定される．あまり例は多くない．

"わん型"として区別した生痕は，さまざまな形をしており，浅い皿形のものから，わん形・U字形・太くて短い棍棒状のものまである．これらを総合的にみれば，Ⅱ～Ⅳ型の生痕が，侵食作用によって上部を切りとられ，それをあとで砂が埋めた結果と思われる．このことは，穿孔性貝類がその場所で生息し，活動し始めてから，かなりの時間(その貝類が死に，巣穴が残され，さらにそれが侵食

されて短くなるまで）が経過したことを示しており，前にふれた非整合の問題とも関連してくる．

タイプⅢの生痕化石の中に，それをつくったと思われる*Parapholas minoensis* の他に，合殻の *Lutraria* aff. *sieboldi* ヒラカモジガイの貝殻が含まれた例がある．後者は岩石穿孔の性質をもたないので，これが入っているのは理解しがたいことである．おそらく，*Parapholas* によってあけられた穴の中に，そのあとに砂がつまり，たまたま *Lutraria* が生息したものであろう．したがって，*Parapholas* が生息した，岩礁的環境の時代に生息したものでなくて，そのあとの砂が堆積する時期に生息した種類であるといえる．

タイプBには各種のものがある．第1は円筒形〜楕円形のくぼみで（図Ⅱ.28参照），面に対しわずかに傾く．くぼみの深さは2〜3mmである．第2は，3段の層状構造があり，不規則なくぼみ，直径10mm以下，深さ20mmまでの穴，細かいリリーフなどがみられるものである．第3は，図Ⅱ.32に示す，細かくて不規則な多数のくぼみである．これらの生痕は，それが生物によってつくられたものかどうか，仮に生物起源とすれば，どのような生物によって，どのようにしてつくられたか，不明である．また，これらのつくられたときに，基盤であった狭間層がどの程度固結していたのかもわからない．しかし，一部のものは明らかに生物起源と思われ，また，この上にのる生俵層基底部には，多くの糞化石が含まれており，これとの関連も含めて，検討する必要がある．

図Ⅱ.32 狭間層上面にみられるくぼみ（生痕）（×1.4）

タイプCは，いわゆる砂管（サンドパイプ）（図Ⅱ.29参照）で，直径20〜30mm，最大50mm，

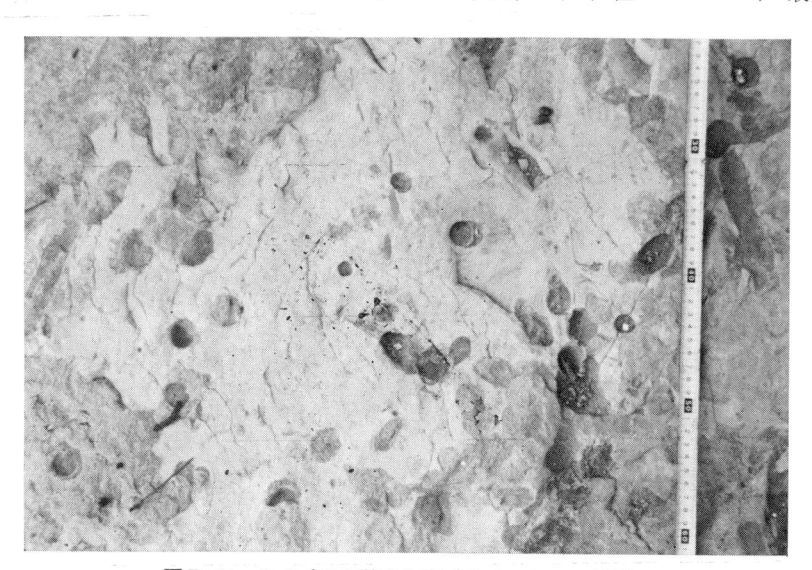

図Ⅱ.33 タイプCの巣穴生痕（アベックタフ上面）

長さ 100～300 mm，最大 400 mm の円筒状の巣穴で，曲ったり，分岐したり，交差したりする．層面で円形の断面を示すことが多い（図Ⅱ.33）．図に示したものは，アベックタフ中にみられるもので，凝灰岩を切って巣穴があり，上部から供給された中粒～粗粒砂によって充てんされている．巣穴内の砂は無層理であったり，巣穴の伸長方向に直交する方向の葉理があったりする．

この巣穴の中には，貝殻片を含むことがあり，それは *Felaniella usta* など，上位層準から由来したものである．また，*Callianassa* sp.（スナモグリの類）の爪の一部を産出した．巣穴の性質，その現生生態からみて，この巣穴をつくった動物であることが推定される．

6.5 その他の化石

すでに示した（表Ⅱ.1参照）のように，瑞浪層群からは多様な動植物の化石が産している．調査・研究のなされた種類の内で，古生態・古環境の問題に関係の深いものについてふれ，おもな種類を図Ⅱ.34に示す．

1) サンゴ類

表Ⅱ.8に示すように，28種が宿洞相・名滝層・生俵層の3つの層準から産し，江口（1974）によっ

表Ⅱ.8 サンゴ化石（江口，1974）

種　名	産　地	宿洞相	名滝層	生俵層
Alveopora sp.	アワサンゴ属	R		
Polites sp.	ハマサンゴ属	R		
Plesiastrea versipora (LAMARCK)	マルキクメイシ	R		
Oculina sp.		R	C	
Madrepora sp.	ビワガライシ		F	
Cynaria sp.	コハナサンゴ	F		
Lobophyllia sp.	ハナガタサンゴ	R		
Anthemiphyllia dentata (ALCOCK)	トゲコザラサンゴ	R	R	
Caryophyllia sp. aff. *C. scobinosa* (ALCOCK)	（ツノチョウジガイ）		R	
Deltocyathus sp.	ギンカサンゴ属		A	F
Stephanocyathus sp.	アシナガサンゴ属			R
Notocyathus sp.	エンスイサンゴ属		R	
Paradeltocyathus orientalis (DUNCAN)	タマサンゴ		R	
Peponocyathus orientalis YABE and EGUCHI	ペポノシアッス		R	
Cylindrophyllia sp.	コツヅミサンゴ属		F	
Goniocorella sp.	シロクダサンゴ属		R	
Flabellum distinctum angustum YABE and EGUCHI	ホソセンスガイ		R	
Fl. rubrum (QUOY and GAIMARD)	クサビセンスガイ	R	R	
Fl. apertum MOSLEY var.				R
Dendrophyllia cribrosa M. EDW. H.	オノミチサンゴ	R	R	
D. fistula (ALOCOK)	ホソキサンゴ	C	C	
D. sp.		R	C	
Rhizopsammia sp.	ムツサンゴ属		R	
Turbinaria sp.	スリバチサンゴ属	R		
Stylaster sp.	ギサンゴ属		R	
Crypheria sp.	フタギサンゴ属		R	
Base of Stylasteridae			F	
Distichophora sp.	ヨコアナギサンゴ属		R	

R：まれ，F：しばしば，C：普通，A：多い

て研究されている．石サンゴ類24種，疑サンゴ類4種で，石サンゴ24種中，群体サンゴ12種，単体サンゴが12種である．

いわゆる造礁サンゴは*Polites*ハマサンゴ属，*Plesiastrea versipora*マルキクメイシ，*Cynaria*コハナサンゴ，*Lobophyllia*ハナガタサンゴ，*Turbinaria*スリバチサンゴ属などがある．これらはすべて宿洞相から産するが，礁はつくらず，破片である．しかし，*Maoricardium*など，いくつかの種類の貝類，大型有孔虫の*Miogypsina*などとともに，熱帯浅海の古環境を指示するものとして注目される．この他，宿洞相からは*Oculina*の群体が知られている．

2) 腕足類

4科8属12種の腕足類化石が知られている．貝類などとくらべて量は多くない．特定の層準・産地に集中している．たとえば，久尻相（土岐市泉町隠居山・七曲り），名滝層の各産地，岩村盆地の久保原層（恵那郡山岡町東洞）などである．時に幼形の個体が多産することがあり，準自生的な産状を示すことが多い．また，コケムシ化石と共存することが多く，濁らない，水の動きの早い場所に生息したことを示している．砂あるいは礫質の岩質ともよく合う．

現生の種類の生息環境を考慮して，おもな種類の生息古環境を推定すると，表Ⅱ.9となる．この表を地層の側からみれば，それらの中に含まれる，腕足類化石群集が示されているということになる．

表Ⅱ.9 腕足類化石群集と古環境（糸魚川ほか，1976）

属	環境	地層		月吉層	久尻相	戸狩層	山野内層	狭間層	宿洞相	名滝層 1 2以外	名滝層 2 戸狩 St.288	生俵層	久保原層
Lingula *Discinisca*	砂泥底 岩礁	内側	↑		(3) 2	(○)	(○)		2				3 2
"*Dallinella*" *Coptothyris* *Terebratalia*	暖流系?	湾		1* ?				(1)	1*	1*	2	(○)	1*
Terebratulina *Laqueus* *Campages*	暖流系? 深い?	外側	↓					(2)	2	1 3		1	

1, 2, 3は多い順を示す．（○）は代表属と推定したもの．*は幼形標本を含むもの．

3) ウニ類

表Ⅱ.10に示す10種のウニ化石のうち，*Astriclypeus*，*Kewia*，*Brissopsis*は中新世前期末～中期の示準化石としてよく知られている．古環境との関連でみると，*Stomopneustes*，*Echinocyamus*，*Kewia*はそれらの産出する明世累層が，潮間帯～40m程度の深度の浅海であることを示す．また，宿洞相は，*Astriclypeus*，*Clypeaster*からみて干潮線～10m程度の浅海砂質底の堆積物，生俵層は*Schizaster*，*Brissopsis*からみて，50～200m深度の泥質底の堆積物からなることが推定される．

*Astriclypeus*は*A. manni*と*A. manni minoensis*とに区別され，いずれも宿洞相産であるが，産地が異なり，前者は菅沼，後者は宿洞（いずれも瑞浪市日吉町）より産する．亜種である*minoensis*は歩帯の尖端にあるマド (lunule) が，*manni*より細長く，槍先状である点で区別される．このマドの形の違いは2つの産地のうち，宿洞が中粒砂岩，菅沼が粗粒砂岩～細礫岩の岩質をもつことと関

Lobophyllia sp. ×0.5

Terebratulina moniwaensis ×1.5

Coptothyris grayi ×1.4

Kewia minoensis ×1.3

Stereolepis sp. ×0.2

Astriclypeus manni minoensis ×0.5

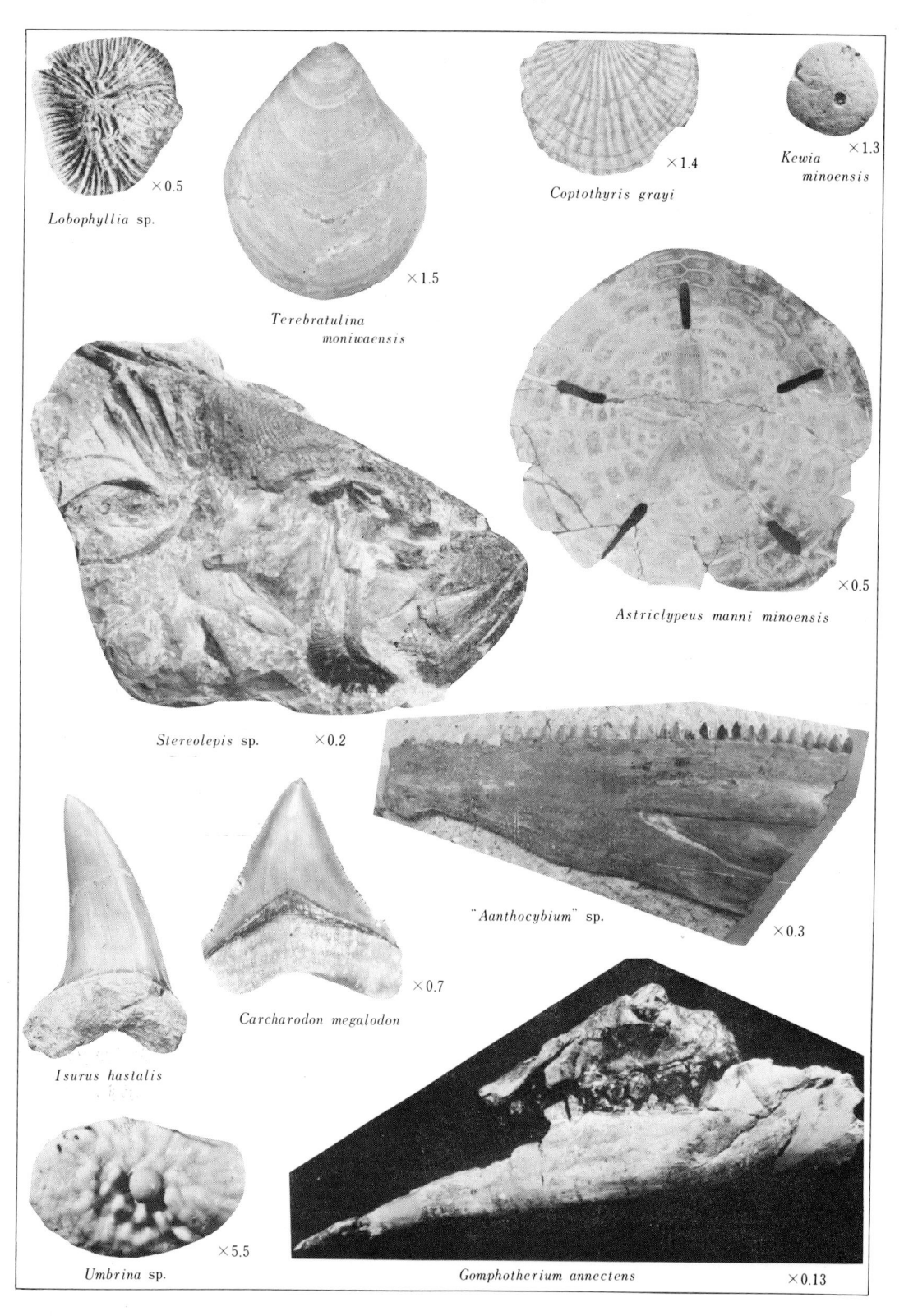

"*Aanthocybium*" sp. ×0.3

Isurus hastalis

Carcharodon megalodon ×0.7

Umbrina sp. ×5.5

Gomphotherium annectens ×0.13

図 II.34 各 種

6. 瑞浪層群を例として

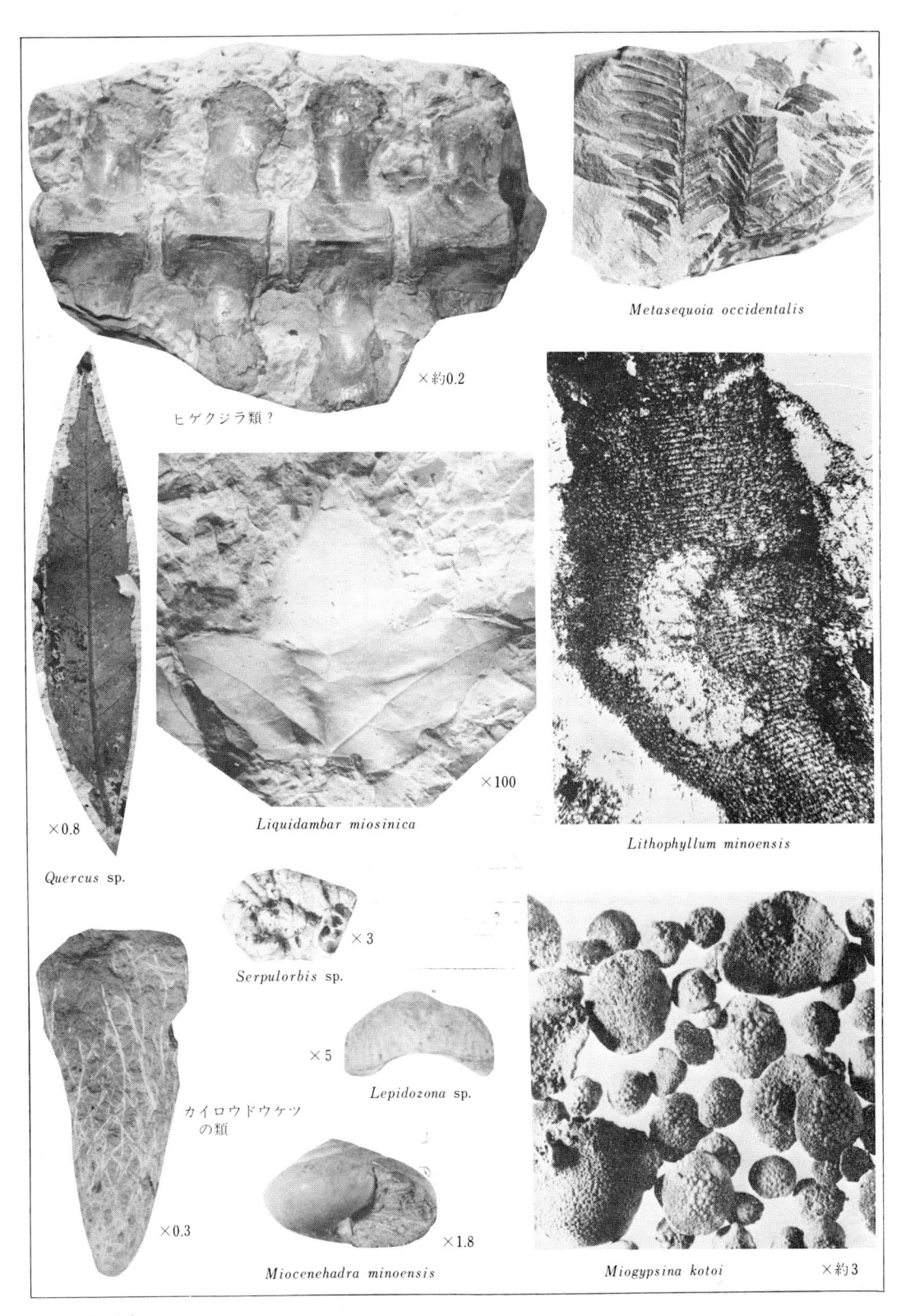

×約0.2
ヒゲクジラ類？

Metasequoia occidentalis

×0.8
Quercus sp.

×100
Liquidambar miosinica

Lithophyllum minoensis

×3
Serpulorbis sp.

×5
Lepidozona sp.

カイロウドウケツの類
×0.3

×1.8
Miocenehadra minoensis

Miogypsina kotoi ×約3

の化石

表Ⅱ.10 ウニ化石（森下，1974 ほか）

Salena nipponica MORISHITA	明世累層（久尻相）
Stomopneustes sp.	明世累層（久尻相）
Echinocyamus crispus MAZZETTI	明世累層（山野内層）
Kewia minoensis (MORISHITA)	明世累層（久尻相・宿洞相）
Astriclypeus mannii VERRILL	明世累層（宿洞相）
Astriclypeus mannii minoensis MORISHITA	明世累層（宿洞相）
Linthia nipponica YOSHIWARA	生俵累層
Schizaster sp. indet.	生俵累層
Brissopsis makiyamai MORISHITA	生俵累層
Clypeaster aff. *virescens* DOEDERLEIN	明世累層（宿洞相）

係があると思われる．すなわち，このマドが，MORISHITA (1976) によりすでに指摘されているように，この種の砂中へもぐる運動（食餌活動・逃避など）と殻の安定に関連するからである．

機能と形態との関係を示す例として，全国各地から産する *Astriclypeus* とそれを含む基質の粒度との相関を調べることによって，より確かな推論となりうるだろう．

Clypeaster はやはり宿洞相から発見されたが，熱帯系の種類で，宿洞相形成時の古環境（熱帯）推定のよい資料となる．

4) 耳 石

硬骨魚類の耳石化石が戸狩層，山野内層，宿洞相，名滝層から産している（高橋，1976）．興味深いのは，山野内層など，下位の3層と名滝層の耳石群集の違いである．山野内層などのものと同属の現生魚類はすべて河口～浅海に生息するものであるのに反し，名滝層のものと同属の場合は，河口から深海にまで及ぶ生息範囲をもつ．すなわち，深海性の環境を示す種類が含まれ（表Ⅱ.11），浅海性を示すものと共存する．

表Ⅱ.11 耳石化石（高橋，1976）

名 滝 層	<u>アイアナゴ属</u>，ギンアナゴ属，<u>ススキハダカ属</u>，<u>ハダカイワシ属</u>，トンガリハダカ属，アカマツカサ属，?チダイ属，キス属，?ニベ属，ウンブリナ属，?シジミハゼ属，クモハゼ科，?ツノガレイ属，?サザナミシタ属，ササウシノシタ科	120個
宿 洞 相	イサキ属	1
山野内層	?チダイ属，ユゴイ属，クモハゼ科，?ツノガレイ属，?サザナミシタ属	11
戸 狩 層	?シジミハゼ属	1

下線のものは深海性属

この事実は高橋によって，現在，深海に生息する種類（アイアナゴ属，ススキハダカ属，ハダカイワシ属など）が中新世～鮮新世には浅海に生息していて，その後生息環境を変えて深海生となったと解釈された．しかし，ハダカイワシの類（骨格・鱗など）が，深い海（200m以深）で形成されたものであると推定される，中新世の地層から自生的に産しており，このような即断はできない．深海魚が摂餌その他のために，浅海まで侵入してきて，何かの理由で死亡し，耳石が化石となったと考えることもできる．古生態学の基本に関わる問題で，検討を要する．

なお，亜熱帯地域に生息する種類（ユゴイ属，アカマツカサ属，サザナミシタ属，シジミハゼ属，キス属など）が多いことも指摘されている．

5) 板鰓類(ばんさいるい)（サメ・エイ類）

一万点以上の歯化石が知られ，頭蓋・椎骨・楯鱗(じゅんりん)なども産している．新しい資料にもとづいて，最近まとめが行われた（糸魚川ほか，1985）．それによると，41の主要産地から，28属47種が産出し，層準は明世累層下部の月吉層から，生俵累層下部の名滝層にまでわたる．大きく5分され，それぞれ，特徴的な群集をもつ（表Ⅱ.12）．表に示されるように，名滝層の群集はさらに3つに区分される．

表Ⅱ.12 瑞浪層群の板鰓類化石群集（糸魚川ほか，1985）

		西部	中央部	東部	
生俵累層	生俵層		No Elasmobranchs		E
	名滝層	CAR-ODac-(ISdes-NEG) [Galeus? sp., Is. retrof. Alop. cfr. latidens Mobula sp., Hex. sp.1]	CAR-DAL-ODac-NEG [Chlamydoselachus? sp. Heptranchias? sp.]	CAR-DAS-NEG-ODac [Hex. spp., Carchar. sp.2 Alop. spp., Nebrius delf. Is. bened., Rhynchob. sp.]	
明世累層	最上部 宿洞相		CAR-(GALEORH)	CAR-(ODac) [Negaprion kraussi Nebrius delforliei]	D
	上部 狭間層		CAR-(RHINOP)		C
	中部 山野内層		CAR-RHINOP-CAReg-(NEG) [Cetorhinus sp.1 Manta sp.]		B
	下部 久尻相 戸狩層	CAR-RHINOP-(SQUAT-NEG)	CAR-(RHINOP)		A
	月吉層		(CAR)		

CAR : *Carcharhinus* sp.1,　　CAReg : *Carcharhinus egertoni*, DAL: *Dalatias licha*,
DAS : *Dasyatis* sp.,　　　　GALEORH : *Galeorhinus affinis*, ISdes : *Isurus desori*,
NEG : "*Negaprion*" cfr. *acanthodon*, ODac : *Odontaspis acutissima*,
RHINOP : *Rhinoptera* sp.,　　SQUAT : *Squatina* sp.2,　　[ ]内は特徴種.

群集全体をみると，次のような特徴が認められる．

i) *Carcharhinus* sp.1が多く60〜90%を占める．日本の前期〜中期中新世において，もっとも多く，もっとも普通な種類である．

ii) その他の主要な要素として，下の層準(A〜B〜C?)にみられる *Rhinoptera* sp.（熱帯系種？），上の層準(D〜E)に出現する *Odontaspis acutissima* (*O. taurus* シロワニの近似種で，南方系外洋性種）がある．

iii) "*Negaprion*" cfr. *acanthodon* は前述の上下の層準で形態的な差異がある．上の層準のものは，"*Hypoprion*" *macloti* ホコサキに形態的類似性をもち，亜熱帯〜熱帯系と推定される．

iv) それぞれの特徴種をみると，上下の層準で差がある．下の層準では外洋性種が少ないが，山野内層では増加する．上の層準（宿洞相・生俵累層）では熱帯系種が加わり，外洋性種が山野内層よりさらに多く，これに，やや深い所の生息種が加わり種類が増加する．

日本の中新世の板鰓類化石群集は5〜6の層準による区分が可能であるが，瑞浪の群集は，そのうち，下部の3つの層準を代表する．すなわち，A〜C（月吉層〜狭間層），D（宿洞相），E（名滝層）

6) 哺 乳 類

可児・瑞浪地方からは，日本の中新世を代表する哺乳動物群が知られている．すなわち，平牧動物群（陸生）と戸狩動物群（海生）で，前者はアネクテンスゾウ，ヒラマキウマ，カニサイ，ニッポンバク，ミノシカ，リスで代表され，この他数種類を含む．後者はデスモスチルス類と鯨類である．

表Ⅱ.13 哺乳類・爬虫類・鳥類化石（岡崎，1977 ほか）

種名 \ 層準	土岐夾炭層	戸狩層	久尻相	山野内層	狭間層	宿洞相	名滝層
ネズミ類			○				
リス類					○		
Eurhinodelphis minoensis				○			
E. sp. A				○			
E. sp. B							○
E.? sp.			○	○			
ハクジラ類							○
ヒゲクジラ類				○			
クジラ類				○			
テン？類							○
食肉類		○					
Gomphotherium annectens		○					
Desmostylus japonicus			○	○			
Paleoparadoxia tabatai				○		○？	
Anchitherium hypohippoides		○					
Chilotherium pugnator		○		○？			
奇蹄類		○					
Amphitragulus minoensis?			○	○			
ワニ			○			○	○
ウミウ科				○			

瑞浪盆地から産する哺乳類は表Ⅱ.13 に示される．爬虫類・鳥類を含めて，きわめて多彩である．

このうち，海生のデスモスチルス類は，頭骨（*Desmostylus japonicus*），全身骨格（*Paleoparadoxia tabatai*）をはじめ，複数の標本が得られている．瑞浪におけるこれらの産出は，分布のほぼ南限にあたるので，この類の古生態・古生物地理を考える上で重要である（141 頁参照）．

鯨類は *Eurhinodelphis minoensis* をはじめ，ヒゲクジラ類，ハクジラ類を含めて7種以上が知られており，岩村盆地からの産出も多い．ただ，属や種のレベルまで分類することができにくいので，古生態その他の議論はしにくい．今後，貴重な研究材料となろう．

可児盆地からは，*Gomphotherium annectens*（アネクテンスゾウ），*Anchitherium hypohippoides*（ヒラマキウマ），*Palaeotapirus yagii*（ニッポンバク），*Chilotherium pugnator*（カニサイ），*Ch.* sp.，*Amphitragulus minoensis*（ミノシカ），リス類，カメ類を産し（岡崎，1977），平牧動物群の中心をなす．これらの種類は旧世界，あるいはユーラシア大陸の普遍的要素であり，森林および水辺に生活する動物が主で，サバンナ型が混じる（亀井・岡崎，1974）．

7) 植 物

可児・瑞浪両盆地の植物群は伊奈（1981）の研究があり，まとめられている．それを引用する．

可児層群・瑞浪層群の植物群は産出層準に対応して下位から中村植物群と土岐夾炭累層の植物群，平牧植物群，明世植物群，生俵植物群にわけられ，明世植物群はさらに戸狩亜植物群，山野内亜植物群，狭間亜植物群に細分される．それらの特徴を要約すると次のようになる．

(1) 中村植物群と土岐夾炭累層の植物群……最下位の中村植物群と土岐夾炭累層の植物群は，両者の間に多少の違いがあるものの，冷温帯性の落葉樹の占める割合が高く，山地や丘陵ではブナ林が形成され，湿地帯や氾濫原にはハルニレ林やヤナギ林などが形成されていたと考えられる．水生植物も豊富で，植物化石の多くは水によって湖沼に流されてきて堆積したものである．気候は，瑞浪層群，可児層群の中では最も寒冷であったと推定される．

(2) 平牧植物群……平牧植物群を構成する種の多くが落葉広葉樹である．しかし，前述の中村植物群とは異なり，暖温帯的要素を多く持っている．当時の気候は夏にはかなり気温が上がったものと考えられるが，それにひきかえ冬は相当気温が下がり，寒暖の差が激しかったと思われる．平牧累層内での植物群の時間的な変化も認められるが，それをもたらしたおもな原因は，気候の変化によるというよりも植物の生育の場の変化（湿地帯ができたり裸地ができたりすること）によるものとした方がよい．

(3) 明世植物群

① 戸狩亜植物群……戸狩層からはわずかしか植物化石が採集されていないため，OZAKI (1974) の隠居山植物群を参考にしながら傾向だけを見ると，シイならびに常緑カシ類，Keteleeria を含み，暖温帯常緑樹林のシイ・カシ林が形成されていたと推定される．気候は夏・冬とも温暖で，瑞浪層群の中でも最も暖かい時期だったかもしれない．

② 山野内亜植物群……落葉広葉樹を混じえたシイ・カシ林が分布していた．気候は戸狩層堆積時と同じくらい温暖で，夏は暑く，冬も暖かったと推定される．

③ 狭間亜植物群……冷温帯〜暖温帯の落葉広葉樹からなる．Populus や Betula のような陽樹や Alnus や Pterocarya などの湿地を好む植物化石が多く採集され，瑞浪盆地近辺に新しく土地が形成されたということも考えられよう．それが火山活動によるものなのか，海が後退して生じたのかはよくわからない．気候はやや寒冷になったのではないかと思われるが，現在までのところ，ブナも常緑カシも見つかっておらず，夏は気温が高く，冬は気温が低かったと予想される．

④ 生俵植物群……生俵植物群は，ブナと常緑カシ類が共存するのが最大の特徴である．このような植生は，夏と冬との気温の差が小さい所にみられる．すなわち，夏は比較的涼しく，冬は温暖な気候だったであろう．このことは，生俵累層で，海が最も深くなったことと関連があるものと思われる．

これらの植物群のうち，中村植物群と土岐夾炭累層の植物群は，前期中新世の阿仁合型植物群に対比され，平牧植物群・明世植物群・生俵植物群は，前期〜中期中新世の台島型植物群に対比される．

この他，石灰藻（*Lithothamnium* cfr. *Peleense*, *Mesophyllum yabei*, *Lithophyllum ōborensis*, *L. minoensis*, *L.* cfr. *alifaense*, *Lithoporella melobesioides*, *Calliarthron* sp., *Jania* cf. *vetus*, *Peyssonnelia* sp. の9種）が石島（1975）により久尻相から報告されている．堆積環境として，暖流型，低潮線下より漸深帯上位までの範囲が推定されている．

珪藻は森（1974）により，生俵層下部からの産出が報告されていて，いずれも海生種である．種構成をみると，沿海〜遠洋の浮遊性種が1/3弱，底生種が1/3強，絶滅種が約1/3となる．外洋水の流入する，開いた海域の沿海〜近海の堆積環境が考えられている．

以上の他，花粉化石の産出も知られていて，葉・実などの遺体化石とともに古気候復元の手がかりになるものと思われる．

8) その他

その他の分類単位でいちじるしいもの，注目されるものをあげておく．

有孔虫：　*Miogypsina kotoi*（図Ⅱ.34参照），*Operculina japonica* が宿洞相から産する．宿洞相の化石群の代表の1つで，熱帯的古環境を指示するものであろう．

海　綿：　ガラス海綿であるカイロウドウケツ科に属する種類が，生俵層から数多く得られた（図Ⅱ.34）．浅海帯最下部以深の泥質底に生息する種類である．

多毛類：　*Spirorbis* sp.（ウズマキゴカイ類），*Serpula* sp. などの石灰質棲管，岩石中に穿孔する多毛類の生痕が知られている．

貝　類：　群集としてはすでに述べたが，死後浮遊性の *Aturia minoensis*（151頁参照），陸生のカタツムリ2種（*Miocenehadra mizunamiensis*, *M. nakamurai*）（図Ⅱ.34）など，まれなものの産出が知られている．また，ヒザラガイ類（多板類）は，日本の中新統からはほとんど知られていないが，めずらしく多く（18種），4つの群集が認められている（表Ⅱ.14，図Ⅰ.34参照）．いずれも，潮間帯〜干潮線下の浅海帯を示すものと思われる．多くの場合，他生的であるが（8枚の殻が，ばらばらで産する），本来の生息場所が限定されやすい（潮間帯〜浅海帯上部の岩礁〜岩礫地が多い）ことをあわせて考えれば，古環境指示者として有用な要素となる．

表Ⅱ.14　ヒザラガイ化石群集表（糸魚川ほか，1981）

群　集　名	主　要　構　成　種	地　層
Lepidozona sp. 1	*Lepidozona* sp. 1, *Mopalia* sp.	久尻相，戸狩層
Lepidozona sp. 3-*Acanthochitona*-*Rhyssoplax*-*Lepidopleurus*	*Lepidozona* sp. 3, *Rhyssoplax* sp., *Lucillina*? sp., *Liolophura* sp., *Acanthochitona* sp., *Lepidopleurus* sp.	宿洞相
Rhyssoplax-*Lepidozona* sp. 3	*Ischnochiton* sp., *Lepidozona* sp. 3, *Rhyssoplax* sp., *Acanthochitona* sp.	
Lepidozona sp. 1-*Tonicella*	*Lepidopleurus*(*Deshaysiella*) cf. *morozakiensis*, *Lepidozona* sp. 1, *Tonicella* sp., *Mopalia* sp., *Placiphorella* aff. *stimpsoni*	名滝層

6.6　古環境・古地理の復元——総合の一例——

これまでに説明してきた貝類をはじめとする各種の化石の古生態，その産出状況，それらを含む地層の性質，その分布・地質構造などを総合して，古環境・古地理が復元されている．古生態の立場からみれば，生活の場の推定ということになる．

おもに化石を使って，古環境を推定しているので，古生態というと循環論におちいっているようにみえるが，多くの多様なデータを総合し，ワンステップ上がった段階で検討して，矛盾のないようにし，また，推定の枠をゆるくとってあるので問題はないと思われる．しかし，常に議論となる基本的な問題であるので，注意しておく必要がある．

1) 海の深さ

瑞浪層群が堆積し，多くの古生物のすんだ海は，どのような海であったのであろうか．まず，貝類化石の群集をおもなよりどころとして，海の深さを復元する．群集の示す古生態の1つとして，深度はすでに示した（表Ⅱ.4参照）．そこでも述べたように，基本的には現生の対応する種類と比較し，化石の各種の生息深度を推定することから始められる．

その深度はある広がりをもつ．それは各種がそれぞれ固有の分布の広がりをもつからである．群集

を構成する一つ一つの種類について，得られた深度分布を群集全体としてまとめると，その群集の生息したと考えられ海の深さが推定できる．1つの種によって推定される深度分布より幅をもったものになる．また，一般に浅海性の群集より，深い海にすむ群集の方が幅が広くなる．これは，深海性の貝類の方が，より広深性の性質をもつからである．

一方，異地性の産状を示す群集については，その点についての配慮が必要とされる．ふつう浅い方から深い方へ運ばれることが多いが，必ずしもそうとは限らないので，他の要素（他の化石・生態・岩質・堆積構造など）も考慮するのがよい．

時間の軸を縦にとり，海の深さを横軸にとって，貝類化石群集の示す海の深さの変化が求められる．幅があるので，大小のマスを積み上げたような形になる（図Ⅱ.35）．そのマスの中で，他の証拠（他の化石，地層の性質）を考慮しながらカーブを描けば，それは，貝類化石群集の示す，海の深さの変化のカーブということになる．

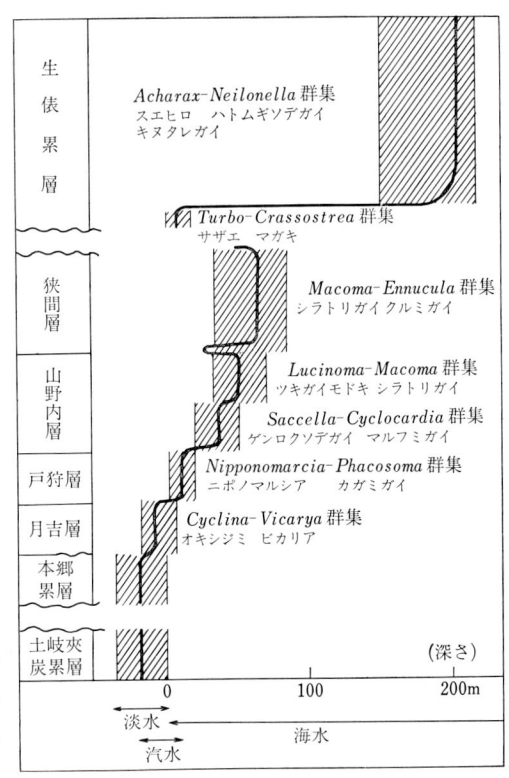

図Ⅱ.35　貝類化石群集と深さの変化

瑞浪盆地の3つの地域（西・中央・東）と，岩村盆地の海の深さの変化が図Ⅱ.36に示されている．それぞれの地域で違いのあることがわかるが，スタンダードになるのは，模式的に地層が発達する中央部で，瑞浪市化石博物館の付近である．

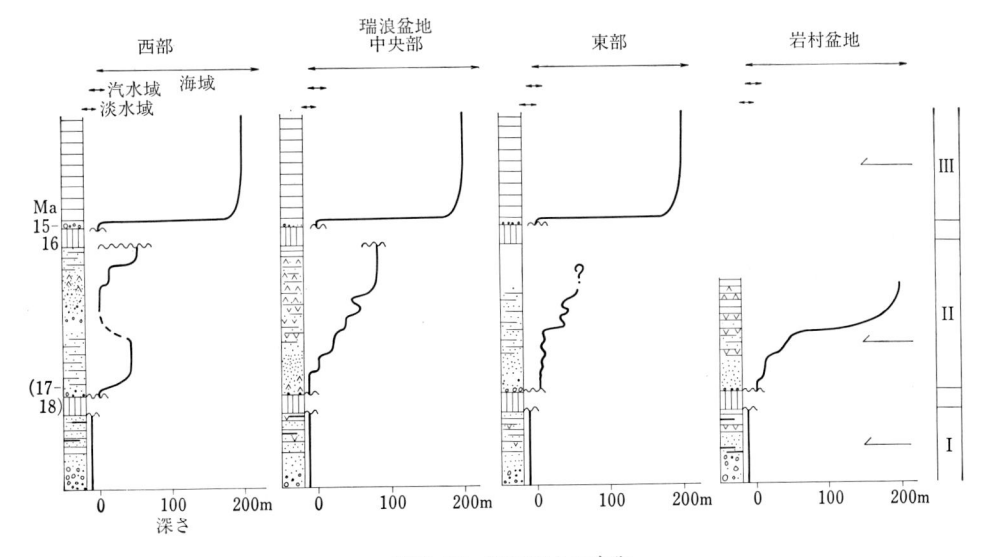

図Ⅱ.36　海の深さの変化

淡水湖が生成した後，陸化・侵食の時期があり（ⅠとⅡのユニットの間の非整合），続いて，再び淡水の環境から始まった堆積盆地は汽水域に変わり，段階的にごく浅い海から 80 m 近い深さをもった海へ変化する．次のギャップは生俵累層基底の非整合で，そのスケールは不明だが，下位の非整合よりは小さいものと思われる．

続いて海が侵入し，浅海に始まって，急激に 200 m を超すほどの，深い海へ変化してゆく．最終的には海退が起こって，浅い海となり，最後に海域が消滅したと推定されるが，地層は侵食されていて，証拠として残っていない．

東部ではほぼ中央部と同じパターンであるが，Ⅱの時期に淡水の環境がないこと，海があまり深くならなかったことなどの違いがある．西の地域ではⅡの時期に浅い海の状態が長く続き，最後に近い時期に，汽水域から 50 m 前後の深さをもった浅い海になったことを示している．この部分のパターンは，中央部において初期にあったパターン（群集でいうと月吉層-戸狩層-山野内層の群集変化）に類似し，肥田相が，それらの地層と同層準ではないかと疑われた理由になっている．

岩村盆地では，Ⅱのユニットの変化が貝類化石群集（表Ⅱ.15）の変化によって組立てられている．群集は基本的に瑞浪盆地のそれと変わらない．パターンは瑞浪盆地の中央部のそれと似ているが，より深い相を示す．それは後期においていちじるしく，最終的に 200 m 前後の深さとなる．Ⅲのユニットは，海は存在したと推定されるが地層が存在しない．侵食されつくしたのであろう．

表Ⅱ.15 岩村盆地の貝類化石群集（SHIBATA, 1978）

群集 ＼ 層準	鶴岡	久保原	東洞	牧	両伝寺
Cyclina-Vicarya	―				
Cyclina-Vicaryella ishiiana		―			
Barbatia		―			
Arca		―			
Phacosoma kawagensis		―			
Cyclina		―			
Nipponomarcia		―			
Protorotella depressa		―			
Batillaria mizunamiensis		―			
Felaniella			―		
Saccella			―		
Macoma-Lucinoma				―	
Malletia-Nuculana				―	
Acilana					―

図には示さなかったが，可児盆地では，ⅠとⅡとユニットの時代に淡水湖が存在したことが推定されている．海の証拠はまだ知られておらず，このような復元の対象とならない．

2) 古水温・古気候

地質時代の古海水温を推定するには大きくみて 2 つの方法があり，1 つは酸素の同位元素を使う方法である．天然の酸素には ^{16}O, ^{17}O, ^{18}O の 3 つの安定同位元素があり，その割合は一定であるが，いくらかは変動する．$^{18}O/^{16}O$ の値の変動は温度と密接な関係にあるので，それによって温度の変化を知ることができる．すなわち，現在の世界の平均海水の $^{18}O/^{16}O$ を基準にとり，標準資料とする．化石の場合，海水の炭酸イオンの一部は炭酸カルシウムとして，海水中の生物の中にとりこまれ，死

後堆積する．$^{18}O/^{16}O$ の値が堆積後変化しなければ，その値と標準資料とを比較して古海水温を測定することができる．このことについてはあとで述べる（109頁参照）．

他の1つは間接的ではあるが，化石と現生とを比較する方法である．すでに述べたように，種のレベルでいえば，化石の多くは現在生きていない．しかし，数少ないが現生種である化石の生態，属以上のレベルでの比較，形態に表われる気候的要素，群集全体から推定されるデータなどを総合すればあるレベルまでは古水温・古気候の推定が可能である．

図II.37はあとの方法を使って推定した，瑞浪層群堆積時の，古海水温の変化である．基準として冬（2月）の海面温度をとってある．わかりやすいように，現在の日本列島周辺と比較すれば，20℃の位置は種子島の南，トカラ列島の中央部で，北緯約30°あたり，15℃は犬吠岬で北緯35°40′付近である．

海面温度を基準としたのであるから，化石の証拠も海面近く，たとえば潮間帯〜浅海帯最上部にすむ生物，あるいは浮遊性生物でなければならない．しかし，化石のデータはこのような条件に合うものばかりでないから，たとえ数10m以深にすんだと推定される貝類化石も，現在の海の状況と比較しながら考慮の中へ入れられた．

また，淡水の湖であった時期は条件が違い，貝類化石のデータもない．この場合は，おもに植物化石から推定される古気候を参考にして，推定が行われ，破線で示してある．深い海（200m±）の状況が推定される生俵層の堆積期についても，破線の表現になる．

この図で，まず気がつくのは，真中あたりにある，右へずっとのびて15℃±への温度の降下（A）と，その少しあとに，20℃±まで上昇したことを示す左へのカーブの変化（B）であろう．

Aは明世累層のうち，戸狩層と山野内層との境界付近の層準である．この層準での温度降下の証拠の1つは，戸狩層最上部にある *Felaniella usta*（ウソシジミ）層である．この層はよく連続して，アベックタフとともによい鍵層となっており，密度と分布から計算すると，化石として現存するものが350億個となり，生きていた時の数はさらに大きいものと推定される．

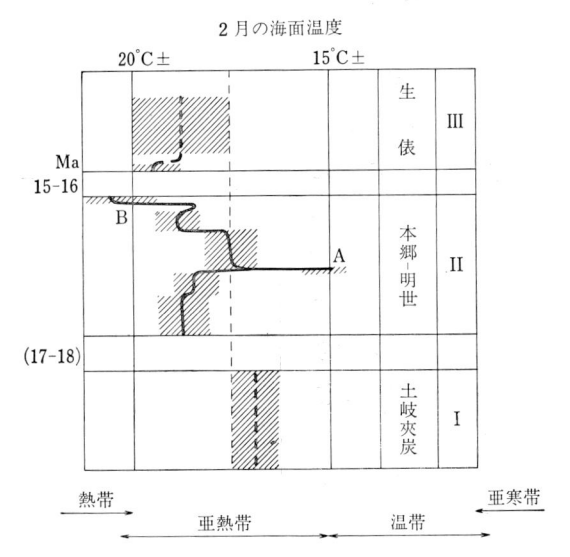

図II.37 古海水温の変化（糸魚川，1984）

Felaniella usta ウソシジミは現生種で，銚子より北にすむ北方系の種である．Aに冬の海面温度として15℃±を設定したのはこのことによる．さらに，*Felaniella* 層が瑞浪ではこの層準からしか出てこないこと，瀬戸内区の他の地域でもほぼ同層準に *Felaniella* 層があることなどが，この推定を裏付けている．この時期に，一時的に冷たい海流が瑞浪〜瀬戸内地区に流入したことが推定される．

山野内層最下部から産出したといわれる，*Desmostylus* もこの北方からの海流と関連があると考えられる．環北太平洋に分布の中心があるといわれるこの哺乳動物の南限はこの地域であり，この産出は，上に述べた *Felaniella usta* の事実と一致する．

Bは宿洞相の貝類化石群集，サンゴ化石，*Miogypsina* などの大型有孔虫で裏付けられている．貝類でいえば，*Terebralia, Maoricardium, Lyncina* など，多くの，南方系の種類を含み，外洋水の影響も否定できない．サンゴの中には造礁性の種類がある（64頁参照）．礁をつくっていないので疑問も残るが，熱帯系の群集といえるだろう．

この層準での証拠はむしろ他の地域にある．次章で述べる，瀬戸内—山陰—北陸にみられる，*Geloina-Telescopium* 群集をはじめとする多くのデータは，この層準に集中し，当時，日本全体が熱帯的環境条件下にあったことを示している．以上の事実により，20℃±の温度が推定された．これはさらに左方（高温側）へ延長する可能性がある．

A, Bを基礎として，この2つをつなぐように，それぞれの層準の温度条件が求められる．斜線で示すように，かなりの幅を考えねばならない．土岐夾炭累層の時代は，植物によって推定された温冷気候を考慮すると，中央よりやや右より（やや低温）の環境が考えられる．Aをはさんで上下の，やや高温（左より）の状態は，下位の月吉-戸狩層，上位の肥田相（同時代の狭間層はやや深い海なので，その化石のデータは使えない）の，浅海性貝類化石群集，動物化石により推定されている．生俵層の時代は，その一番下部は名滝層の群集で古水温が推定できるが，生俵層プロパーについては資料がほとんどない．植物化石による古気温を参考にした．

以上のデータを結ぶと，図のような古海水温変遷のカーブが求められる．資料が不足で，推定が確実でない点も残されている．しかし，この時代は，日本全体を通じて，暖海の状況であったと考えられていたが，その中にも細かい変動があったことを示すといえよう．また，この図に示されより多くの回数の冷水の流入，より高い水温の発達もあったと推定され，カーブはもっと複雑なものであろう．

柴田（1985）は浮遊性の腹足類（翼足類：図Ⅱ.123など参照）と頭足類の産出量を重視して，貝類化石群集から，瑞浪層群堆積時の大ま

地層		冬の海面温度 (℃)	浮遊性貝類・頭足類の種数	浮遊性貝類・頭足類の量
生俵	生俵	20	6	▨
	名滝	20	2	▨
明世	宿洞	21-22	4	▨
	狭間	16-18	0	
	山野内	17-19	1	
	戸狩	19-20	1	
	月吉	20	1	

図Ⅱ.38 貝類化石群集から推定した瑞浪層群堆積時の古水温（浮遊性貝類の産出量に注目してある）（柴田，1985）

かな表層水温の変化を求めている（図Ⅱ.38）．前の図を比較すると，全体としてならされた値になっていること，いくつかの層準においてより高温の状況が推定されているなどの違いがある．両者を比較して，さらに検討すれば，より確かな図が描けるだろう．

表Ⅱ.16は，伊奈（1981）による植物化石群の研究（70頁参照）にもとづき，柴田（1985）がまとめた古気候である．図Ⅱ.37，Ⅱ.38と比較すると，大きい差はないが，

表Ⅱ.16 瑞浪層群の堆積時の古気候
伊奈（1981）より作成（柴田，1985）

地 層 区 分		気　　　候
生俵累層	生俵泥岩	暖温
	狭 間 層	暖温（やや寒冷）
	山野内層	暖温
明世累層	戸 狩 層	暖温（最も暖かい）
	月 吉 層	暖温
	本 郷 層	冷温〜暖温
土 岐 夾 炭 累 層		冷温（最も寒冷）

宿洞相についての植物化石の資料がないので，貝類化石などによって示されたその時代の高海水温期に相当するものが，これではわからない．狭間層のやや低い気候は柴田のそれとは一致するが，この層の同時異相にあたる肥田相中には月吉層・戸狩層・山野内層に相当する貝類化石群集（表Ⅱ.4参照）が含まれ，それほど低いとは考えにくく，問題が残されている．

3）古 地 理

これまでに述べてきたさまざまなデータを基礎として，ある時間の面でその当時の海と陸がどのように分布していたか，海の様子がどうであったか，たとえば深さ，底質，そこにすんだ生物群など，陸地には山があったかどうか，植物や陸棲の動物はどんな様子であったかなど，古地理図を描くことが始まる．実際には，資料は十分でないし，古い時代の出来事はそれからあとに起こったさまざまの変動によってこわされて残っていないことが多いので，むずかしい作業である．

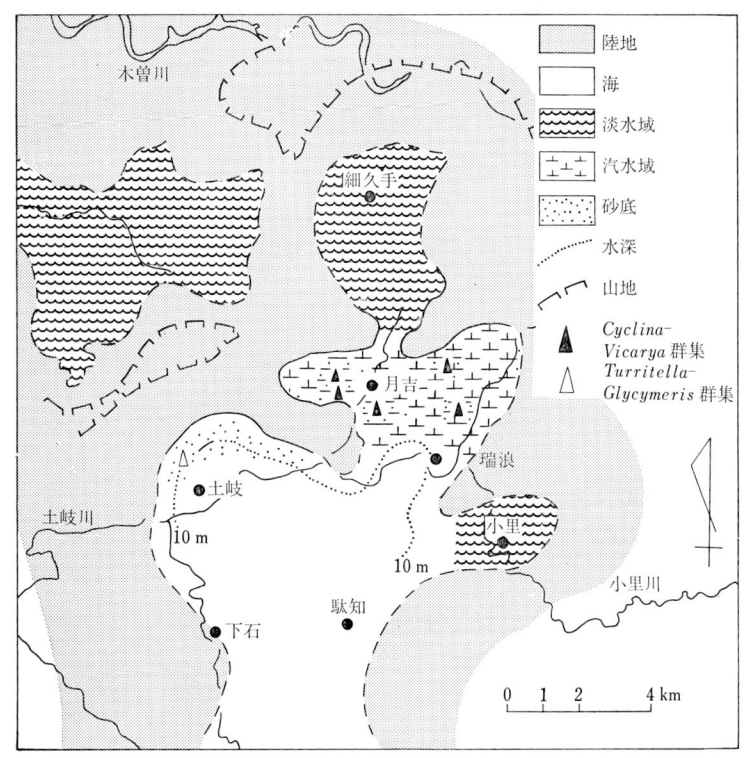

図Ⅱ.39 月吉層堆積時の古地理図（柴田・糸魚川，1980）

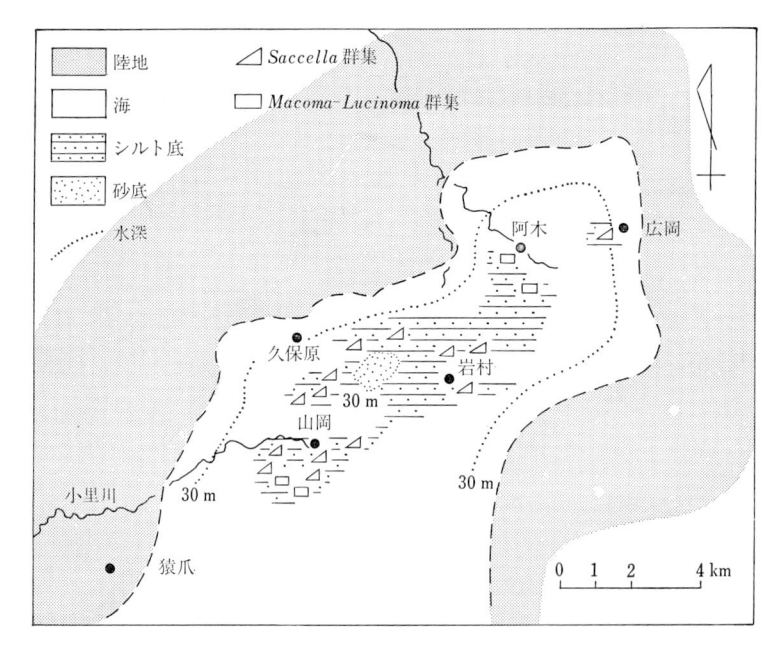

図Ⅱ.40 牧層堆積時の古地理図（岩村盆地）（柴田・糸魚川，1980）

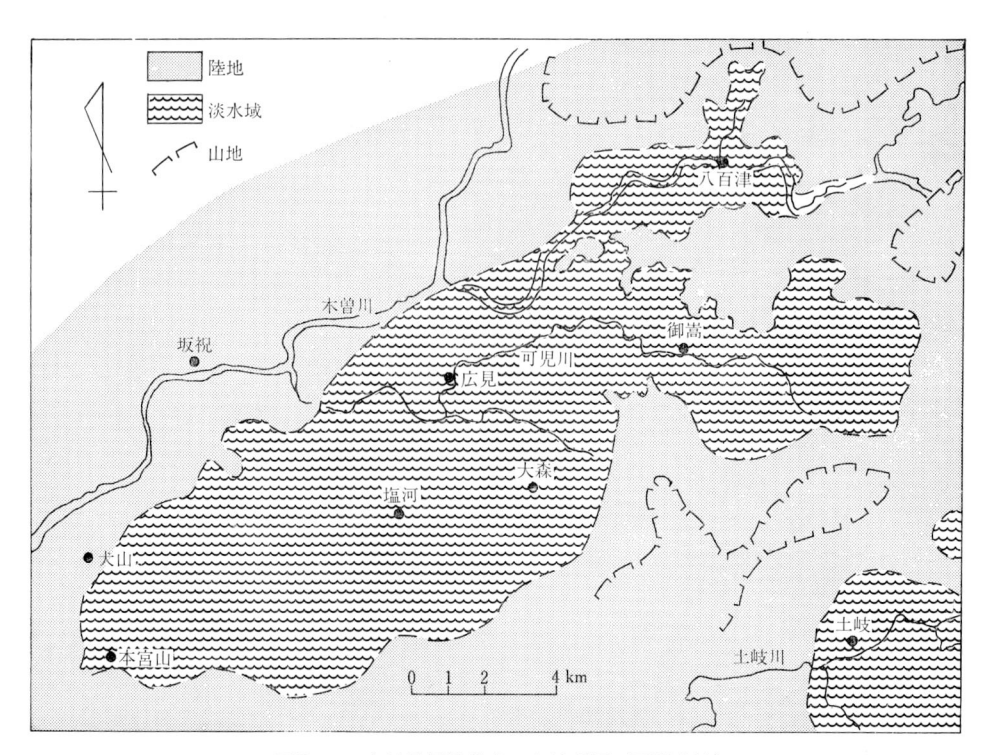

図Ⅱ.41 中村累層堆積時の古地理図（可児盆地）
（柴田・糸魚川，1980）

同じ層準の地層の分布を確かめ，その岩相や化石群集から，海の深さを推定し，海岸線を描く．ある時は島や半島が描かれ，海へ流れこむ川を想定する．堆積物の供給の方向が確かめられ，後背地の状況が推定される．陸上のことより海や湖の様子の方が復元しやすく，海底の底質，そこにすんだ貝類群もわかってくる．

図 II. 39 は月吉層堆積時の古地理図であるが，次のような状況が推定されている．

短い期間の淡水域の存在にひき続いて，南から北に向かって海水が侵入し始め，月吉の北あたりまで達し，ここを湾奥部とする浅い入江が形成された．この時期にはほぼ山野内と市原を結ぶ線以南は浅野相によって代表される深さ数 10 m ほどの砂泥底の浅海をなし，西部（土岐地区）は久尻相とその代表的貝類化石群集，$Nipponomarcia$-$Protorotella$ 群集および $Glycymeris$-$Turritella$ 群集によって示される，10 m 以浅の砂底よりなる浅海であった．上述の線以北〜月吉付近以南は，月吉層の $Cyclina$-$Vicarya$ 群集によって示される砂泥底よりなる汽水域であった．それより北および小里付近は基盤岩の障害により海の侵入が妨げられて淡水域であったと考えられる．

瑞浪盆地では，これと同様な古地理図が 6 つの層準について描かれている．また，岩村盆地で 4，可児盆地で 2，古地理が復元されている．図 II. 40，II. 41 は岩村盆地・可児盆地のものの例で，それぞれ南へ開いた，$Saccella$ 群集の卓越するシルト底をもった海（牧層層準），淡水性貝類のすむ，複雑な湖岸線をもった湖（中村累層層準）が推定されている．

これら複数の古地理図を，他の資料も加えて総合し，多少簡略化したのが図 II. 42 である．ここで

図 II. 42 瑞浪地方の古地理図

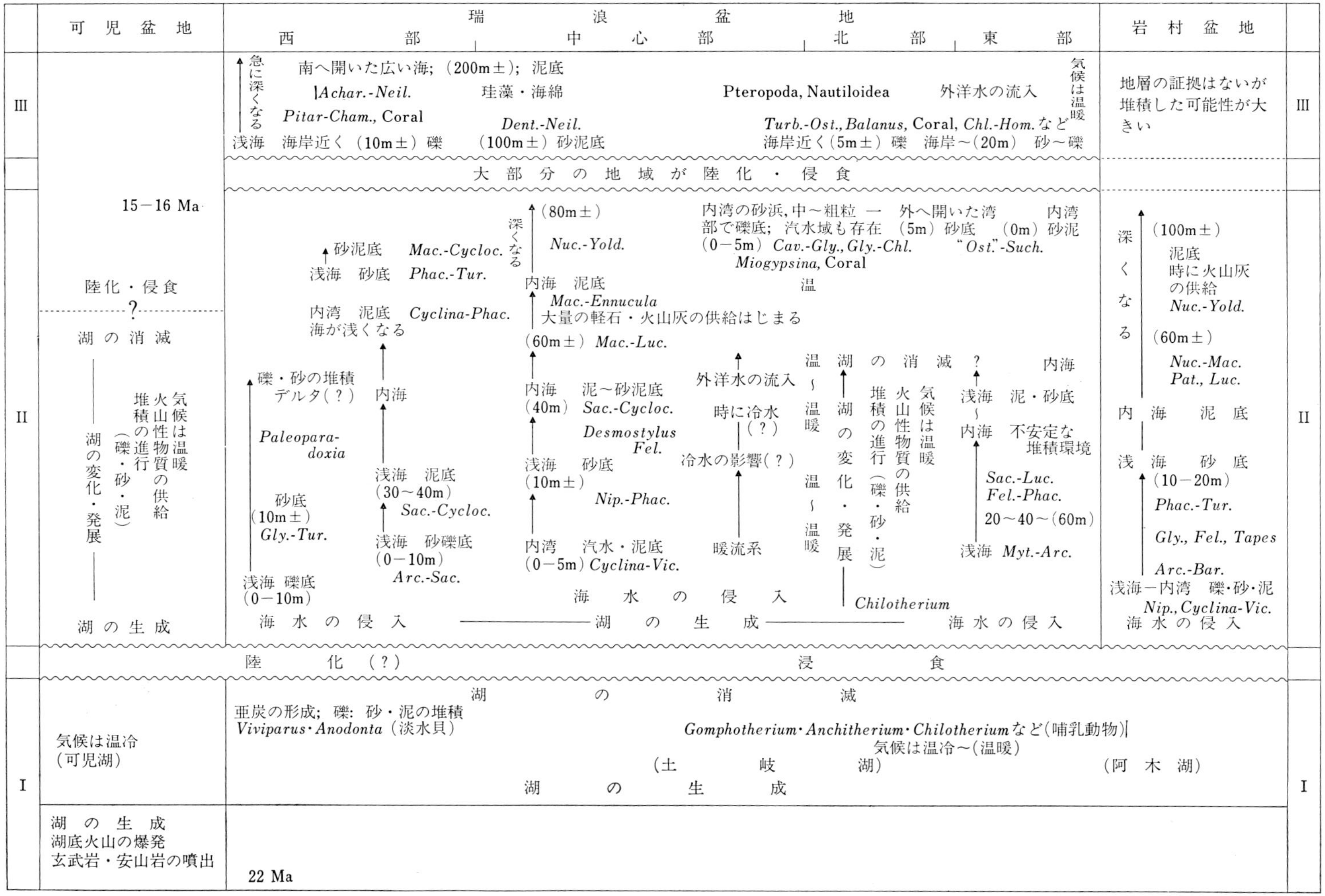

図 II.43 古環境の変遷(糸魚川, 1974 b)

は，岩村・瑞浪・可児の3つの地域が対比され，まとめられている．I，II，IIIはすでに述べた，瑞浪層群の3つのユニットに対応している．このような古地理図は，瑞浪地方を含めて，より広い範囲（瀬戸内地質区）について，もっともくわしく描かれているので，あとでくわしく述べる（87頁参照）．

4) 古環境の変遷

以上の結果から，3つの盆地の，古環境・古地理の変遷をまとめることができる．図II.43は，その概要を表わしたものであるが，基本的なこととして，次の点があげられる．

i) 2つの不整合によって示される陸化・海退の時期があった．

ii) その結果，3つのユニットに分けられ，II・IIIのユニットには，海進-海退のサイクルが認められる．

iii) それぞれのサイクルは上のものほど振幅が大きく，全体として1つの，大きい海進-海退のサイクルを示す．

iv) 南に位置するものほど，振幅が大きく（IIのサイクル），海が南へ開いていたことが推定される．

v) 以上の特性は，次章で説明する瀬戸内中新統に共通する．

6.7 瑞浪市化石博物館における展示

瑞浪層群についての，古生態学・古環境学的研究は，以上のようにまとめられるが，この結果は，そのまま瑞浪市化石博物館の展示の主要テーマ「中新世から現在まで，瑞浪市を中心とした地域の自然の変遷」の中にとり入れられている．

1971年，中央自動車道工事が始まり，瑞浪市の化石産地がその対象になることになり，調査研究・資料収集が行われた．その結果，多量の保存のよい化石標本が得られ，新事実がみつかった．それまでの各種にわたる，多くの研究結果と合わせて，化石・地層をテーマとした，博物館の建設が計画された．

テーマに沿って展示の構成が考えられた．面積は$336 m^2$（建物全体の37%），長方形の一室構成で，展示替え，修理の点を考えてユニット展示とし，教育・学習スペースをとることとなった．

展示設計の基本として，① 展示高は$3.2 m$とする，② 展示のレベルは中学一年生におく，③ 可能な限り，オープン展示とする，④ 説明は200字以内とし，他のもので補う，ということが決定された．

何回かの提案と討議をへて決定された展示の主テーマの部分は表II.17に示されている．時代的に，中新世（表中の1〜5），鮮新世（6），第四紀（7），現在（8）とし，中新世瑞浪層群の部分は，地層-化石の，生の材料をまず示し，それにもとづいて，どのように古環境と古地理が復元できるかを説明し，さらに，古景観図によって，イメージを広げるようにした．このあとに，古瀬戸内海，日本と続け，より大きいスケールの話題とした．

古景観図はジオラマにかわるものとして油絵で描かれた．次の5つのテーマである．

（1）3つの湖： 北西から東南へ連なる3つの湖の鳥かん図．現在より，やや寒い気候を表現．

（2）月吉の入江： ビカリアのすむ入江を海側からみた風景．川が流れこんでいる．マングロー

Ⅱ. 古生態学の実際

表Ⅱ.17 展示プラン (pはパネル，デスモはデスモスチルス)

主　題	説　明	標　本・展　示
はじめに	瑞浪化博へようこそ；化石とやきもの	p1 (ことばとマンガ)
1. 瑞浪の地層と化石 (1) デスモスチルス	これはなんでしょう；デスモの説明 (浜辺にすんだ，草食)	戸狩標本 (デスモの頭部)；泉標本 (パレオパラドキシア)，気屯標本 (デスモ)の各コピー；p1
(2) デスモを含む地層	地層の説明；地形との関係	地質地形立体模型：1/10,000の地形図を基礎に；地形はリリーフ，地質は彩色；10種類30〜50ポイント (化石産地・公共機関など)を点滅ランプで示す；地質柱状模型：実際の岩石を使う
(3) その頃の生物 (a) 海の生物　クジラ	他の生物はどんなものがいたか クジラの説明；現生との比較	p1 ヒゲクジラ(2)；イルカ(1)；アシカ；p3
魚	魚の説明；サメの説明；現生との比較	魚の頭骨；サメの歯；サメの頭骨；現生サメの頭骨；p2 (イラスト入り)
貝・ウニなど	貝・ウニ・サンゴなどの説明；各層ごとに展示する	各層の貝類などの標本・貝類化石の入ったブロックなど；p1
微化石	微化石 (珪藻・有孔虫・花粉など)	顕微鏡写真を使用 (モノクロ)
(b) 陸生の生物　哺乳類	哺乳類の説明	デスモ頭骨コピー；シカ・サイなど；p1
植物	植物の説明	植物化石・珪化木；p1
2. その頃の海と陸 (1)(2) 古環境と古地理	古環境の変遷の説明；変遷のカーブ(1) 古地理図(4)	化石-現生対応標本 (キサゴ・ハマグリ・マテガイなど)；p6
(3) 古景観	古景観の復元	鈴木繁男氏の油絵 (3つの湖，月吉の入江，デスモスチルスの浜辺，広がった海)；p4
3. まわりの様子 ―岩村と可児―	岩村の説明；可児の説明；瑞浪との関連；古地理図	岩村 (貝類)，可児 (植物)などの標本；アネクテンスゾウ・カニサイ；p4
4. 古瀬戸内海	説明；分布図・古地理図・露頭写真	貝類標本・ブロック標本；p3
5. その頃の日本	説明；古地理図とビカリア・デスモの分布	貝類ブロック標本；外国標本；大谷石；p2
6. 瀬戸湖と古木曽川	地質の説明；オオミツバマツの森の古景観図 (鈴木氏)	オオミツバマツ標本；陶土・壺石・鬼板標本；p2
7. コハクと昆虫の世界	昆虫入りコハクの説明	コハクの標本；岩石標本；外国標本；カラーコルトン14；p1
8. 現在の瑞浪 (1) 人間の残したもの (考古)	全体の説明 (用途別に考える)	考古遺物；古墳模型；p2
(2) 瑞浪の自然	説明；植物と動物 (イラスト)；鳥の声	エンドレステープ；p2
(3) 人間の生活 (産業)	瑞浪の産業 (陶器を中心に)の説明	ディナーセット・壺 (遠藤十郎作)・耐火レンガ；p1
おわりに	しめくくり；市民憲章	p1

ブ沼的で，ヒルギもあったかもしれない．

（3） デスモスチルスの浜辺： デスモスチルスの親子のいる夕景．海は描かれていないが浜辺で，食物となった植物が描かれている．

（4） 広がった海： 生俵層堆積時の，最大になった海の様子．南へ開いており，はるか東南方に半島がみえる．

（5） オオミツバマツの森： オオミツバマツ，メタセコイアなどが生い繁り，陶土層が堆積した沼辺を描く．

（1）〜（4）は瑞浪層群の古環境の変遷を示し，古地理図とともに展示した．（5）は鮮新世の，陶土層堆積時のものである．展示室の配置を図Ⅱ.44に，みることができる．

　室内だけでなく，野外展示も考案された．地層分布の中心に位置するという立地条件を生かしたものである．その1つは，博物館の向かい側，ヘソ山と呼ばれる丘陵に遊歩道を設け，案内板を設置し，説明のリーフレット（図Ⅱ.45）をつくったものである．戸狩層上部から山野内層をへて，狭間

6. 瑞浪層群を例として

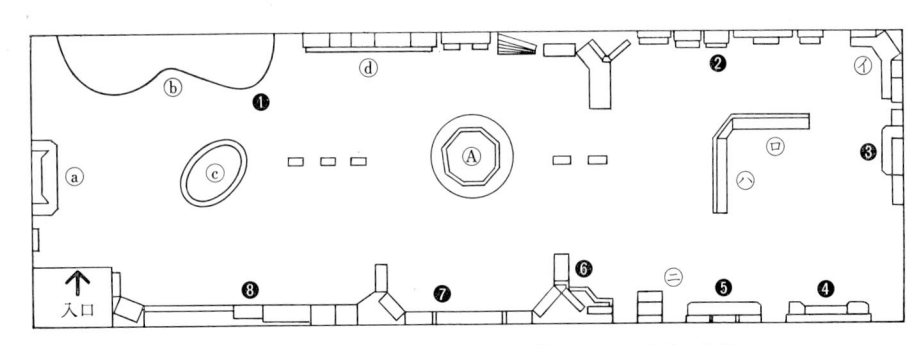

① 瑞浪の化石と地層
　ⓐ 地質柱状模型
　ⓑ デスモスチルス・パレオパラドキシア
　ⓒ 地質と地形模型
　ⓓ その頃の生物
　　⊙ 海の生物　⊙ 陸の生物
② その頃の海と陸（古環境・古景観・古地理）
③ まわりの様子（岩村と可児）
④ 古瀬戸内海
⑤ その頃の日本
⑥ 瀬戸湖と古木曽川
⑦ コハクと昆虫の世界
⑧ 現在の瑞浪
　⊙ 人間の残したもの
　⊙ 瑞浪の自然
　⊙ 人間の生活
Ⓐ 教育広場
サブ・テーマ
　㋑ 古生態
　㋺ ウランと亜炭
　㋩ 岐阜県の地質と化石
　㋥ 瀬戸内海

図Ⅱ.44　展示室平面図

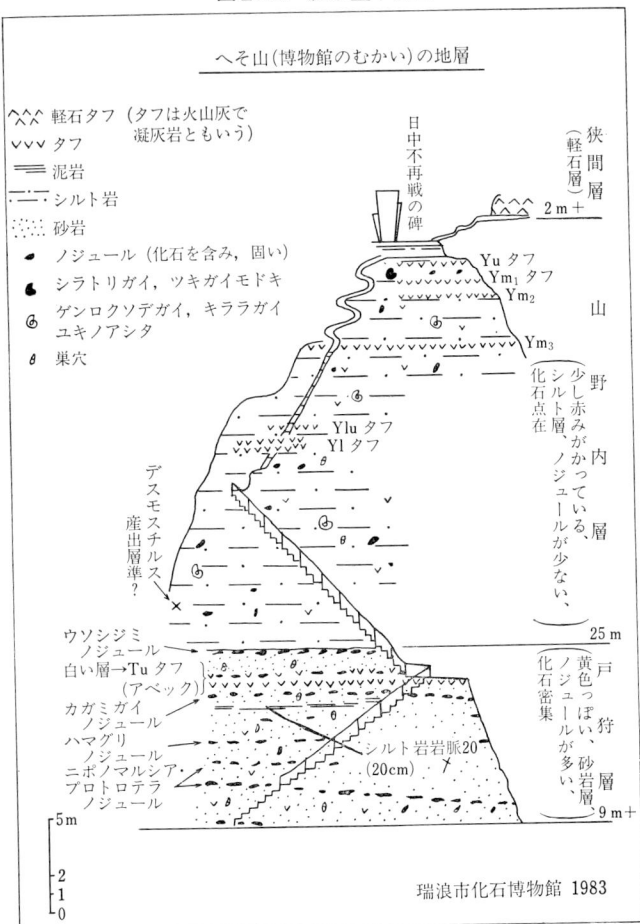

図Ⅱ.45　ヘソ山の地層説明のリーフレット（瑞浪市化石博物館）

II. 古生態学の実際

図II.46 松ヶ瀬の学習地

層下部までが露出し，化石の産状，地層の性質，とくに岩質の違いによる地層区分，凝灰岩層の連続などを実地で観察することができる．

もう1つは，館入口付近で発見された化石の洞くつである．第2次世界大戦の終り頃，計画され完成しなかった地下工場のためのもので，内部には戸狩層が露出し，多くの貝・植物化石がみられる．化石の産状を示す好露頭であるので，照明設備をし，解説板を用意して野外展示としたものである．

これらの他に，歩いて約20分の市内松ヶ瀬町の土岐川畔に野外学習地があり，地層を調べ，化石を採集することができる（図II.46）．いずれも，実際に，その場にある姿で地層や化石を，室内展示と対比して観察できるもので，本来の博物館展示の1つといえる．

約5年を経過した時点で(1979年末)，展示替えが行われた．基本方針は次のとおりである．① 新し

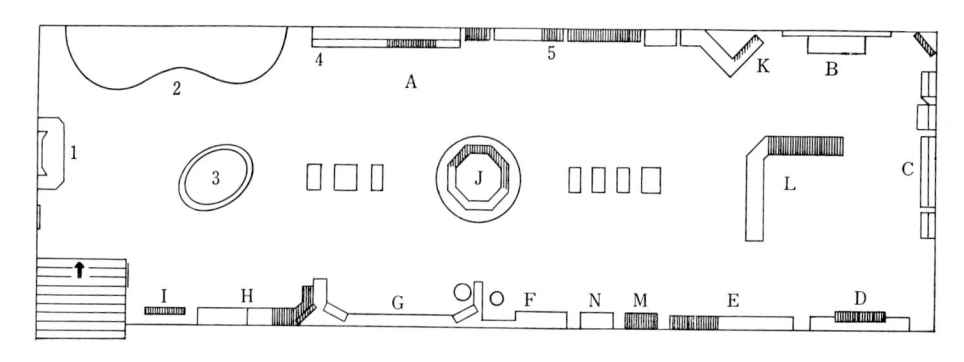

A：瑞浪の地層の化石，1：地質柱状模型，2：デスモスチルス類，3：地質と地形模型，4：その頃の生物（海の生物，陸の生物），5：日本のサメ・世界のサメ，B：まわりの様子（岩村と可児），C：その頃の海と陸，D：古瀬戸内海，E：新生代の日本，F：瀬戸湖と古木曽川，G：コハクと昆虫の世界，H：地のめぐみ，I：瑞浪の自然（以上メイン・テーマ）；J：学習ひろば；K：化石と現生の対応，L：岐阜県の地質と化石，M：化石のいろいろ，N：瀬戸内海（以上サブテーマ）．
縦しまは新しく作製した部分を示す．

図II.47 新展示平面図

6. 瑞浪層群を例として

全　景	く じ ら
貝　類	哺乳類と植物
古 景 観 図	古瀬戸内海と日本

図 II.48　瑞浪市化石博物館の展示

い資料を加える．とくに多くの標本を使う．② 考古の部分を除く．③ 誤り・不備の修正．④ 移動・再構成をし，いくつかを新設する．⑤ 最小の手数と経費で，変わったと印象づけさせる．

　工費は1100万円，現地作業は16日間である．図Ⅱ.47はこうしてできた新展示である．この展示替えによって，新しく広くなったイメージを与え，また，見学時間が長くなったような効果が出ている．図Ⅱ.48はその展示室内を示す．

　博物館は社会教育の場として大きい意味をもっており，学問的な成果が博物館の展示として一般に普及されることは意義のあることである．古生態・古環境についての展示については，ヘッケル (Р. Ф. Геккер, 1959) によって示されているが，それと同様の，1つの例といえる．

7. 群集古生態学の例

7.1 貝類化石群集と古地理──古瀬戸内海の復元──

　瑞浪層群によく似た地層は各地に点在して知られている．東からいうと，長野県の伊那谷，飯田の南にある富草層群，仏法僧で有名な鳳来寺山の設楽層群，師崎層群（知多半島の先端部），伊勢湾を渡って三重県津市の西方の一志層群，鈴鹿層群（鈴鹿峠の東）などがある．鈴鹿山脈を越えて滋賀県土山町の鮎河層群，伊賀上野市の東北にある阿波層群，山粕層群（室生寺の近く），山辺層群（奈良市の東）と続き，京都の南の宇治田原の綴喜層群，藤原層群（天理市の近く）などがある．さらに分布はのびて，淡路島・神戸の北（神戸層群），小豆島，岡山市の北，岡山県井原市東北などを経て，岡山・広島両県下に，塩町累層・備北層群として知られている地層がある．分布が広く，化石の多いところをあげれば，岡山県の津山市の近く，広島県の東城町，庄原市，三次市の付近などである．一括して，瀬戸内中新統と呼ばれている（図Ⅱ.49）．

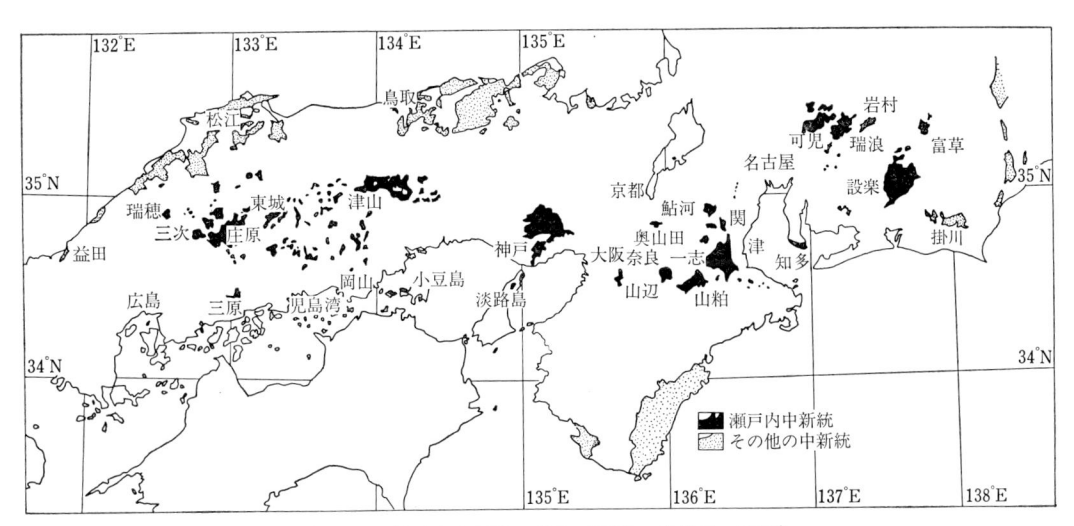

図Ⅱ.49　瀬戸内中新統の分布（柴田・糸魚川，1981）

　西縁は，瀬戸内海側では三原市の北の仏通寺付近，日本海側では島根県瑞穂町付近にある．後者では，島根県の西端の益田市付近の中新統が，これらの地層とたいへんよく似た性質をもっていて，連続の可能性を示唆している．

　いくつかの地層をみてみる．知多半島の師崎層群は陸上に露出する地層の厚さが約1000 mで，最下部は佐久島に露出するが，それ以下の層序はわからない．4つの累層（下位より日間賀，豊浜，山海，内海）に区分される．日間賀累層の下部に，ややいちじるしい砂岩がある他は，全体として凝灰質頁

岩よりなり，砂岩・凝灰岩をはさむ．岩相の変化が少なく，化石相も単調である．深い海（200m前後～数百m）が卓越したことが推定される（図Ⅱ.50）．

一志層群は，瑞浪層群とともに瀬戸内中新統の代表的な地層の1つである．瀬戸内中新統のうちではもっとも下位から上位に及ぶ層準を示す海成層で，連続的な地層は下位より，波瀬・大井・片田の3累層に区分される．この3区分は，瑞浪層群の3つのユニット（Ⅰ，Ⅱ，Ⅲ）と対応し，明らかな小海進-海退の沈積輪廻相を示す．

宇治田原の綴喜層群は礫岩→砂岩→泥岩→砂岩→砂礫岩・シルト岩という，一連のシリーズの地層で厚さは約250mである．一番下の地層は汽水成，一番上は淡水成である．その間にあるものは海成層で，化石からみると，泥岩の時が海の深さ60mくらいで，一番深かったと推定される．

淡路島の地層は海成層で，淡路町岩屋の近くに *Mactra*（バカガイ）の化石をたくさん含んだ砂岩層があり，もう少し南へゆくと "*Ostrea*" 殻が密集した石灰岩がある．海をこえて，この続きが神戸市の西にある．しかし，そこで優勢なのは，その上にのってくる湖成層で，火山灰質であり，植物化石が出てくる．北の方へ連続していて，三田市や三木市の付近まで及んでいる．淡路島の岩屋層によく似た地層は岡山市西にもみられ，浪形層と呼ぶ貝殻石灰岩をはさむ砂岩層からなる（図Ⅱ.51）．

図Ⅱ.50 師崎層群の露頭

図Ⅱ.51 浪形層の貝殻石灰岩

7. 群集古生態学の例

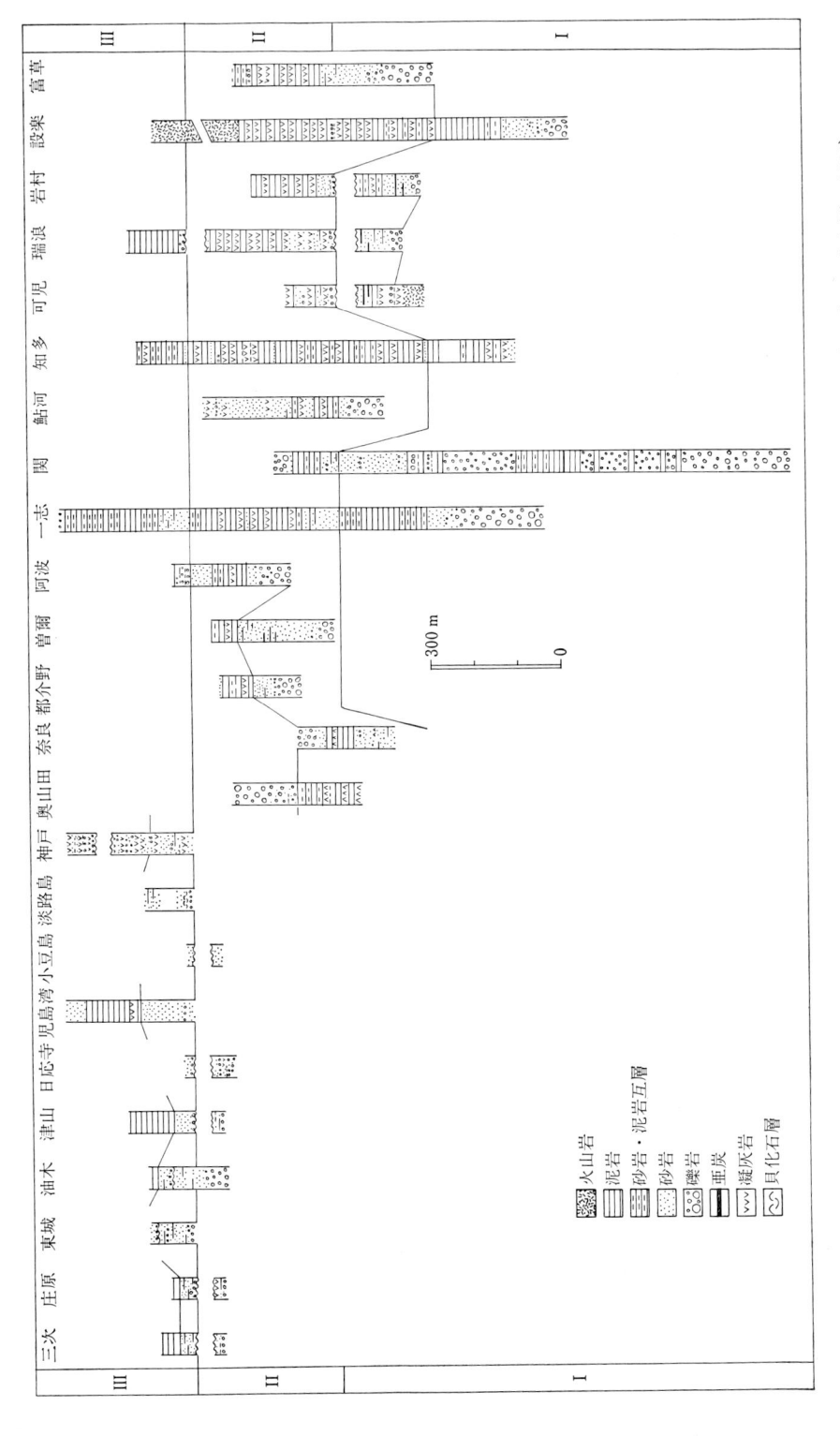

図II.52 代表的地域の瀬戸内中新統の地質柱状図とそれらの対比（I, II, IIIはそれぞれI, II, III期を示す）（柴田・糸魚川, 1981）

岡山・広島県下では，地層は非整合によって2つに分けられる．下にある塩町累層は湖成層で，亜炭層をはさみ，植物化石を含んでいる．小豆島，岡山の北，津山市付近，三次市の近くにみられる．上のものは備北層群で，下に砂岩，上に泥岩がある．分布は連続しないが性質はよく似ている．砂岩は海の浅い相，泥岩が深い相（200 m 以上）を示している．厚さは岡山県の児島湾地下のボーリングで 330 m ほどあり，ここが一番厚い．

これらの地層は，太平洋側と日本海側を斜めにつないで細長くのび，あとでくわしく説明するように，ほぼ1つの水域（第1瀬戸内海）で生成した同時代のものであると考えられている．今の瀬戸内海に似た，浅い内海の環境であったと推定されている．瀬戸内中新統は次のような特徴をもっている．

① 地層が薄く，横の方向へ岩相が変わりやすい．
② いちじるしい褶曲構造などが少ない．
③ 非整合がいくつかみられる．
④ 基盤の岩石には凹凸が多い．
⑤ 火山活動は一般に弱く，地域的にも限られている．

瀬戸内中新統はよく研究されていて，各地域の層序が明らかにされている（図Ⅱ.52）．この図では，各地の地層の対比が行われているが，これは，瑞浪層群の場合のように貝類化石群集にもとづいて古環境（とくに海の深さ）を推定し，それの変遷カーブを描いて比較することによっている．瑞浪や一志でみられた，3つの海進-海退のサイクルが，全域に共通するのである（図Ⅱ.53）．

ただ，問題はユニットが1つまたは2つしかない場合である．富草層群・綴喜層群・鮎河層群などには1つしかないし，岡山・広島県下では，2つのユニットが，非整合をはさんで重なっていることになる．これらが，3つのユニットの，どの位置を占めるかを決めるのは簡単ではないが，化石群集を細かくチェックし，地層の特徴（厚さ，火山灰質のものの有無など），地層の分布の比較，カーブのパターンの比較などによって決められる．共通性は奈良-京都より東（東部地域）と神戸-淡路より西

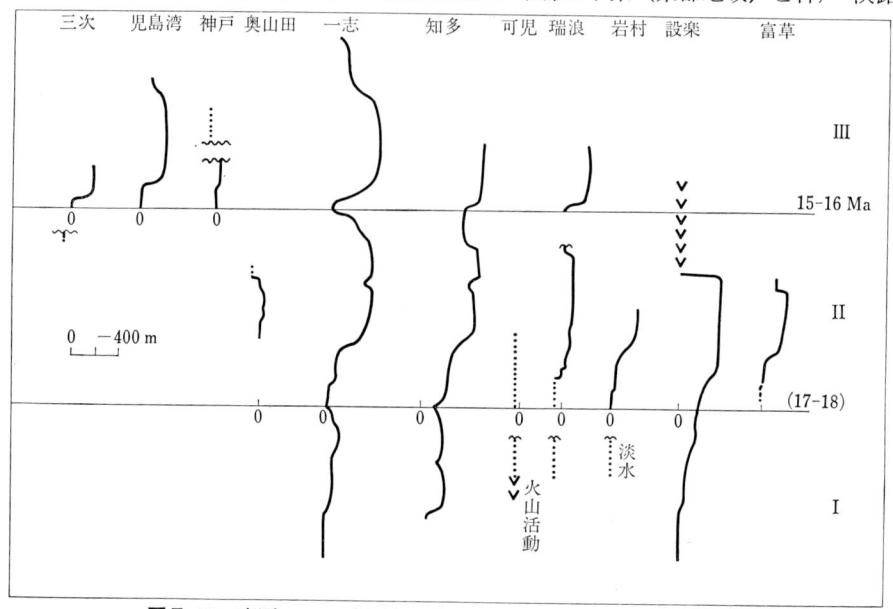

図Ⅱ.53 変遷のカーブと対比（柴田・糸魚川，1981を簡略化）

7. 群集古生態学の例

表 II.18 瀬戸内区中新統の貝類化石群集とそれらの古生態（柴田・糸魚川, 1981）

生活型 （D：付着型 O：穿孔型 P：浮遊型 R：ほふく表生型 U：埋没型），底質 （M：泥 sm：砂泥 S：砂 R：岩礫），
深度 （L：潮間帯 S1：10 m S2：20～30 m S3：50～60 m S4：100～120 m B：200 m），塩分濃度 （b：汽水 m：海水），
水温 （T：熱帯水 S：亜熱帯水 W：暖温帯水 C：冷温帯水 A：寒帯水）

	貝類化石群集	主　要　構　成　種	生活型	底質	深度	塩分濃度	水温
1.	Geloina	Geloina yamanei	U	M, sm	L	b	T-S
2.	Cyclina-Vicarya-1	Cyclina japonica, Hiatula minoensis, Vicarya yokoyamai, Vicaryella bacula, V. ishiiana	U, R	M, sm	L	b	S-(W)
3.	Cyclina-Vicarya-2	Cyclina takayamai, Vicarya callosa	U, R	M, sm	L	b	S-(W)
4.	Crassostrea	Crassostrea gravitesta	D	R	L	b	W-(C)
5.	Phacosoma	Phacosoma kawagensis, Ph. nomurai	U	sm, S	S1-Sl	m	W
6.	Cavilucina-Polinices	Glycymeris cisshuensis, Cavilucina kitamurai, Polinices mizunamiensis, Ringicula minoensis, Mitrella sp.	U, R	S	L-Sl	m	(S)-W
7.	Glycymeris-Turritella	Glycymeris ikebei, Tapes siratoriensis, Turritella sagai	U, R	S	L-Sl	m	W
8.	Vasticardium	Vasticardium ogurai, Phacosoma suketoensis, Tapes siratoriensis	U	S	L-Sl	m	W
9.	Nipponomarcia-Protorotella	Nipponomarcia nakamurai, Protorotella depressa, P. yuantaniensis	U, R	S	L-Sl	m	W
10.	Homalopoma-Chama	Chlamys minoensis, Chama fragum, Homalopoma hidensis	R, D	S, R	L-Sl	m	(S)-W
11.	Barbatia-1	Arca sp., Barbatia kubara, Calyptraea tubura	D, O	R	L-Sl	m	W
12.	Barbatia-2	Barbatia lima var., Calyptraea yokoyamai var.	D	R	L-Sl	m	W
13.	Ostrea	Ostrea sp.	D	R	L-Sl	m	W
14.	Felaniella	Felaniella usta	U	S	S1-S2	m	W-C-
15.	Mactra-Acila	Acila (Truncacila) sp., Mactra sp.	U	S	L-S2	m	W
16.	Saccella	Saccella miensis, Cyclocardia siogamensis, Cultellus izumoensis	U	sm	S2-S3	m	W
17.	Macoma-Lucinoma	Macoma izurensis, M. optiva	U	sm	S2-S4	m	W
18.	Malletia-Nuculana	Malletia inermis, Nuculana pennula, Yoldia sagittaria	U	M, sm	S3-B	m	C-(A)
19.	Propeamussium-Periploma	Neilonella isensis, Acilana tokunagai, Propeamussium tateiwai, Palliolum peckhami, Periploma mitsuganoense	U	M	B+	m	(C)-A
20.	Vaginella	Cavolinia raritatis, Vaginella depressa	P	表層水		m	T-S

（西部地域）でそれぞれよくみられ，対比ができた．

東部と西部の結びつけは地層の性質の類似性，貝類化石群集の内容の比較，*Miogypsina* などの示準化石の層準を考慮して決められた．この変遷カーブの基礎となった貝類化石群集は表Ⅱ.18 のようにまとめられ，その各ユニットごとの分布は図Ⅱ.54 にまとめられている．また，代表的な化石を図Ⅱ.55 に示した（94頁）．

このように，瀬戸内中新統を通じて共通な点・相違する点が明らかにされ，それぞれの地域でみられる古環境およびその変遷が浮きぼりにされた．それらをまとめると，瀬戸内中新統の性格は次のようになる．

① 全体として海進-海退相を示し，さらに3つの小さいユニットに分けられる．
② 小さいユニットもそれぞれ海進-海退相であり，上部のユニットほど振幅が大きい．
③ 東部地域，とくに伊勢湾を中心とした地域では，北に浅い相があり，3つのユニットの間には小さいけれど非整合がある（瑞浪層群でみられる）．南には深い相があり，地層が連続的に重なっている（一志層群が代表）．

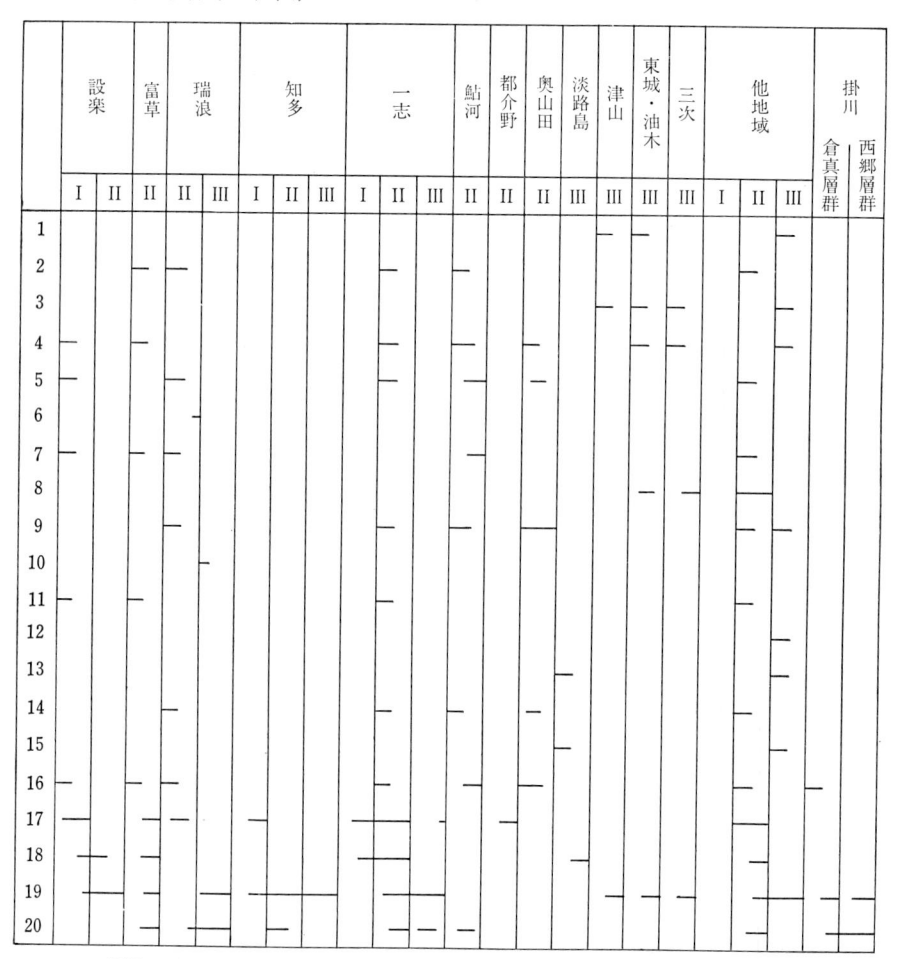

図Ⅱ.54 貝類化石群集の層序および地理的分布（柴田・糸魚川, 1981）
1〜20 は表Ⅱ.18 の貝類化石群集の番号に対応する．Ⅰ〜Ⅲは小海進-海退サイクルを示す．

④ 西部地域では，中国脊稜山脈に近い中心地域に浅い相があり，南と北に海が開く傾向がみられる．
⑤ 貝類化石群集には，Ⅱ，Ⅲのユニットの間で構成種に変化がみられる．

これらは，瑞浪層群や一志層群でみられたことが，より一般化され，共通な性質として認識されたものである．

さらに，日本海側と太平洋側の同時代層との関連が求められる．日本海側へは，西部地域の地層を通じ，山陰地域の地層と対比がされる．貝類化石群集・岩相の類似性は，とくに備北層群上部泥岩層と山陰の久利累層との間においていちじるしい．さらに北陸の東別所累層との対比も可能である．太平洋側へは，静岡県の掛川地方が対象である．貝類群集をくらべると，Ⅱのユニットの泥岩相のそれが，倉真層群の群集と共通性が高い．その上の層準に非整合があり，$Miogypsina$ が出てくることもよく一致する．しかし，この対比は，浮遊性有孔虫をはじめ，微化石を使った対比とくい違い，問題が残っている．

このように枠組みが決まり，それぞれの枠の中に起こったできごとが，化石群集を基礎として復元されると，瑞浪層群の場合と同じように，各地域のいろいろな層準において，古地理図を描くことができる．地域・層準によって異なるが，瀬戸内区全体では35に及んだ．図Ⅱ.56にいくつかの例をあげておく（96頁）．

こうした，各盆地の，各時代の古地理図を総合すると全体の古地理が明らかになってくる．時間的にほぼ同じ層準のものを使わなければならないので，前に述べた対比がここで利用され，瀬戸内区では，Ⅰ，Ⅱ，Ⅲの3つのユニットについて，それぞれ海進の初め，最大期，海退期について，古地理図を描くことができる．ただ，Ⅲの海退期は地層の証拠がほとんどないので描かれていない．8つの図のうち，それぞれの，海進の最大期の図と，Ⅲの初めの図を簡単にして図Ⅱ.57に示した（98頁）．

古地理の移り変わりのあらましを説明しよう．Ⅰの時期において，伊勢湾付近から浸入した海は，まず三重県津市近くと，愛知県鳳来寺付近に及んだ．そして，海は北および西に広がってゆき，海進の最大期にはほぼ現在の一志層群・設楽層群の分布地域が海となった（Ⅰ-2）．この海進とほぼ同時か，やや遅れて，岐阜県東濃地方，北伊勢地方（鈴鹿峠の東南）に内陸湖が出現している．東濃地方では，初期（22Ma—恐らく海進の始まる前）にかなり激しい火山活動があり，玄武岩の溶岩，溶結凝灰岩が形成された．Ⅰ期の終わりの海退は小規模で局地的であった．海は知多半島の地域をもおおっていたことが判明している．東濃地方の湖は消滅したと考えられる．

続いて第2回目の海進が始まった．海は急激に，一層内陸部に浸入してゆき，一志層群の地域から西へ，設楽層群の地域から北東へ，また，知多半島から北東へのびた．東濃地方では岩村盆地に海が浸入したが，瑞浪・可児盆地では湖の状態であった．海進の最大期には湖が存在した可児地方を除いて瀬戸内区東部の中新統分布地域のほぼ全域をおおって海が広がった（Ⅱ-2）．海域は陸地から急に深くなっていて，表層部には暖流の影響があった．このあと，海は退いて，伊勢湾をとりまく狭い地域にのみ海が残る．そしてこの頃，鳳来寺，二上山の地域において火山活動が始まり，また，西部地域において，各地に小さい淡水湖ができる．三次，津山，小豆島などの地域である．

第3回目の海進は中新世中期の初めに始まり，一番規模が大きい．東部地域では伊勢湾周辺に広く

94　　　　　　　　　　　Ⅱ. 古生態学の実際

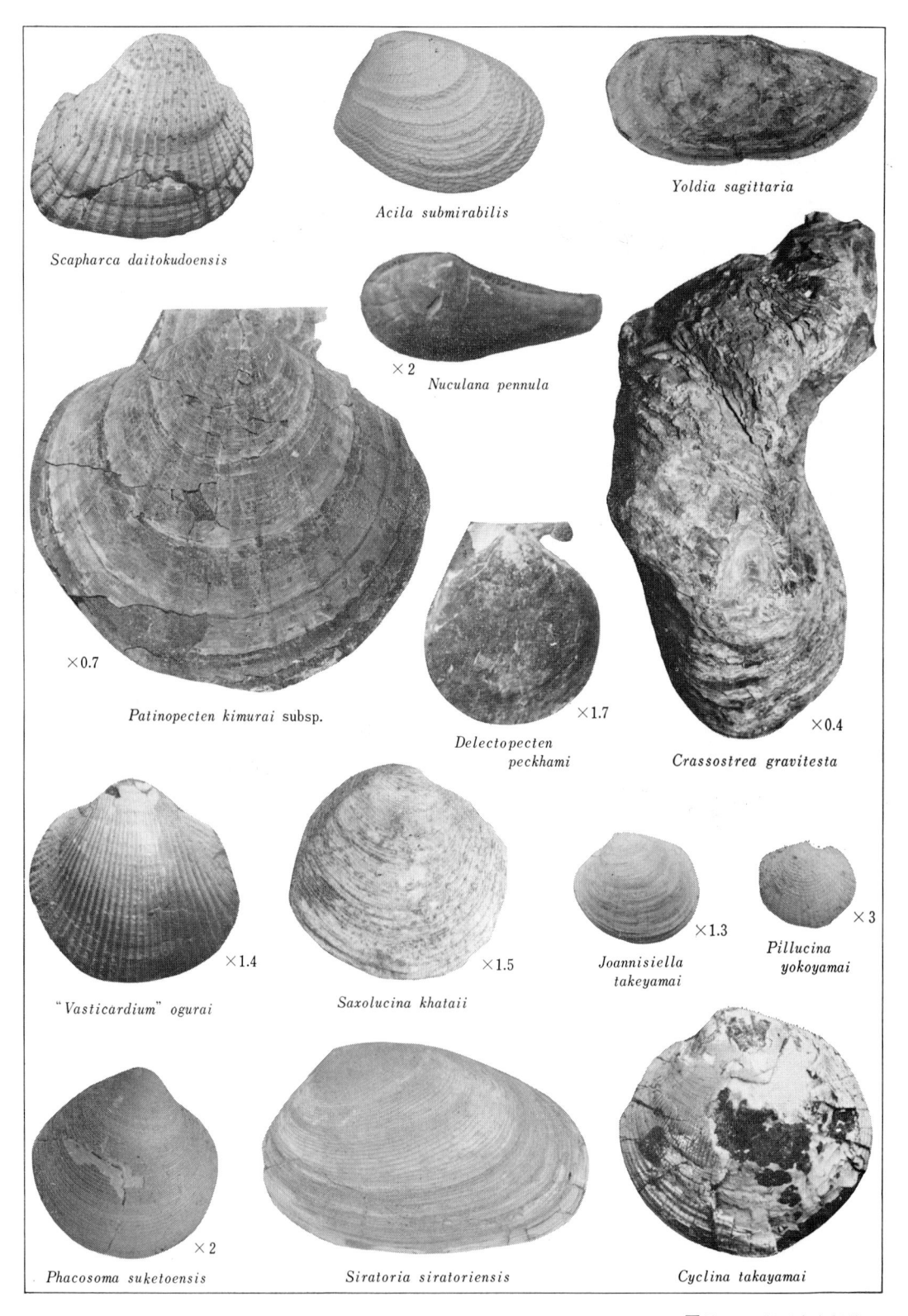

Scapharca daitokudoensis

Acila submirabilis

Yoldia sagittaria

×2　*Nuculana pennula*

×0.7
Patinopecten kimurai subsp.

×1.7
Delectopecten peckhami

×0.4
Crassostrea gravitesta

×1.4
"*Vasticardium*" *ogurai*

×1.5
Saxolucina khataii

×1.3
Joannisiella takeyamai

×3
Pillucina yokoyamai

×2
Phacosoma suketoensis

Siratoria siratoriensis

Cyclina takayamai

図Ⅱ.55　瀬戸内中新統の

7. 群集古生態学の例

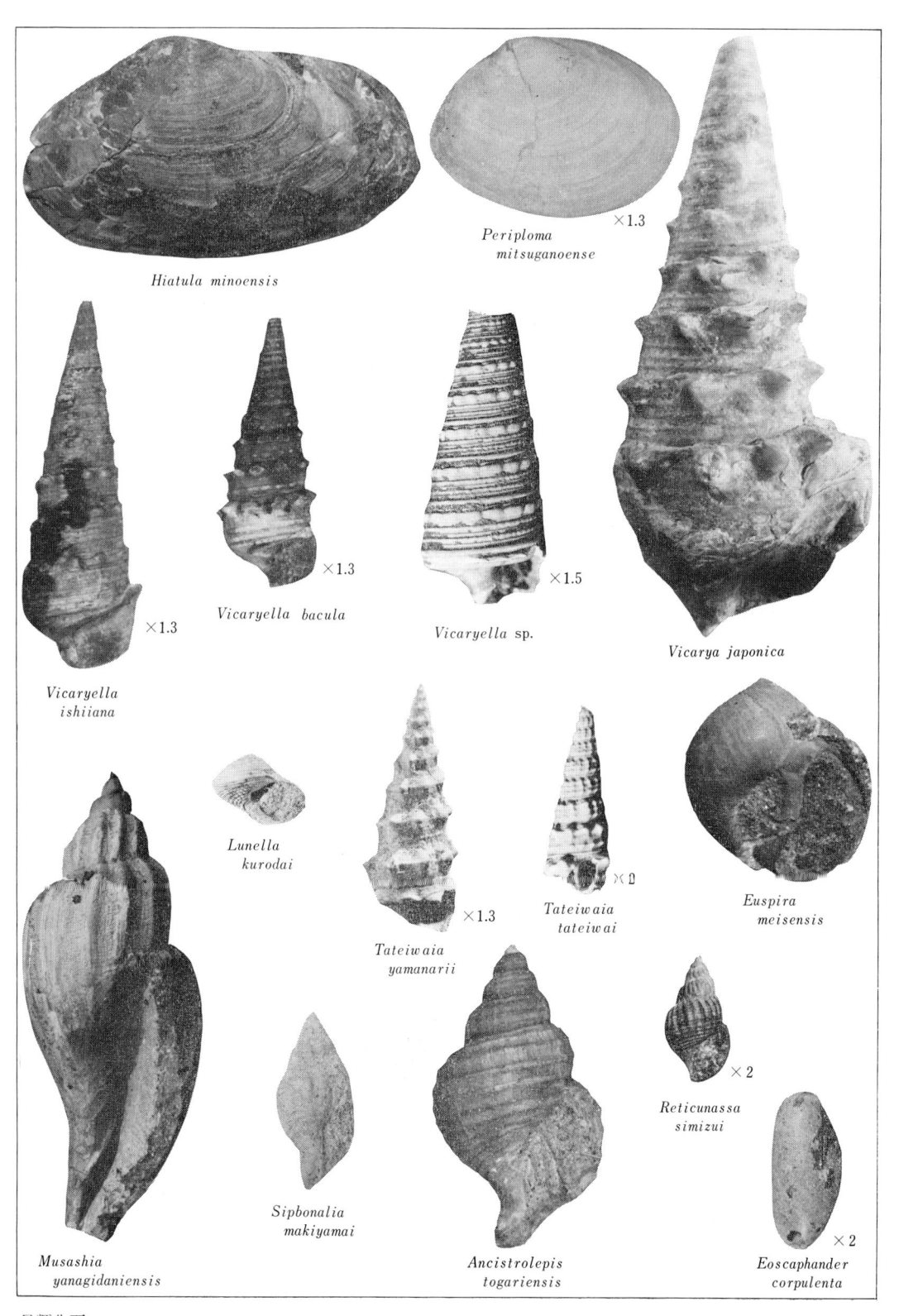

Hiatula minoensis

Periploma mitsuganoense ×1.3

Vicaryella ishiiana ×1.3

Vicaryella bacula ×1.3

Vicaryella sp. ×1.5

Vicarya japonica

Lunella kurodai

Tateiwaia yamanarii ×1.3

Tateiwaia tateiwai ×2

Euspira meisensis

Musashia yanagidaniensis

Sipbonalia makiyamai

Ancistrolepis togariensis

Reticunassa simizui ×2

Eoscaphander corpulenta ×2

貝類化石

96   II. 古生態学の実際

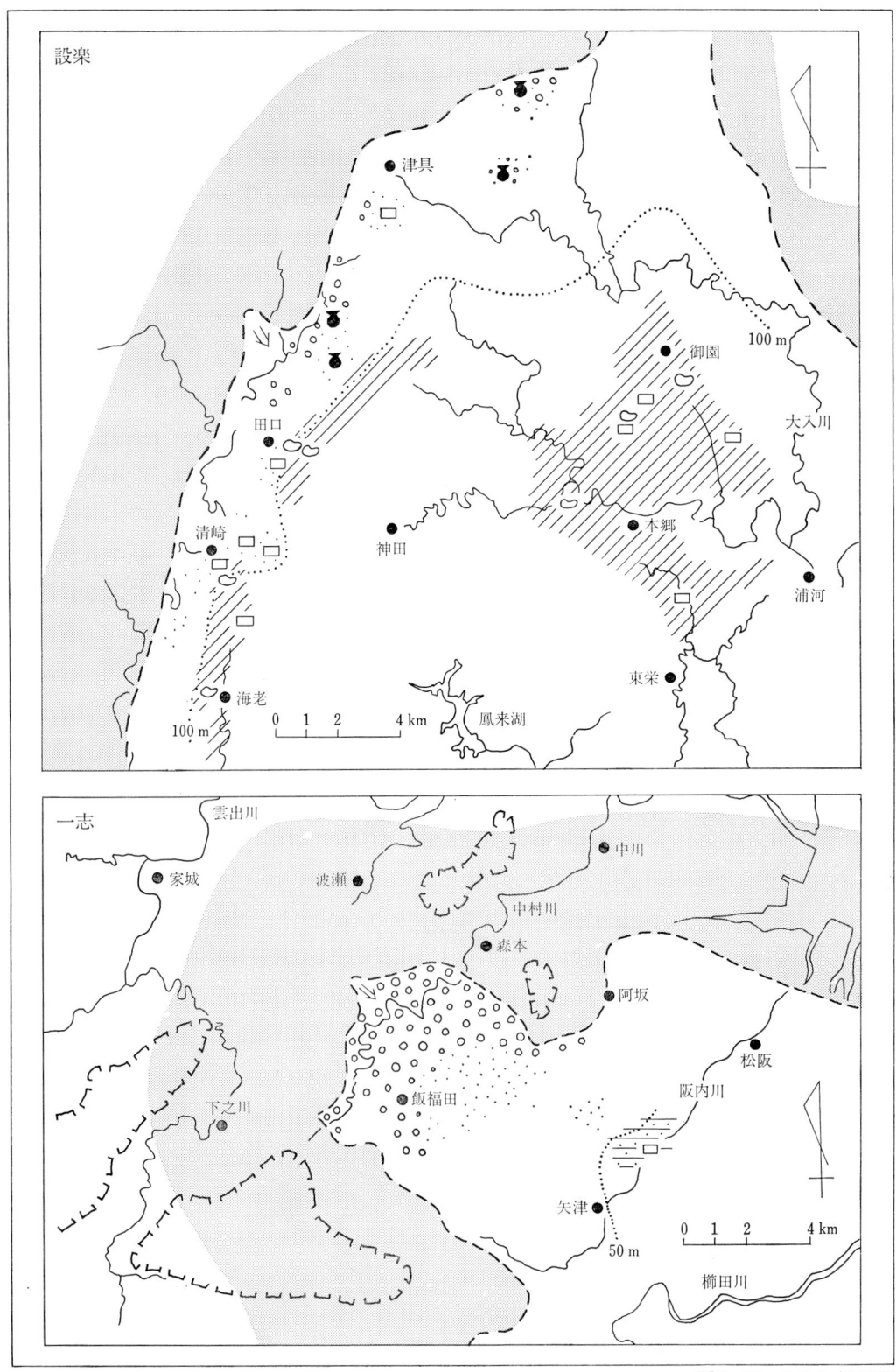

図II.56 各地の古地理図

7. 群集古生態学の例

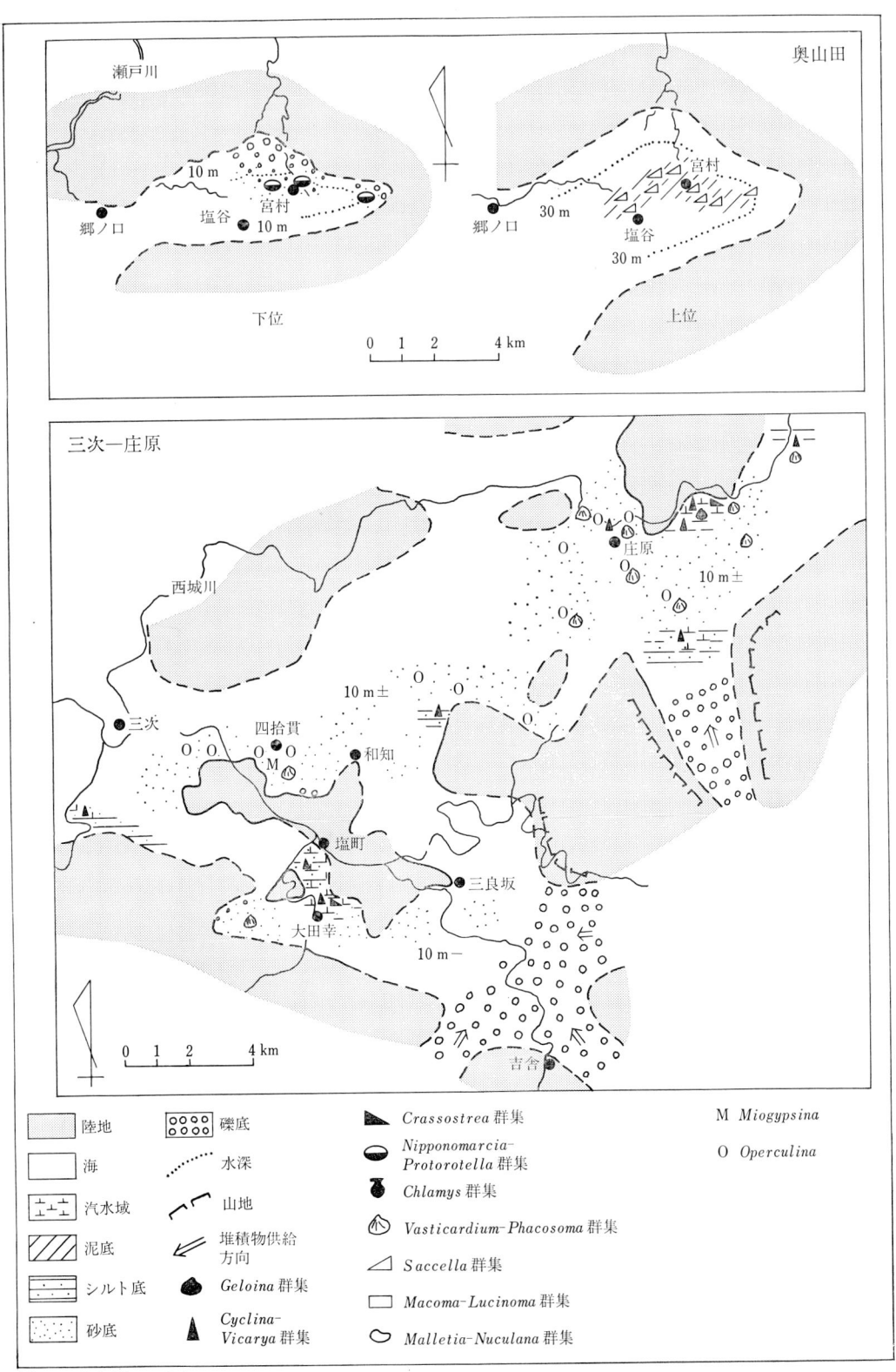

97

奥山田

下位　上位

三次—庄原

陸地	礫底	Crassostrea 群集	M Miogypsina
海	水深	Nipponomarcia-Protorotella 群集	O Operculina
汽水域	山地	Chlamys 群集	
泥底	堆積物供給方向	Vasticardium-Phacosoma 群集	
シルト底	Geloina 群集	Saccella 群集	
砂底	Cyclina-Vicarya 群集	Macoma-Lucinoma 群集	
		Malletia-Nuculana 群集	

(柴田・糸魚川, 1981)

98 　　　　　　　　　　Ⅱ．古生態学の実際

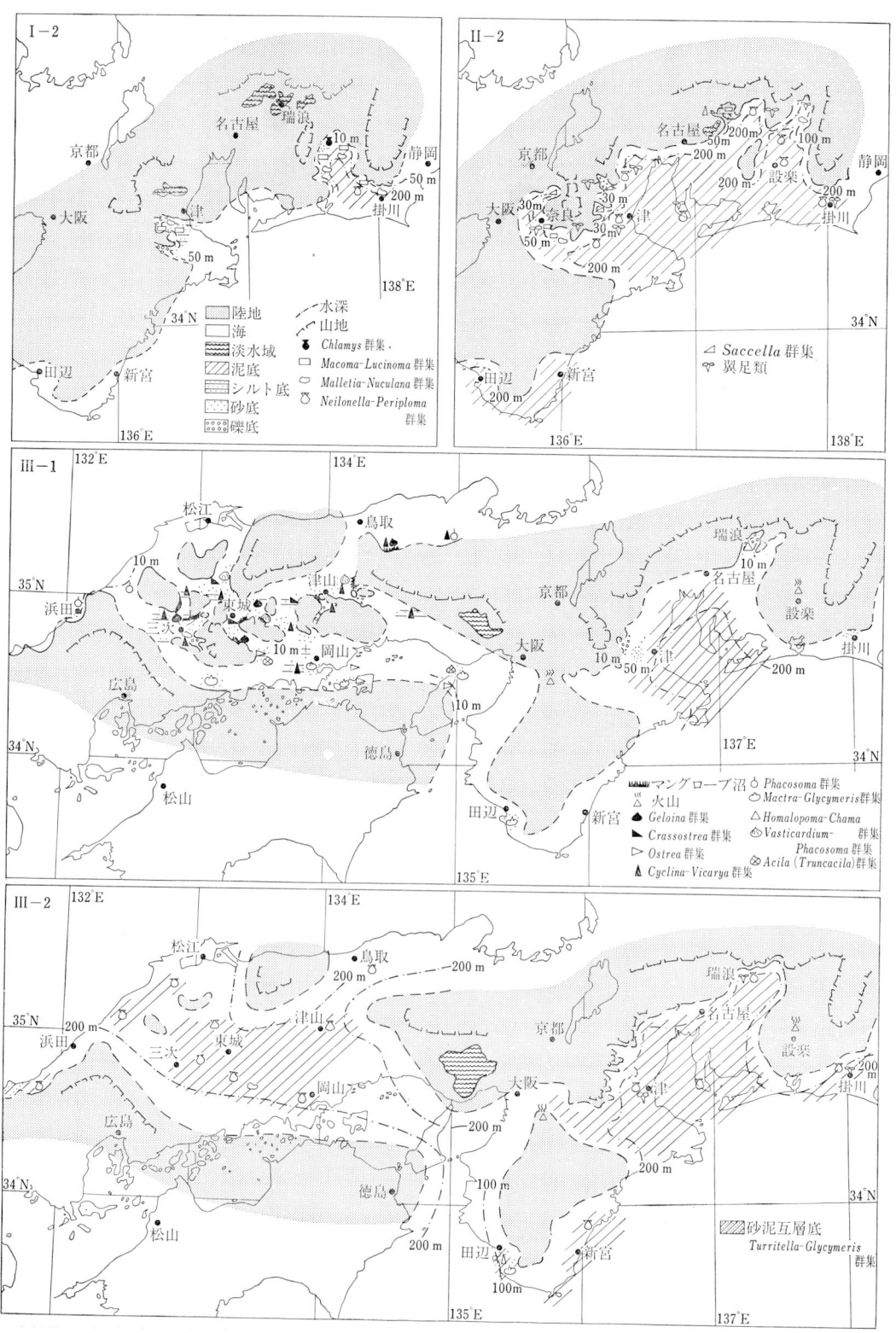

図Ⅱ.57　瀬戸内区古地理図（柴田・糸魚川，1981）

深い海ができ，その北の延長は瑞浪地域に及んでいる．ただ，東北部（富草・設楽層群の分布地域）では陸化している．西部地域では島根県中部から海が浸入し，多島海的な浅海が広くひろがった．海は淡路島-紀伊半島西部地域で太平洋へ通じており，鳥取-津山を結ぶ地域でも海がつながった可能性がある．ただ，東部と西部ではまだ連絡がなかったと思われる．そして，神戸の北部に湖が存在した（Ⅲ-1）．

続いて最大海進期がおとずれる（Ⅲ-2）．海は広がり，深くなる．東部では瑞浪地域から西南へ広く海湾が形成され，中心は今の伊勢湾の地域にあった．西部では中国地方の中部を広くおおう海で，島根県中部，鳥取付近で日本海へ通じていた．紀伊水道部の開口は大きく，広くなり，この時期には東西両地域の海が連続したと推定される．このあと，海退が始まる．地層の証拠は限られており三重県一志地区，岡山県児島湾地下のボーリングなどにみられる．陸化は急激に進み，瀬戸内地域から海が消えるのにはそんなに長い時間を要しなかったものと思われる．

7.2 中新世の熱帯的古環境

瀬戸内中新統の貝類化石群集の中で，たいへん目立つ1つの群集がある．備北層群の中に典型的に

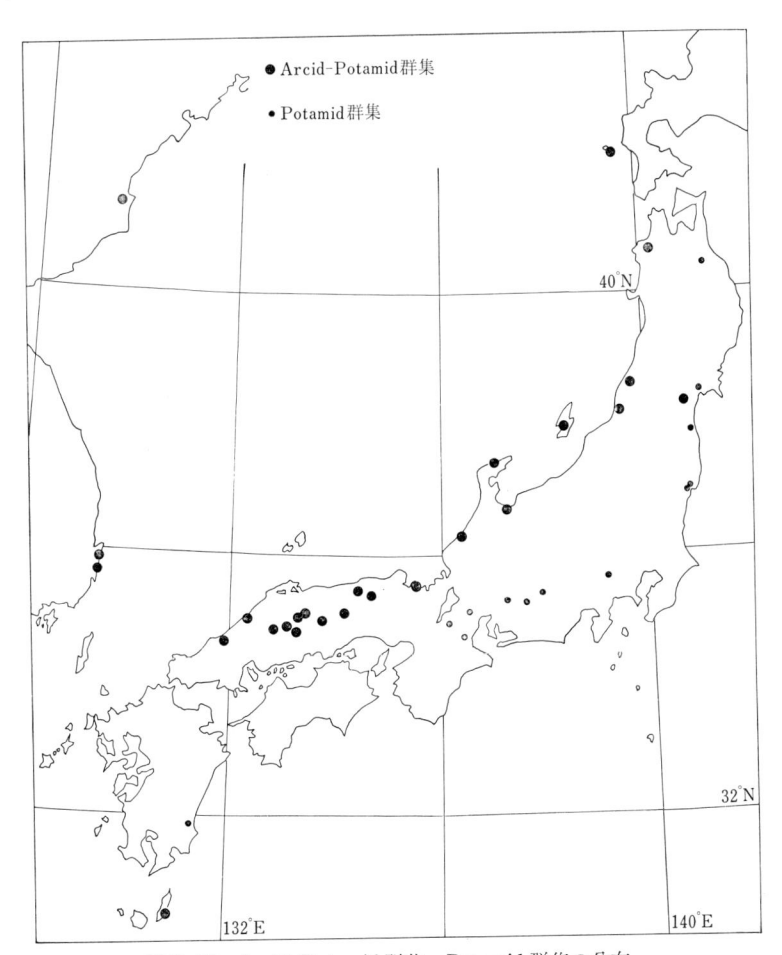

図Ⅱ.58 Arcid-Potamid群集，Potamid群集の分布

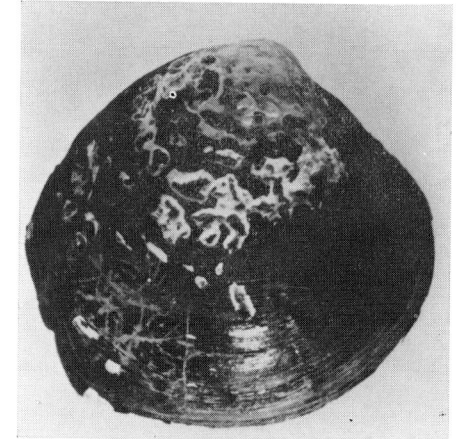

図Ⅱ.59　*Geloina*（下は現生）と *Telescopium*（左は現生）×0.7

含まれるもので，Arcid-Potamid 群集という．ウミニナ科（Potamididae）の *Vicarya*, *Vicaryella*, *Tateiwaia* など，フネガイ科（Arcidae）の *Scapharca*（かつての *Anadara*）で代表される群集で，他に巨大な *Crassostrea*（カキの類）をともなう．いくつかは図Ⅱ.55 に示されている．分布は広く，南は種子島から北は北海道の奥尻島まで，おもに日本海沿岸地域にみられ，朝鮮半島でも，数ヶ所から知られている（図Ⅱ.58）．暖海内湾の汽水性の群集である瀬戸内区東部（瑞浪など）には，似たものがあるが，Arcidae の種類がなく，いうなれば Potamid 群集である．太平洋岸にはこの型のものがみられ，わずかな環境条件，あるいは層準の違いを示すものと推定される．

この群集の中に，もっと特徴的なものがみつかっている．各地の備北層群中に産し，富山県の八尾層群で最初に発見された *Geloina*（ヒルギシジミ）-*Telescopium*（センニンガイ）群集である．いずれもマングローブ沼にすむ貝である（図Ⅱ.59）．

マングローブ沼は，サンゴ礁とともに，熱帯-亜熱帯を特徴づけるものである．サンゴ礁はおもに外洋に面した，高塩分の海水の所に発達するが，それとは対照的な，ヒルギと呼ぶ樹木が密生する沼が存在する．河口の，汽水泥底の所である．ヒルギは気根をもち，満潮時には根のあたりが海水にひたり，干潮時には露出するといった様相を呈する（図Ⅱ.60 a, b）．東アジアではマングローブ沼の北限は種子島であり，沖縄の八重山群島のものがよく発達している．ヒルギは鹿児島県薩摩半島の喜入町米倉の海岸にも生育するがマングローブ沼はない．種子島では冬の平均水温は 20°C 近くあり，水温がその分布を規定する大きな要因となっている（図Ⅱ.66 参照）．

7. 群集古生態学の例

(a) ニューカレドニア（空より）　　　(b) シンガポール
図Ⅱ.60　マングローブ沼

　このマングローブ沼の動物群は高水温，低塩分，泥・砂底の環境を示し，群集の組成は単純だが，面白い内容をもっている．有名なトビハゼ，ハクセンシオマネキはさておき，貝類についてみると，前に述べた *Geloina*, *Telescopium* の他，*Littorinopsis*（ウズラタマキビガイ），*Ellobium*（オカミ

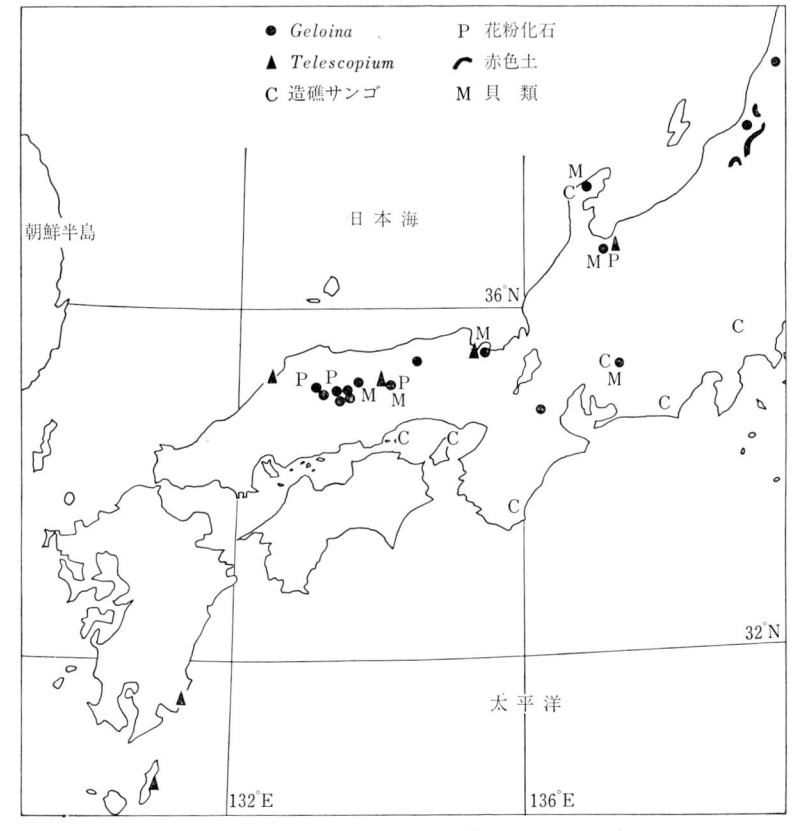

図Ⅱ.61　熱帯古環境の証拠（津田ほか，1984）

ミガイ），*Terebralia*（マドモチウミニナ）などがある．

八尾層群で発見された群集はまったくこれと同じ内容のものである．そしてその後，備北層群をはじめとして，各地からこの群集が報告された．瀬戸内中新統では，1974年に広島県の庄原盆地でみつかり，その後，広島県東城町・油木町，岡山県大佐町・川上町・新見市など，10ヶ所近いところで確認された．いずれも，泥質の岩石の中に含まれ，ある時は *Geloina* だけが産し，ある時は *Crassostrea*, *Vicarya*, *Scapharca* などに伴っている．

その他の地域でもそれ以前から *Geloina* の産出報告がある．鳥取市の南，舞鶴市近く，新潟県村上市の近く，さらに北へ行って山形県鶴岡市の西などである．*Telescopuim* の方は少なくて，種子島，宮崎県，島根県中部，岡山県の津山，舞鶴それに富山県八尾の6ヶ所である（図Ⅱ.61）．

これらの *Geloina*, *Telescopium* を産する地層の層準はどうであろうか．さきほどから論じてきた瀬戸内区の対比によれば，備北層群の下部にあたり，これはⅢのユニットの初め，16～15 Ma となる．山陰から北陸へ対比を試みると，産出層準は，ほぼこの前後に集まってくる．

さらに決定的なマングローブ沼の証拠が発見された．ヒルギの類の花粉化石である（図Ⅱ.62）．山野井（1984）によって，表Ⅱ.19のように八尾層群の黒瀬谷層から8種類が報告され，備北層群の中にも含まれていることが明らかになった．このように証拠が集って

表Ⅱ.19 黒瀬谷層産花粉化石（山野井，1984）

Excoecaria（シマシラキ）
Rhizophora（ヤエヤマヒルギ）
Bruguiera（オヒルギ）
Ceriops（コヒルギ）
Sonneratia（マヤプシキ）
Scyphiphora（ウミマサキ）
Avicennia（ヒルギダマシ）
Nypa（ニッパヤシ）

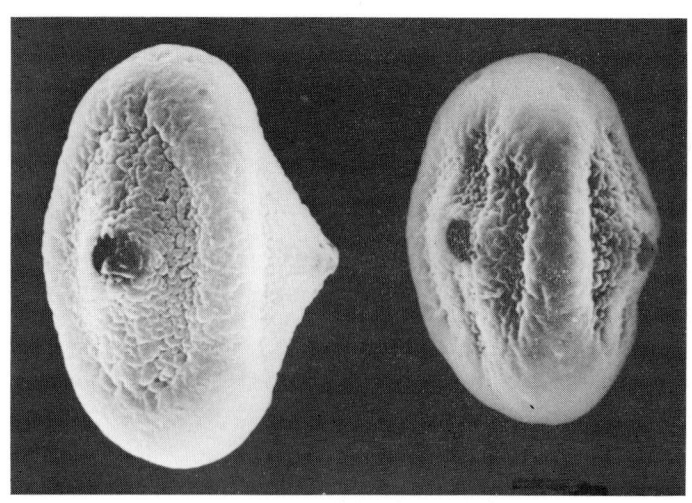

図Ⅱ.62 *Sonneratia* マヤプシキの花粉
右：化石，左：現生．化石の高さが約28ミクロン
（電子顕微鏡写真——山野井による）

くると，この時期（中新世中期の初め）に，日本列島の中部より西では，マングローブ沼が発達しており，熱帯的な古環境下にあったことは確かである．

マングローブ沼があったとすれば，サンゴ礁の証拠もあっていいはずである．サンゴ礁だけに限らず，もう少し幅を広げて，亜熱帯～熱帯を示す証拠を探してみると，色々みつかってきた．底生性の生物では第1に貝類があげられる．すでに述べたマングローブ沼要素の他，*Perna*（ミドリイガイ）・

7. 群集古生態学の例

Perna oyamai

Maoricardium mizunamiense ×3

×0.4

Isognomon minoensis

Periglypta sp.

Tellinella osafunei

Globularia nakamurai

×1.3

Lyncina sp.

×1.1

Terebralia itoigawai

×1.6

"*Transtrafer*" sp.

Terebralia sp.

×1.4

Ellobium sp.

×1.2

Rhizophorimurex sp.

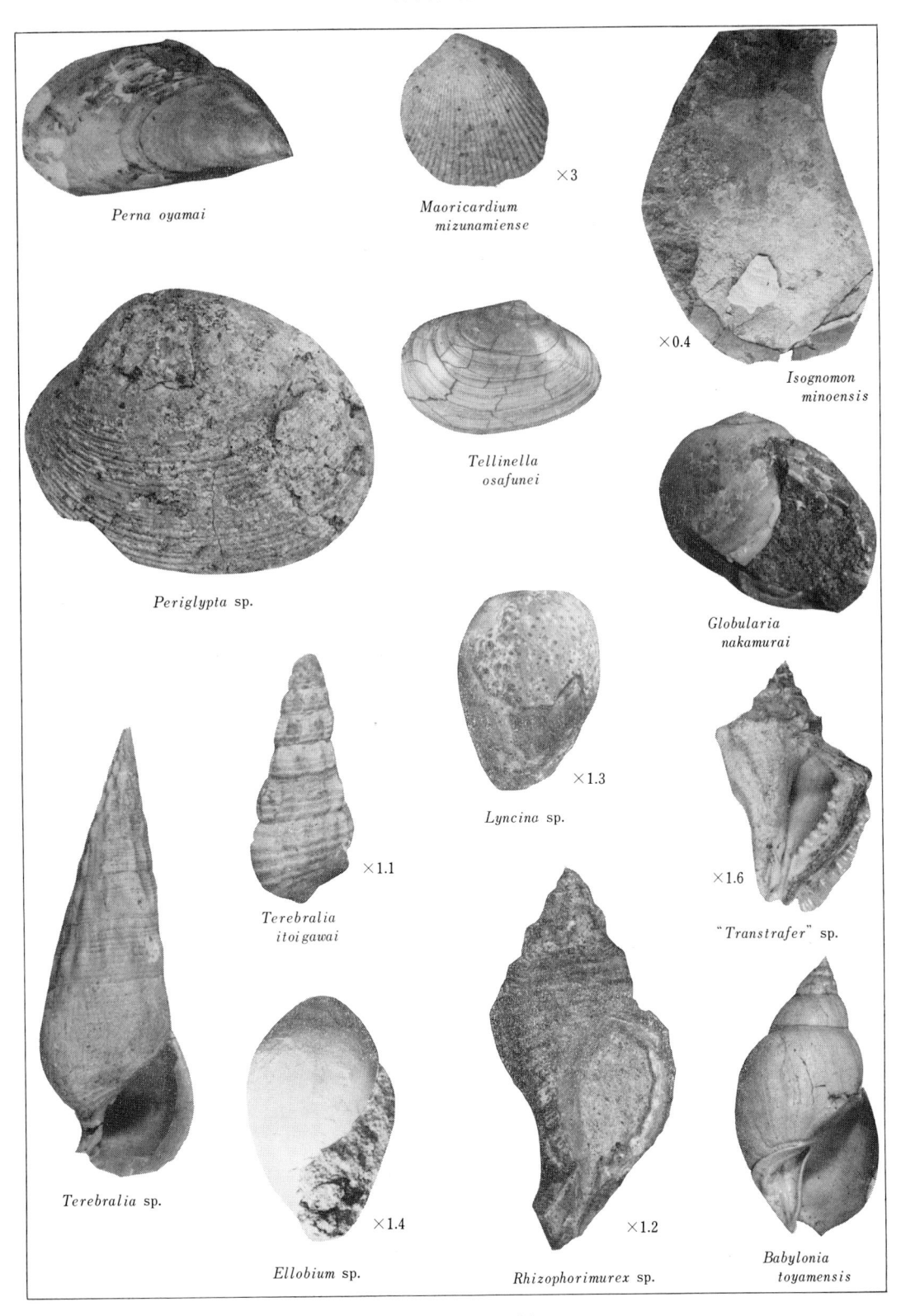

Babylonia toyamensis

図Ⅱ.63　熱帯系貝類

図Ⅱ.64 女神石灰岩

Batissa-備北層群, *Globularia*-備北層群・八尾層群, *Rimella*・*Volema* (サイヅチボラ)-八尾層群, *Maoricardium* (マンシチザルガイ), *Lyncina* (ヒメホシタカラガイ)・*Isognomon* (マクガイ)-瑞浪層群, などがあり，その他にも熱帯系と思われるものが多い (図Ⅱ.63).

造礁性サンゴは少ないが，静岡県の女神石灰岩 (図Ⅱ.64) はこの時期のサンゴ礁と考えられるし，同様なものとして，丹沢山地 (神奈川県) の石灰岩がある．礁をつくっておらず，塊・破片であるが瑞浪層群からは造礁サンゴが5種以上，知られている．能登半島の東印内層からも報告がある．石灰藻のつくる礁が山口県の油谷湾層群からみつかっていて，これも，熱帯〜亜熱帯の波の荒い環境下の生成物と考えられる.

遊泳性生活を営むもので，熱帯系の化石が知られている．山口県須佐層群産の *Procolpochelys* (?) *susensis* (図Ⅱ.65) で，アオウミガメの仲間である (SHIKAMA and SUYAMA, 1976). この時代の地層から多産する板鰓類(ばんさいるい) (サメ・エイ類) にも，暖流外洋水系の群集が存在する.

浮遊性貝類には2つのグループがある．1つは *Aturia* (オウムガイ類) で，これは，その多くが死後浮遊性と考えられ，南方より日本列島へ及んだ暖流により運ばれたものであろう．中新世のこの時代の分布は広く関東地方にまで及んでいる．舞鶴の近くからは5個の標本が同時に発見され，その中には幼体の個体もあって，そこにすんでいたものと推定されている．これが事実ならば，現生の分布 (フィリピン, ニュー

図Ⅱ.65 *Procolpochelys* (?) *susensis* (×約 0.2) (SHIKAMA and SUYAMA, 1976)

カレドニアなど）と比較して，熱帯の有力な証拠であるが，もう少し検討の必要がありそうである．

他の1つはカメガイ，ウキビシガイの仲間で翼足類といわれるものである．瀬戸内中新統から多くの種類がみつかっていて，殻は薄くて弱いのにもかかわらずほとんどが破損していない．これは，死後の移動が大きくなかったことを示していて，やはり南方系の群集で，暖流の影響の強かったことを示す証拠であろう．この類については後述する（147頁参照）．

この他に陸上の生物や地層にも証拠がある．その1つは赤色層である．熱帯〜亜熱帯の湿潤気候下では，しばしばラテライトのような赤色土が生成される．TSUDA et al. (1977) によって新潟県の津川から発見されたものは赤色〜濃紫色を示し，陸上生成と考えられ，当時の温度が今より高く，少なくとも亜熱帯的条件にあったことを示している．

昆虫の証拠としてクソコガネムシがある．能登半島で発見されたが，この種類は東南アジアから中央アフリカの熱帯地方にすむ種類で当然そのような古環境の存在したことを想定させる．ただ，層準が少し下になる可能性が強く，問題が残っている．

植物化石についてみると，この時代には，落葉および常緑広葉樹の混合からなる植物群があり，た

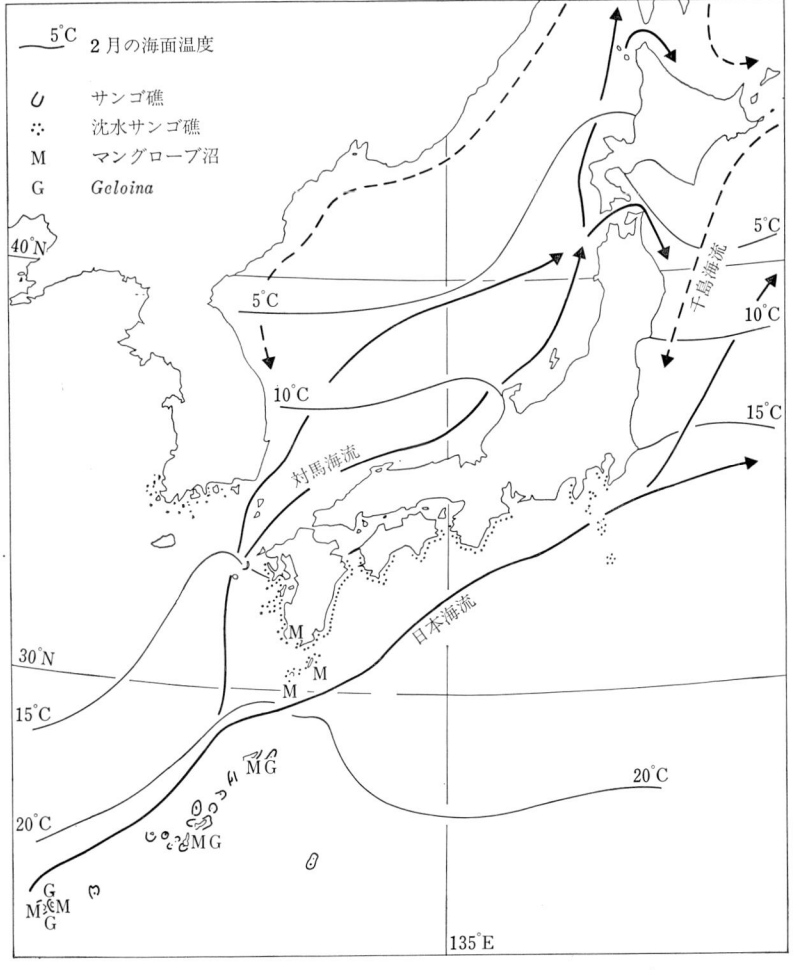

図Ⅱ.66　現在の日本列島周辺の海況 (ITOIGAWA, 1978)

とえば，*Comptonia*（ヤマモモの類），*Liquidambar*（フウ），*Carya*（カリヤクルミ）などが有名である．これらは低地の暖温林のものであり，北緯40°近くまで，いわゆる古熱帯第三紀植物群の分布が及んでいたとされる．

現在の海況（図Ⅱ.66）を参考にして，さらにその時期の古環境を推定する．*Geloina* の北限は奄美大島であり，*Telescopium* の分布は現在の沖縄列島にはなく，台湾以南である．*Perna*, *Batissa*, *Globularia*, *Rhizophorimurex* などは，その属の分布が東南アジアに限られる．

ヒルギの類は赤道に近いほど種類が増加するが，南西諸島でみると，種子島では1種であるが，奄美・沖縄本島で2種，西表島で5種類である（図Ⅱ.67）．そのまま適用することは難しいが，八尾層群の8種類という数は，西表島以南の条件下であった可能性を示す．

総合して考えれば，控え目にみて現在の奄美群島以南，あるいは西表島以南（たとえば台湾やフィリピン）の熱帯的状況があったことが推定される．冬の海面温度でいえば，20℃以上，25℃に近かったかもしれない．現在よりも，10℃以上高温の状況が存在したことになる．当時の中部以南の地

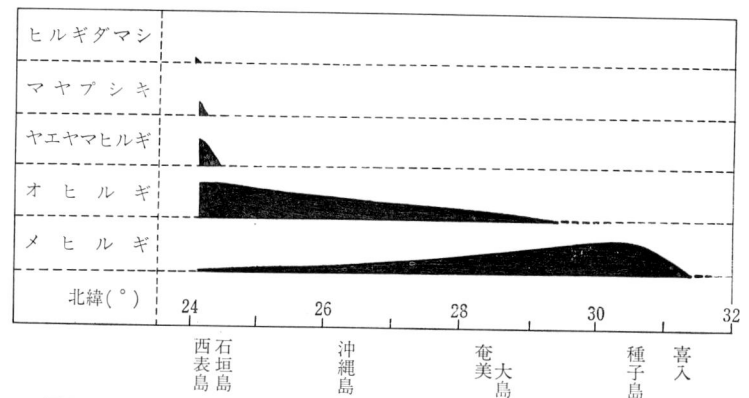

図Ⅱ.67 南西諸島におけるマングローブ樹種の相互関係（山野井，1984）

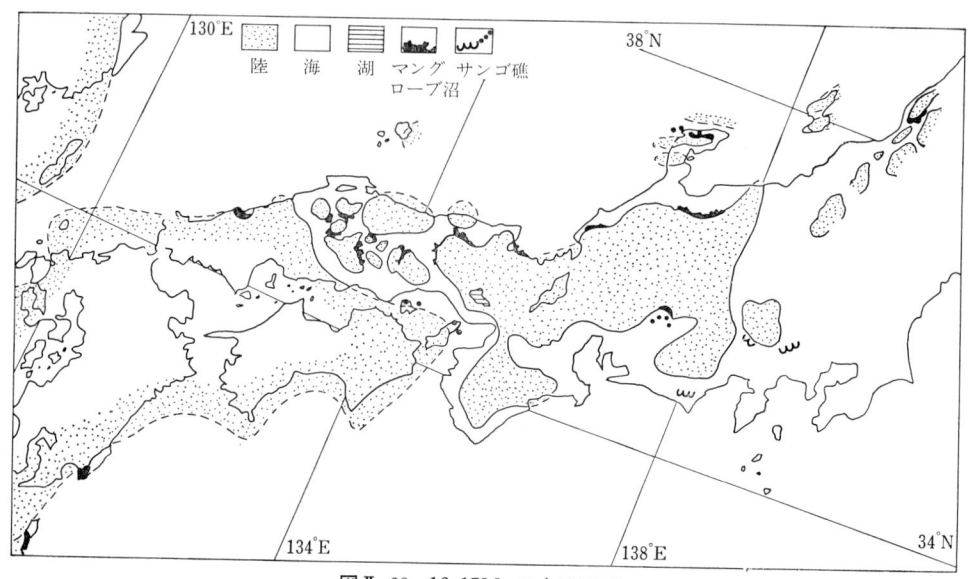

図Ⅱ.68 16-15Ma の古地理図

7. 群集古生態学の例

域の古地理を，瀬戸内区の古地理図をベースにして描いた（図Ⅱ.68）．

この図をみると，サンゴ礁の証拠が少ないこと，太平洋側に証拠が少ないことに気がつく．原対馬海流が強くて日本海側に熱帯的古環境が発達したのか，原日本海流はどうなっていたのか，サンゴ礁の発達するような外洋に面した浅海は日本にはなかったのだろうか，疑問が残る．海流の影響というよりもむしろ，世界的に温暖であったことも考えられ，これからの問題として残っている．

最近，古地磁気を測定して，地質時代の磁極の方向や伏角を求めることが行われている．鳥居ほか（1985）によると，西南日本では15Ma以前と以後で，それぞれの時代にできた磁極の方向に差がある．すなわち，以前の岩石では，以後のものより，磁極が東にふれた値を示す．この違いを解釈するために，15Maの時点で，前後1Maくらいの間に，西南日本が時計まわりに47°回転したことが推定されている．したがって，15Ma以前には日本列島は，現在の東北日本とほぼ同じ方向に延びる直線状の形をし，しかもその位置ははるか北の朝鮮半島に近い所にあったと推定されている．

この15Ma以前の古位置で，西南日本について（東北日本にも同様な推論がされているが，方向・位置にずれがあるので省いた），古地理の分布を入れてみると，図Ⅱ.69となる．

このような状況が，*Geloina-Telescopium* 群集や花粉化石を使って推定した古環境・古地理と，うまく整合するかどうか問題である．日本海側に，マングローブ沼の発達がよかったことにはこのように，日本海が狭い方が好都合かもしれない．Arcid-Potamid 群集が朝鮮半島と共通して存在することも，このことを支持する証拠となる可能性をもっている．

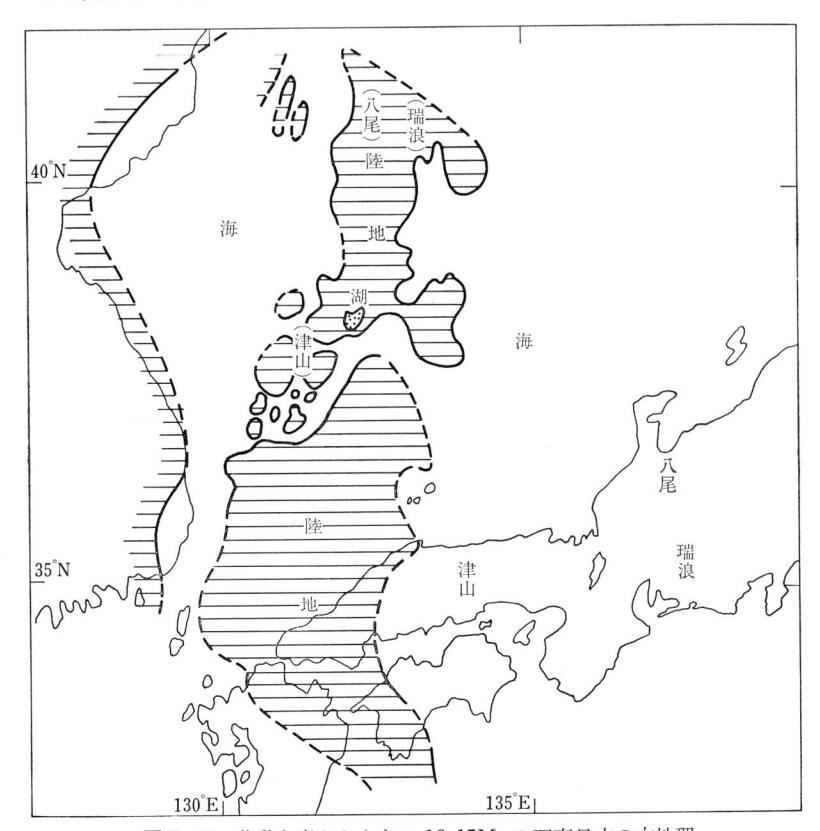

図Ⅱ.69　移動を考えたときの16-15Maの西南日本の古地理

7.3 掛川層群の例

静岡県の掛川地方には，中生代末以降の地層がよく発達し，とくに，新第三系・第四系は日本のスタンダードとなっている．化石も多く，日本の代表的産地の1つである．とくに近年，浮遊性有孔虫をはじめとする微化石，古地磁気，絶対年代などにより，年代の枠が正確につくられ，日本の基準として，国際的な対比にも用いられている．

この地方の地層・化石の研究は古くから行われ，多くの成果があげられている．古生態に関しても，地層・貝類をはじめとする各種の化石にもとづいて，早い時期に槇山次郎が議論しており(MAKIYAMA, 1931)，日本におけるこの分野の研究の先駆けとなっている．

この地方の新第三紀-第四紀の層序は図Ⅱ.70に示される．上部の掛川・曽我層群についてみると，北西部で地層は薄く，浅海成であるのに反し，南東部では厚く，より深い海の相が発達する．堆積相では，砂層-停滞的な沈降と，フリッシュ型の砂泥互層-急速な沈降としてとらえることができる（図Ⅱ.71）．このことは古生物相-化石相にも反映していて，古生態-古環境の見地からの，興味深い材

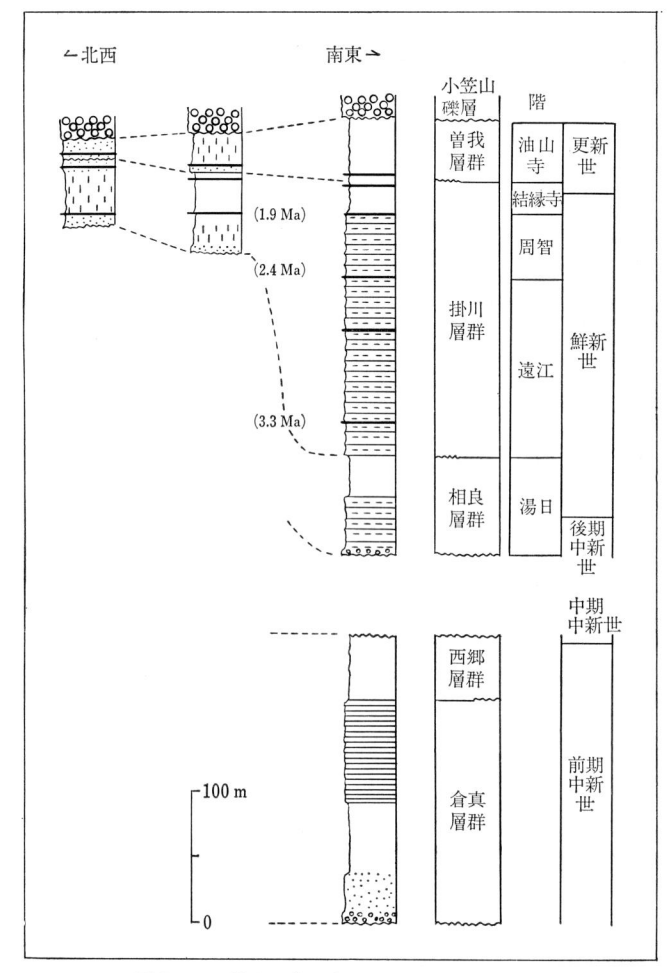

図Ⅱ.70 掛川地方の新第三紀-第四紀の層序
(TSUCHI, 1981を簡略化)
×印はT_4（細谷凝灰岩）

7. 群集古生態学の例

(a) 浅海層（砂層）　　　　　(b) 深い海の相（フリッシュ互層）

図Ⅱ.71　掛川層群の2つの岩相

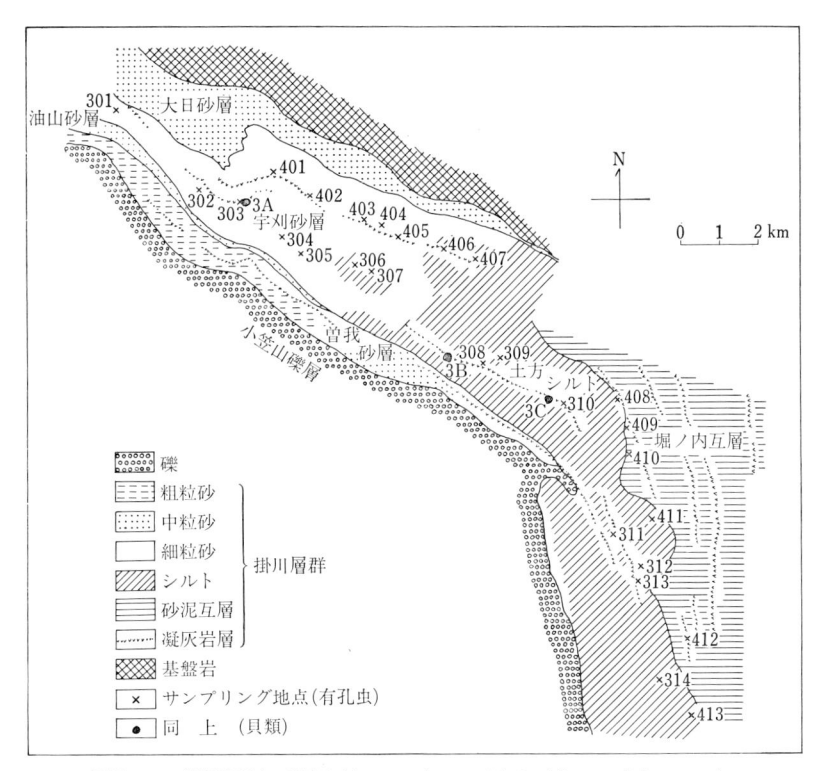

図Ⅱ.72　掛川層群の岩相図とサンプリング地点（鎮西・青島，1972）

料である．酸素の同位元素による古海水温の推定，有孔虫・貝類化石による古生態・古環境の復元について，青島・鎮西 (1972), AOSHIMA (1978), 鎮西 (1980), TSUCHI (1976) などにもとづいて説明する．

酸素の同位元素を使って，古海水温を測定する方法の基本についてはすでに述べた (74頁参照).

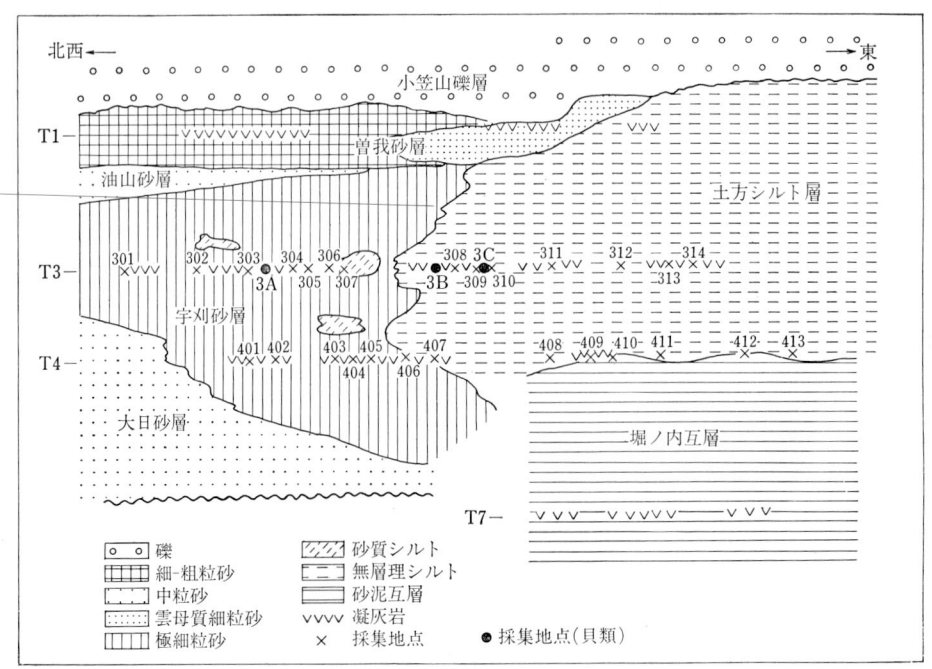

図Ⅱ.73 掛川層群の層序断面図とサンプリング地点 (AOSHIMA, 1978を一部省略)

青島・鎮西 (1972) は，掛川層群の，2つの凝灰岩層準 (T_3, T_4=細谷凝灰岩) について，有孔虫と貝類を材料として，酸素の同位体比を測定し，$\delta O^{18} \left(\left[\dfrac{R_s - R_0}{R_0} \right] \times 1000 \text{；ただし} R_s \text{は測定した資料の，} R_0 \text{は標準資料の} O^{18}/O^{16} \text{比} \right)$ を求めて，古海水温を推定した．その地理的分布と層準，サンプリング地点は，図Ⅱ.72，Ⅱ.73に示されている．

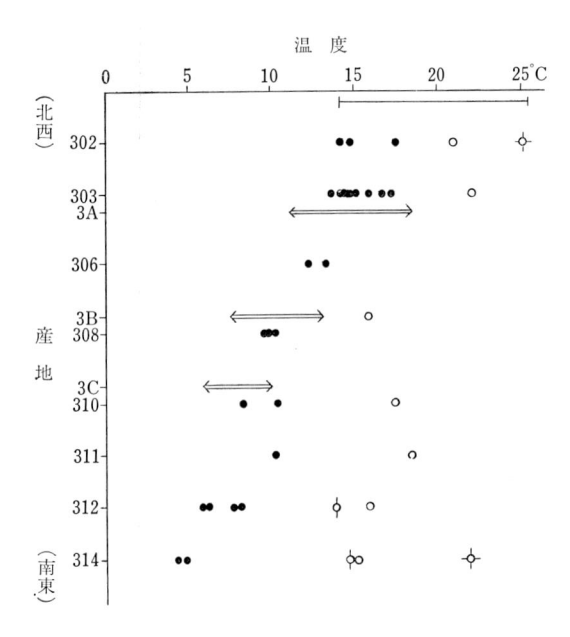

有孔虫化石は T_3, T_4 に沿って，北西から南東へ，すなわち浅い方から深い方へ，底生性と浮遊性のそれぞれが採集され，使用された．前者は海底の，後者は表層の古海水温を代表する．方解石からなる殻をもつ有孔虫が 10〜15 mg（200-1500個体）選ばれた．底生性のものでは1種（その地点での優勢種）を使用したが，浮遊性有孔虫では1つの種類で，それだけの量を得ることができなくて，数種類の組合わせによっている．

貝類化石は，T_3 層準の3つの地点（図Ⅱ.72, Ⅱ.73の3A, B, C）から，その地点での優勢種（有孔虫も同様であるが，古環境が

図Ⅱ.74 T_3 層準に沿う古水温（青島・鎮西, 1972）

7. 群集古生態学の例

異なるので同一種は得られない）を選び，成長線に沿って5～20の資料をとってある．これによって，その貝類の生息した場所の，古海水温の季節的変動が判明する．なお，貝類の資料はアラレ石からなる．

有孔虫化石によって得られた，T_3層準の古海水温が図Ⅱ.74に示されている．底生有孔虫による値は，同一地点でも種によって差があり，また，場所による変化が著しい．浮遊性有孔虫によるものは，場所による差が少なく，その値は常に底生種によるものより大きい．全体を通しての変化をみると，北西部では表層と底層の間に約10°Cの温度差があり，底層水温の季節的変動は約7°Cである．

南東部へ行くにつれ，底層水温は下り，変動幅も小さくなる．南東端では底層水は表層より15～20°C小さい．表層水温には底層水温にみられるような変動はない．同様な結果はT_4層準でも得られている．

貝類では3Aおよび3Bの資料について，生長にともなう温度の周期的変化がみられる（図Ⅱ.75—$\delta^{18}O$で示してあり，＋に向う方が温度が低い）．地域的にみると，北西より南東へ向かって変化の幅が小さくなり，中央値が大きくなる．中央値の差は，底生有孔虫でみられた北西—南東での変化と一致する．

このような，古海水温の地理的位置関係による変化は深度によるもので現在の遠州灘でみられる水温の垂直的変化の状況とよく似ている．すなわち，北西より南東へ向かって，海が深くなる古環境が推定される．

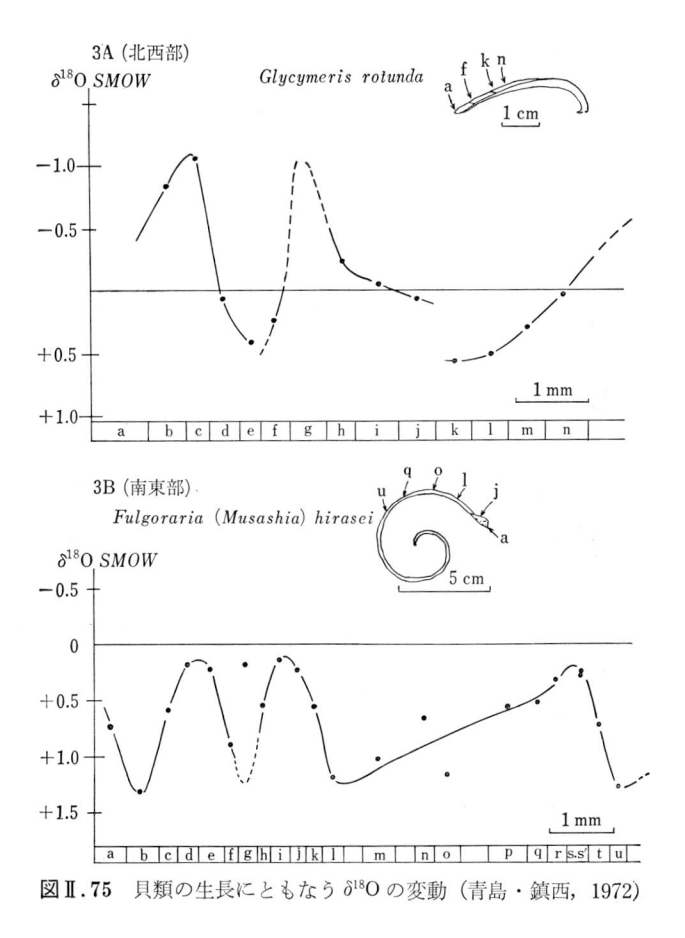

図Ⅱ.75 貝類の生長にともなう $\delta^{18}O$ の変動（青島・鎮西，1972）

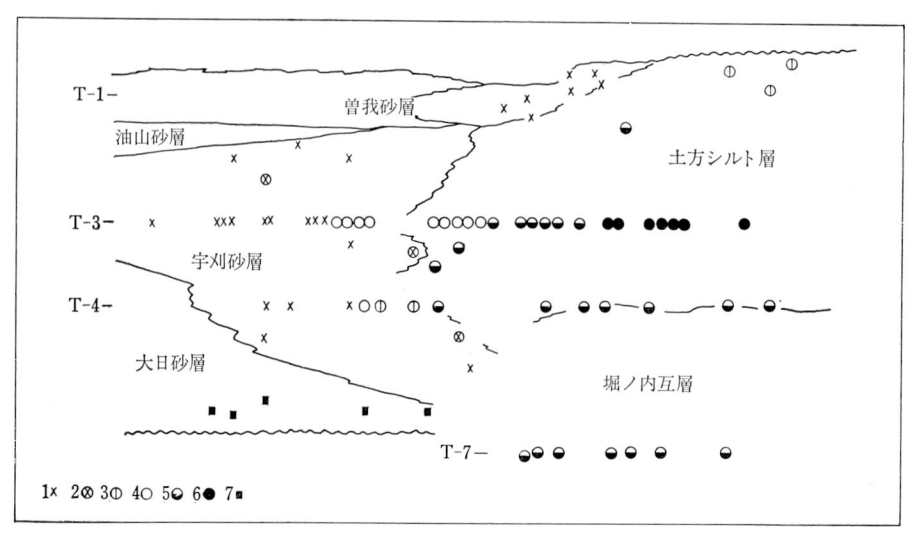

図Ⅱ.76 掛川層群の底生有孔虫群集の分布 (AOSHIMA, 1978)
1～7はグループで，1は群集1，4は群集2，6は群集3を示す．
2,3,5は中間の群集，7は大日砂層の群集．

AOSHIMA (1978) はさらに，おもに底生有孔虫を使って，この地域の古海況の復元を試みた．T_3，T_4 凝灰岩を中心に，さらに広く，垂直・水平的に資料を集め，各地点での底生有孔虫の群集を調べた．その結果，群集は7つのグループに区分され，4つの群集にまとめられる（図Ⅱ.76）．各群集の特徴種と，群集を含む代表的な地層，推定される古海況は次のとおりである．

群集1．*Rectobolivina rephana* が多い．宇刈砂層．表層水．

群集2．*Cassidulina carinata* が優勢種．中央部の土方シルト層．上層水．

群集3．*Bulimina aculeata*, *Cassidulina carinata*, *Bolivinita quadrilatera* が優勢種．南部の土方シルト層．中層水．

大日砂層の群集．多くは Rotaliidae の種．他といちじるしく異なる．沿岸水（?）．

群集を構成する有孔虫は，その多くが現生種であるので，比較して古生態を推定できる．遠州灘（静岡）から日向灘（宮崎）まで，各地で得られている種類と海況の関係が求められ，群集の地理的分布・垂直的分布（深さ―海岸から海方向への変化）が明らかにされた．

さらに，各地点における底生性と浮遊性有孔虫の割合（浮遊性有孔虫は陸棚で少なく，陸棚縁から海側へ増加する）を参考にし，先に述べた，酸素同位体比にもとづいて求められた古海水温のデータも総合して，古環境が復元された．図Ⅱ.77 がそれである．次のような古環境の変化が考えられる．

堀ノ内互層の上部堆積時には東部で海は 400～500 m の深さであった．海進が西へ向かい，T_4 と T_3 層準の間で最大になった．西部で 100 m，東部では 400～500 m（T_4 層準），500～600 m（T_3 層準）である．T_3 層準の堆積のあと，海が退き，西部では沿岸成，そしてそれに続く非海成の堆積物が形成された．その時期に，中央部では沿岸水が発達していた．土方シルト層の最上位の層準では，東部では海は 200 m 程度の深さになった．

鎮西（1980）は掛川層群中上部の貝化石群集を，岩相との関連で4つにまとめている（図Ⅱ.78）．このうち，大日砂層の群集を除く他の3つの群集はほぼ自生的な産状を示す．それぞれの群集につい

7. 群集古生態学の例

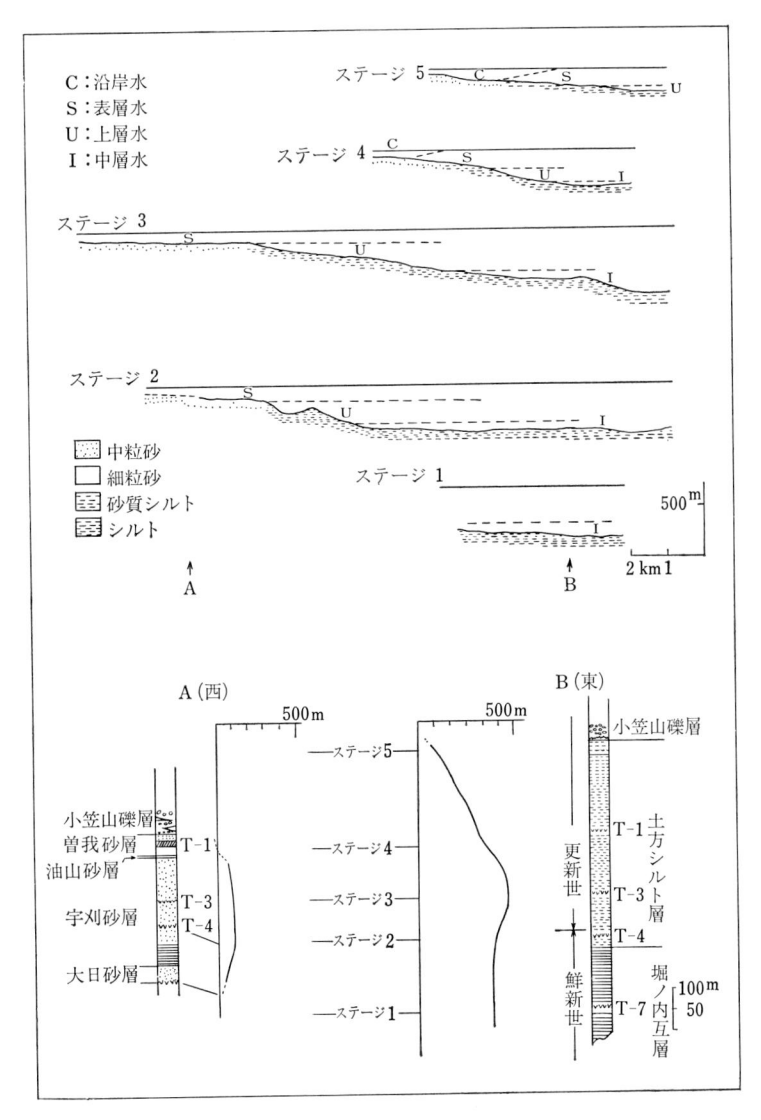

図Ⅱ.77 堆積環境の時間的変化 (AOSHIMA, 1978)

て，その特性が明らかにされている．

大日砂層の群集は混合他生群集であり，群集区分が行われていない．よく知られた掛川動物群の要素を多数含む．*Glycymeris totomiensis*, *Suchium suchiense* が多く，*Turritella perterebra*, *Siphonalia declivis*, *Cardita panda*, *Anadara castellata*, *Amussiopecten praesignis* などを含む．潮線下砂底の群集要素が主体になり，一部に干潟泥底の種も含まれている．

(A) *Glycymeris rotunda–Venus foveolata* 群集：この2種の他，*Nemocardium samarangae* が普通であり，*Crassatellites takanabensis*, *Nassarius caelatus* なども多い．浅海の内生型沪過食性二枚貝が多く，宇刈砂層の，塊状泥質細粒砂岩中に散在的に含まれている．水深約40m以深の陸棚下部の泥底にすむ群集であろう．

(B) *Nassaria magnifica* 群集：表記の種がいちじるしい．ほかに，*Fulgoraria hirasei*,

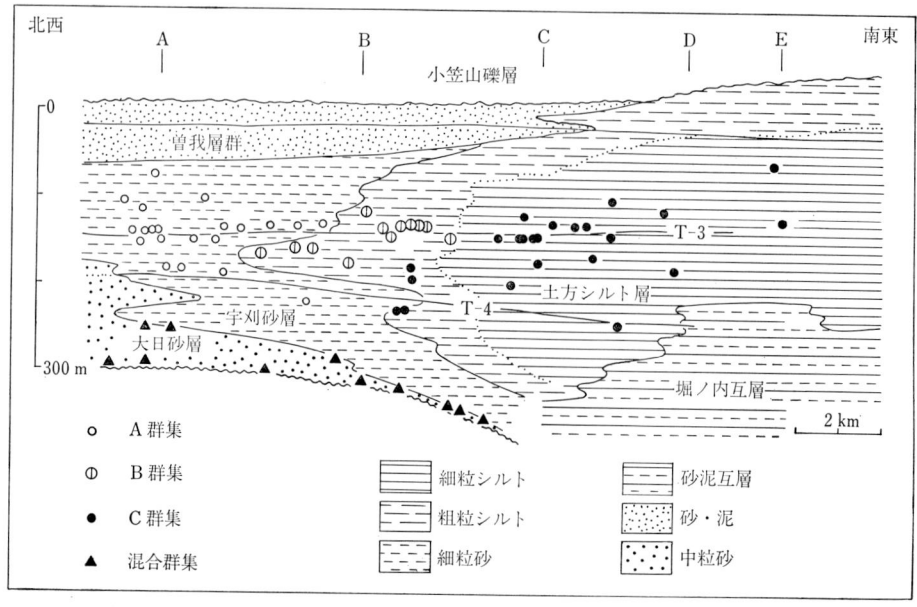

図Ⅱ.78 掛川層群中上部の岩相断面図と貝化石群集（鎮西，1980）
A群集：*Glycymeris rotunda-Venus fovzolata* 群集，
B群集：*Nassaria magnifica* 群集，C群集：*Limopsis tajimae* 群集，
A：大日-油山，B：細谷-岡津，C：結縁寺，D：岩生寺，E：小貫-入山瀬．

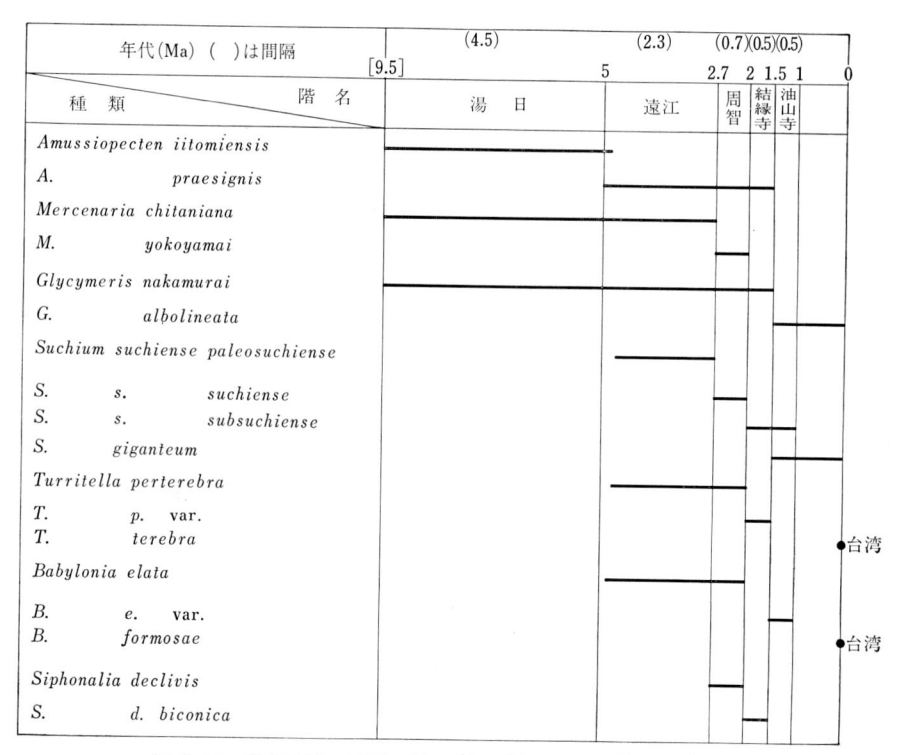

図Ⅱ.79 掛川地域の貝類の bioseries（TSUCHI, 1976 より編図）

Gemmula totomiensis などの腹足類（巻貝）をともなう．二枚貝類はいちじるしく少ない．土方シルト層の細粒シルト岩と宇刈砂岩の中間にある粗粒シルト岩中に含まれる．

（C） *Limopsis tajimae* 群集：土方シルト層の細粒部分，地域の東南部に分布する．*Limopsis* は集合して産する．散点的に，*Malletia inaequilateralis*, *Neilonella coix*, *Makiyamaia coreanica* などを含む．

この2つの群集は，おもに，陸棚外縁付近から漸深海帯上部に生息するものによって構成され，150～200m以深の泥底環境を示すものであろう．B群集の主要構成種とC群集の *Limopsis tajimae* の生息深度をくらべると，前者は150～250mに分布の中心があり，*Limopsis* は300～400mに中心がある．おそらくC群集はB群集より深い海域の群集であろう．

大日砂層の群集を除くA,B,Cの群集の分布は岩相の変化とも一致し，有孔虫化石の結果とも整合的である．さらに，現在の相模湾から遠州灘の海域の潮間帯から漸深海帯上部までの貝類群集と類似している．

掛川層群の貝類化石のうち，あるものは限られた層準にのみ分布し，さらに，そのうちのあるものは，時間的経過にともなって種あるいは亜種のレベルで変化し，いわゆる bioseries（生物系統）の認められるものがある．また，地理的分布を変えるものがある．TSUCHI (1976) によってその様子が示されているが，多少手を加えて画き直したのが図Ⅱ.79である．

いくつかの例を説明すると，*Amussiopecten* には，*iitomiensis-praesignis* の系列が認められる．*A. praesignis* は種子島で，より上の層準で認められるので，環境変化（水温降下）により，さらに南に分布を移して生存したものではないか，と推定される．*Suchium suchiense* は亜種の段階で，*S. s. paleosuchiense*, *S. s. suchiense*, *S. s. subsuchiense* の系列が認められ，さらに現生の *S. giganteum* ダンベイキサゴに続く．

地理的分布を変え，種が変ったと推定されるものに，*Turritella perterebra*, *Babylonia elata* がある．前者は *T. terebra* キリガイダマシ（台湾以南のインド・太平洋に分布），後者は *B. formosae* タイワンバイ（台湾以南に分布）に関連がある．

各種・亜種の変化する時間のレンジは8～0.5Maである．種類による差・古生態的・古生物地理的な相違によるものであろう．古生物の進化を示す1つの実例で，古生態・古環境の変化とも関係が深いので，ここに示しておく．

掛川層群の貝類化石の代表的な種類を図Ⅱ.80に示す．

7.4 微化石による古環境解析——濃尾平野地下の例——

伊勢湾周辺地域には第四系・新第三系が発達していて，平野・台地・丘陵をつくっている．名古屋市東部から北方，春日井市へかけての地域の，陸上における層序は，表Ⅱ.20に示されているが，ここでみられる地層は濃尾平野地下・伊勢湾下に連続する．ただ，岩相が変化し，陸上では陸成層しかないのに，汽水成・海成の地層がみられ，別の地層名が与えられている．

地下の地層は各種のボーリング（水井戸，地盤沈下観測用井など）の資料を使って解析され，古環境の推移が明らかにされている．1つの例を，愛知県海部郡飛島町の，深度300m試錐のコアの分析

Glycymeris nakamurai ×0.7

Glycymeris rotuda

Glycymeris totomiensis

Amussiopecten praesignis ×0.7

Ventricolaria foveolata

Limopsis tajimae

Megacardita panda

Habesolatia nodulifera

Fissidentalium yokoyamai

Turritella perterebra

Macoma totomiensis ×0.7

Suchium subsuchiense

Babylonia elata

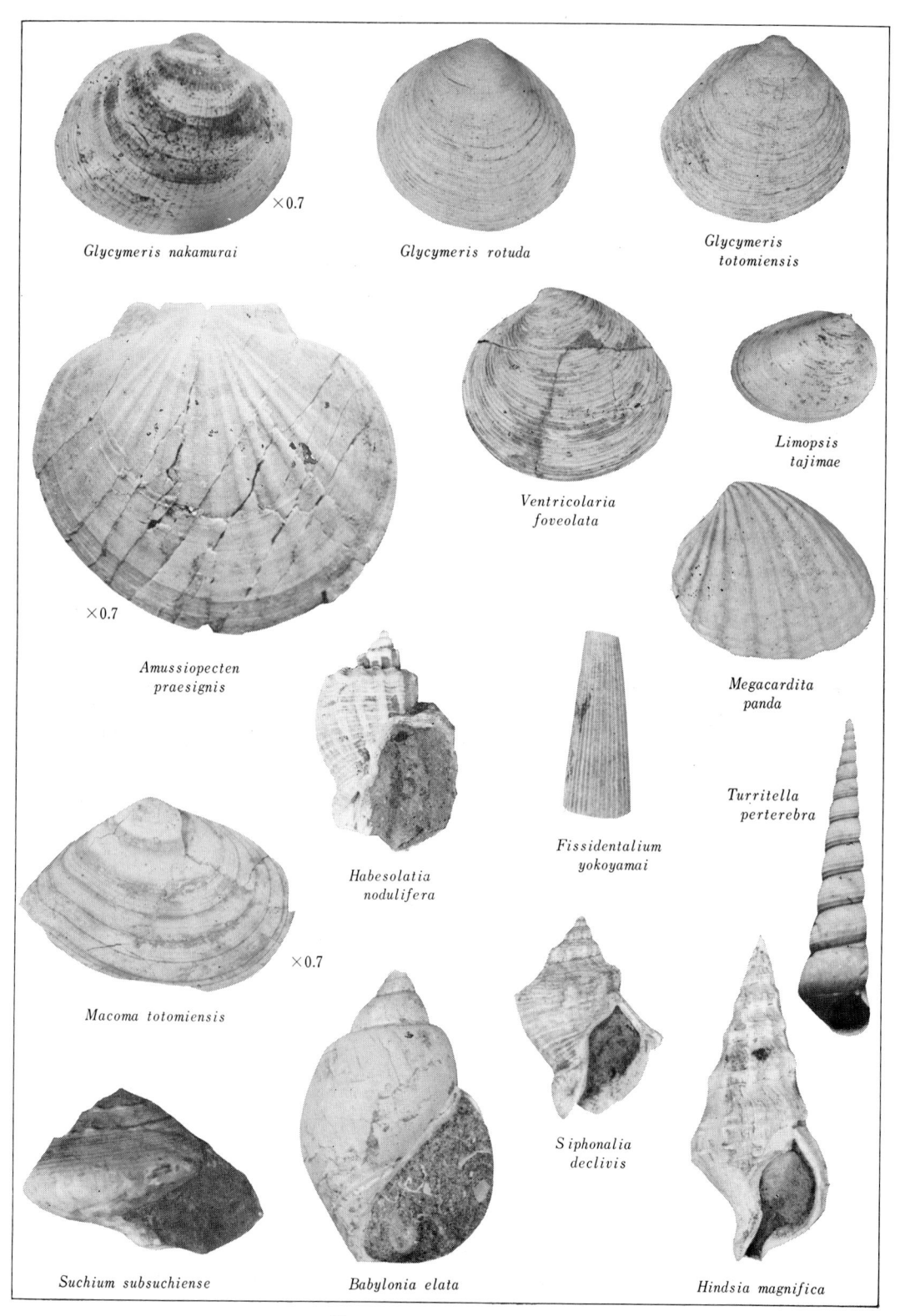

Siphonalia declivis

Hindsia magnifica

図 II.80　掛川層群の貝類化石

7. 群集古生態学の例

表II.20 名古屋市付近の層序と地史（坂本ほか，1984，一部省略）

地質時代			濃尾平野	尾張丘陵	地史
新生代	第四紀	完新世	南陽層	沖積層	現濃尾平野面の形成／縄文海進
		更新世 後期	濃尾層／第一礫層（埋没低位段丘群）	鳥居松礫層／小牧礫層（低位段丘群）	更新世最末期小海面上昇／最終氷期海面最低下期／海面低下期の海面小変動
		更新世 中期	上部 Pm3／Pm1 熱田層／下部	熱田層、その相当層（中位段丘）	熱田期の濃尾平野面の形成／海面小変動期／御岳火山の活動活発化／熱田海進（最終間氷期）
			第二礫層		氷期海面低下期
			海部累層	高位段丘群	小氷期・間氷期の繰り返し
			第三礫層		氷期
		更新世 前期	弥富累層	八事層（高位礫層）／唐山層	氷河性海面変動の繰り返し／湖盆の消滅
	新第三紀	鮮新世	東海層群	矢田川累層	東海湖期／湖盆の発生
		中新世	---?---	（瀬戸陶土層）	平坦化期――静穏期／中新世の断裂運動
			中新統（瑞浪層群）		第一瀬戸内海の海進期

（右側に「濃尾傾動地塊の沈降運動」「断層地塊運動の活発化」「猿投変動」「（萌芽期）」「湖盆沈降の北軸遷」「基盤の波曲変形」等の注記あり）

結果にみてみる．濃尾平野第四系研究グループによって，珪藻（図II.81）・有孔虫・花粉について行われたものである．

それぞれについての結果を，柱状図とともに図II.82に示した．それらを総合して，次のような古環境の変化が，各層について認められている．なお，微化石は礫層からは発見されないので，シルト・粘土を主とした細粒堆積物中に含まれるものである．

弥富累層: 下半部は礫層が多く，上半部に砂・粘土がある．上半部では湛水域となった時期があったが，海水が侵入した証拠はない．

海部累層: 下にある第三礫層（G3）は海退期の堆積物であろう．海部累層は濃尾平野に，中新世中期以降初めて海が入ってきたときの堆積物で，1サイクルの海進を示す海成粘土層を3〜4枚以上はさみ，それらの間に海退期を示す礫層がある．局地的に，かなり複雑に入り組んだ海域と汽水域があった

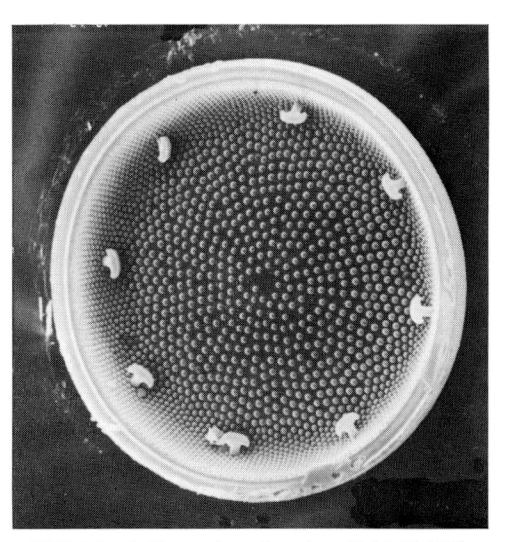

図II.81 *Actinocyclus ehrenbergii*（化石珪藻）×2 000（森による）

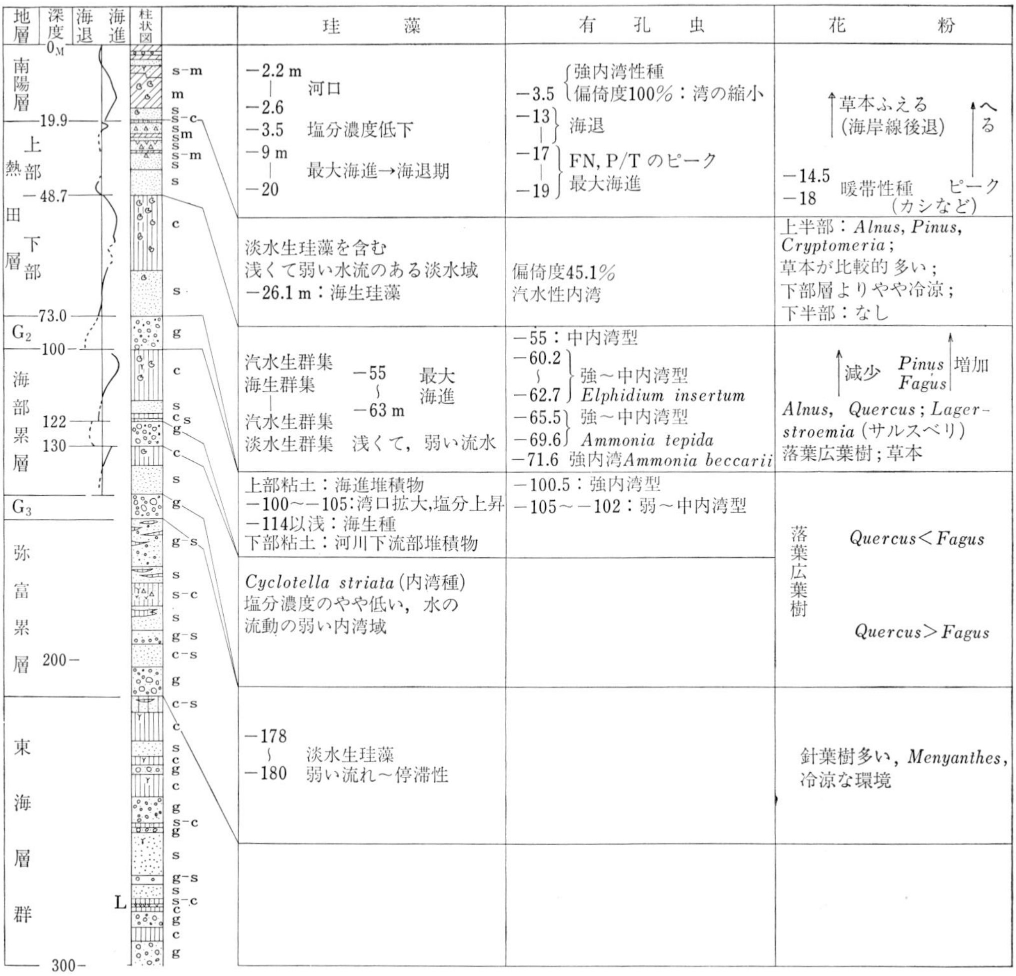

II. 古生態学の実際

地層	深度	海退海進	柱状図	珪藻	有孔虫	花粉
南陽層	0M〜19.9		s-m, m, s, s-c, s-m, s	−2.2 m 河口 −2.6 −3.5 塩分濃度低下 −9 m 最大海進→海退期 −20	−3.5 {強内湾性種 偏倚度100%：湾の縮小 −13} 海退 −17} FN, P/T のピーク −19} 最大海進	↑草本ふえる↑ （海岸線後退）へ −14.5 暖帯性種 ピーク −18 （カシなど）
上熱田下部層	−48.7〜−73.0		c, s	淡水生珪藻を含む 浅くて弱い水流のある淡水域 −26.1 m：海生珪藻	偏倚度45.1% 汽水性内湾	上半部：Alnus, Pinus, Cryptomeria； 草本が比較的多い； 下部層よりやや冷涼； 下半部：なし
G₂	−100		g		−55：中内湾型	
海部累層	122, 130		c, s, c-s, c	汽水生群集 海生群集 −55 最大海進 −63 m 汽水生群集 淡水生群集 浅くて, 弱い流水	−60.2 強〜中内湾型 −62.7 Elphidium insertum −65.5 強〜中内湾型 −69.6 Ammonia tepida −71.6 強内湾Ammonia beccarii	↑減少 Pinus 増加↑ Fagus Alnus, Quercus；Lager-stroemia（サルスベリ） 落葉広葉樹；草本
G₃			g-s	上部粘土：海進堆積物 −100〜−105：湾口拡大，塩分上昇 −114以浅：海生種 下部粘土：河川下流部堆積物	−100.5：強内湾型 −105〜−102：弱〜中内湾型	落葉広葉樹
弥富累層	200		s-c, s, g-s, c-s	Cyclotella striata（内湾種） 塩分濃度のやや低い，水の 流動の弱い内湾域		Quercus < Fagus Quercus > Fagus
東海層群			c-s, s, c, g-c, g, s-c, s, g-s, s, s, c-s, c	−178〜−180 淡水生珪藻 弱い流れ〜停滞性		針葉樹多い, Menyanthes, 冷涼な環境
	300		L			

図II.82 飛島コアの層序と化石から推定される古環境（濃尾平野第四紀研究グループ，1977より編集）
FN：1g中の有孔虫の総個体数；P/T：浮遊性有孔虫の全体に対する割合；
偏倚度：底生有孔虫優占種の全体に対する割合（%）（外洋20%−，内湾30-50%＋）

と思われる．

熱田層： 海退期にG2が堆積した．ひき続き1サイクルの海進があり，熱田層下部層が形成された．上部層は複数回の海面上昇期が繰り返されたことを示し，河成〜河口・三角州成の砂質堆積物中に，淡水〜汽水成の粘土層，一部には海成の粘土が少なくとも3枚以上はさまれている．ここでも，複雑な湛水域が存在したと考えられる．

南陽層： 下部に海進最大期があり，海退に転ずる．上部では塩分濃度が低下し，強内湾〜河口の状態に転じた．

このように，それぞれの地層が何回かの海進-海退のサイクルを示すことが多い．氷河性の海面変動を反映するものと思われ，これは花粉化石によって復元されている古植生・古気候の変動と対応する．

珪藻化石群集の変化を，沖積層を例にしてみてみる（森，1981）．地域的にはなれた試錐コア中の

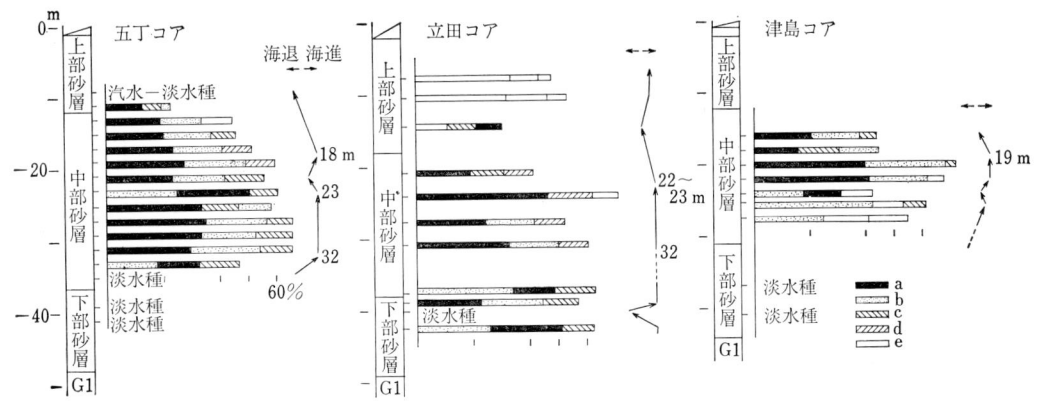

図Ⅱ.83 濃尾平野地下沖積層コア中の珪藻化石（森, 1981, 一部省略）
頻度の高い上位3種・属の%. a : *Melosira sulcata*, b : *Cyclotella striata* と *C. stylorum*,
c : *Thalassiosira* spp. d : *Th. nitzschioides*, e : 他の海生種

海生珪藻化石のうち，頻度の高い上位3種・属の変化は図Ⅱ.83に示される．種類構成から，図の右側に示されるような共通した海進-海退のパターンを読みとることができる．

地下の資料は得にくく，かつ相互のデータを結びつけることがしにくいので，困難はあるが，地理的に広い範囲をカバーし，層序的にも下位から上位へ連続して幅広く総合できれば，その堆積盆地の形成史が明らかになるだろう．

7.5 縄文海進と貝類（軟体動物）化石群集

縄文時代は日本列島に多くの人がすみ始めた証拠が残っている時代である．地質学的にみると，最後の氷期が終わって後氷期に入り，気候が温暖になり，海面が上昇し始めた．そして，約6000年前にそれはピークに達し，現在より2～3m高く，各地に溺れ谷ができ，沖積平野が形成された．縄文人は，この侵入してきた海の周辺に住居をかまえ，漁をして生活した．

この縄文海進時の浅い内湾には多くの生物がすみ，化石となって残っているが，目にふれることは少ない．というのは，この時期に堆積した地層は沖積平野下の地下にあるからである．わずかに，一部の自然貝層や貝塚から，その時期の生物相の一端をうかがうことができるにすぎなかった．

近年，開発が進むにつれて，多くの，土木工事のための調査が行われ，ボーリング資料がふえ，また掘削工事によって，各地の地下地質が明らかになり，それにともなって化石の資料もいちじるしく増加した．松島（1984）は，15年に及ぶ研究をまとめ，日本列島の後氷期の，浅海性貝類群集の変遷を明らかにしている．以下，松島の研究にもとづいて述べる．

模式地となったのは古大船湾（図Ⅱ.84）である．三浦半島のつけねにあり，藤沢市から大船・戸塚へかけて北へのびるリアス式の内湾である．湾口部の幅は約600 m，中央部の最大幅が約1500 m，湾口から湾奥まで，約13 kmの複雑な地形をした入江であった．堆積物は，湾口で礫層がわずかにあり，続いて湾の中央部へかけて砂層，中央部から湾奥へかけて泥・シルト層が分布する．^{14}C年代値が調べられていて，約8500～8000年前に出現し，6500年前に最大となり，4100年前に沼沢地化したことがわかっている．

41の地点から貝化石が採集され，6つの群集が認められた．すなわち，図Ⅱ.84に示される，A-F

120   Ⅱ. 古生態学の実際

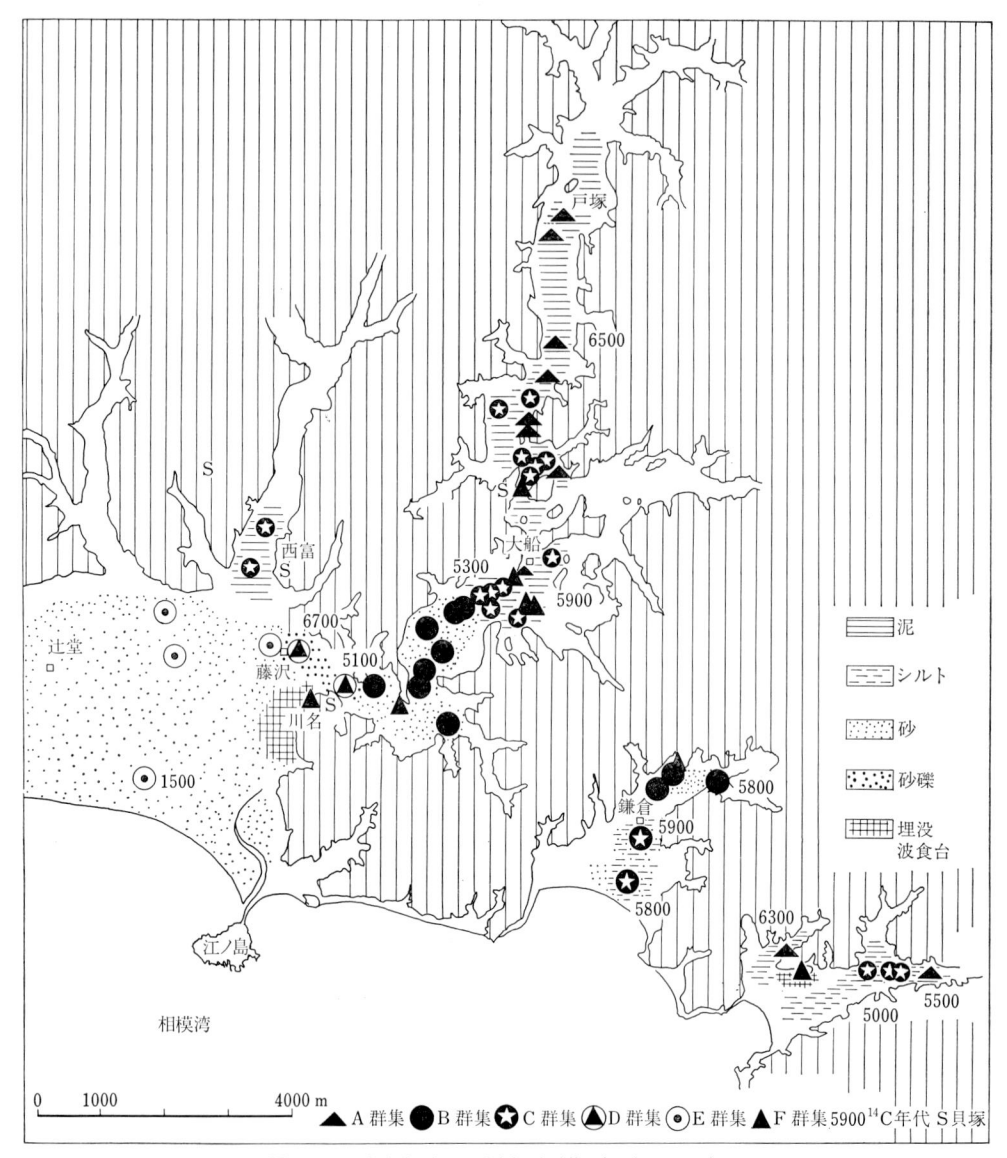

図Ⅱ.84 古大船湾の貝類化石群集（松島, 1984）

である．また，そのおもな構成種，群集の生態的特性（水域，地理的位置，底質，深度）は表Ⅱ.21に，他地域の，他の群集も含めて総合して示されている．

　古大船湾の湾奥部はマガキを中心とする干潟群集（A）で占められる．湾の中央部では底質によって群集に差があり，砂層の所には内湾砂底群集（B），泥底には内湾泥底群集（C）がみられる．湾口部の砂礫層中には砂礫群集（D）がある．湾外では，砂層中に沿岸砂底群集（E）と，埋没波食台上に内湾岩礁性群集（F）がみられる．

　以上のA-Fの群集は古大船湾中の地形的位置と堆積物の粒度変化に調和して分布している．湾口部から湾奥部へ内湾度の高い群集に変わり，地形にも示されるように内湾度の高い湾であった．

　近くにある古鎌倉湾でも湾の地形に対応した群集の分布がみられる．奥行のない，開いた湾である

7. 群集古生態学の例

表II.21　内湾および沿岸における生息環境と貝類群集の区分（松島，1984）

水域	沿　岸　水			内　　湾　　水					
地理的位置	湾　の　外　側			湾口部	波食台	湾　中　央　部		湾奥部	河口
底質	岩礁	砂泥質	砂質	砂礫質	岩礁	砂質	シルト～泥質	砂泥質	砂泥質
潮間帯								A 干潟群集 マガキ ウネナシ トマヤガイ ハイガイ オキシジミ イボウミニナ	I 感潮域群集 ヤマトシジミ カワザンショウ ヌマコダキガイ
上　部 浅海帯	H 外海岩礁性群集 サザエ アワビ クボガイ バテイラ カコボラ	E 沿岸砂底群集 ベンケイガイ チョウセンハマグリ ダンベイキサゴ コタマガイ ワスレガイ 沿岸砂泥底群集 イタヤガイ マツヤマワスレ スダレガイ ヤツシロガイ ナガニシ テングニシ		D 砂礫底群集 イワガキ イタボガイ ウチムラサキ イボキサゴ	F 内湾岩礁性群集 オオヘビガイ キクザルガイ マガキ 穿孔貝類	B 内湾砂底群集 ハマグリ カガミガイ シオフキ イボキサゴ アサリ サルボウ	C 内湾泥底群集 ウラカガミ イヨスダレ アカガイ トリガイ シズクガイ G 内湾停滞域群集 シズクガイ チヨノハナガイ ケシトリガイ ヒメカノコアサリ マメウラシマ	藻場群集 チグサガイ シマハマツボ マキミゾ スズメモツボ	

ので，湾奥まで砂層が分布し，B群集がみられる．湾口部に凹みがあり，シルト質底でC群集がみられる．古大船湾とは対照的である．古逗子湾では湾奥をA，湾中央部をC′の群集（C群集と少し異なる）が占め，規模は小さいが古大船湾に似る．

各地の貝類化石群集が調べられていて，それぞれの湾の古環境と，貝類群集の古生態がよく対応していることがわかる．いくつかの例を示す．図II.85は大阪湾周辺であるが，A, B, C群集がそれぞれの生態的条件に適した位置に分布し，さらに古大阪湾の外側，現在の大阪湾口付近に，内湾停滞域群集（G）がみられる．この群集は大きな内湾の湾中央付近に分布し，内湾泥底群集より，やや深い場所にすむものである．

房総半島先端部の館山付近には沼サンゴ層と呼ばれる造礁性サンゴ化石を含む地層

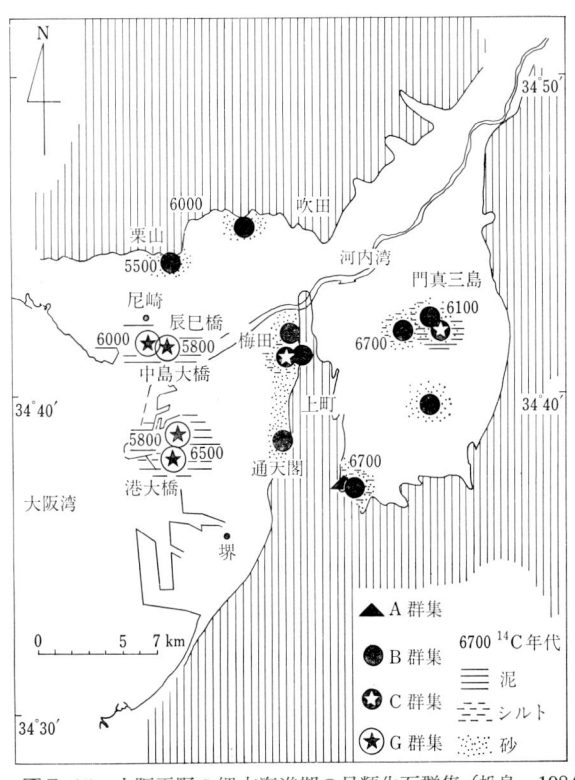

図II.85　大阪平野の縄文海進期の貝類化石群集（松島，1984）

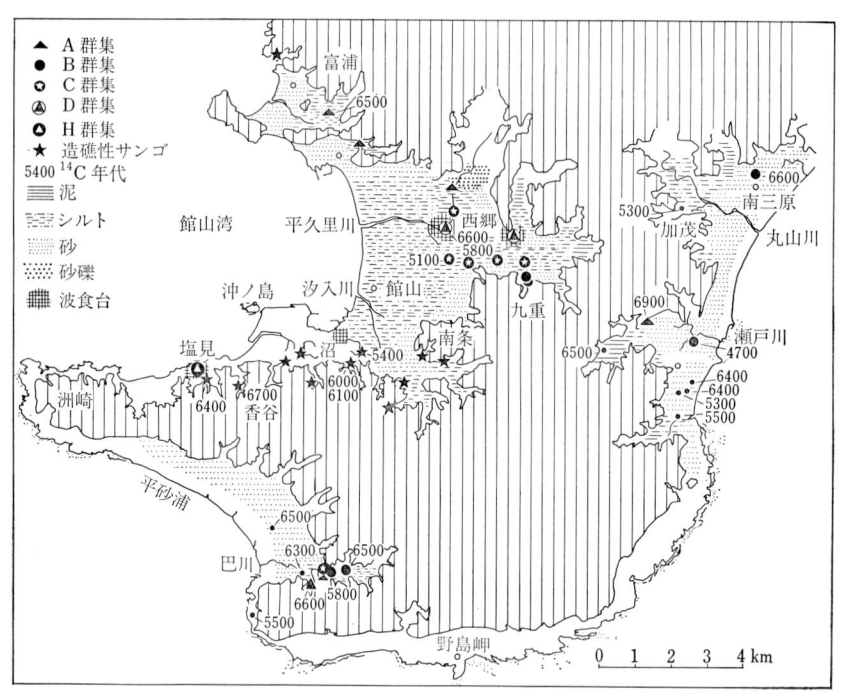

図Ⅱ.86 房総半島南端部の縄文海進期の貝類化石群集（松島，1984）

が知られ，縄文海進時の高水温を示す証拠となっている．ここの貝類化石群集（A〜D, H）は図Ⅱ.86 のような分布をするが，その他に造礁性サンゴとそれにともなう貝類化石が特徴的にみられる．A〜C の内湾群集が各地に分布し，海進時の溺れ谷の存在を裏付ける．内湾および外海の岩礁性群集（D, H）の存在は，古館山湾の中央部に波食台が形成されたことを示している．サンゴ礁は古館山湾の南岸に位置し，出入りがはげしく，かつ奥行きの短い小規模な溺れ谷の中にある．直接の波浪を受けにくい，地形的に陰になったところである．基盤が固い泥岩で丘陵となり，大きい河川がなくて塩分濃度の低い内湾水が発達せず，外洋水が直接影響した環境であろう．

堆積層中の貝類化石群集の垂直的変化も認められている．濃尾平野における例が図Ⅱ.87 に示されている．A, B, G, I の各群集の分布を絶対年代値と堆積相に対応させてみると，変化の過程がよくわか

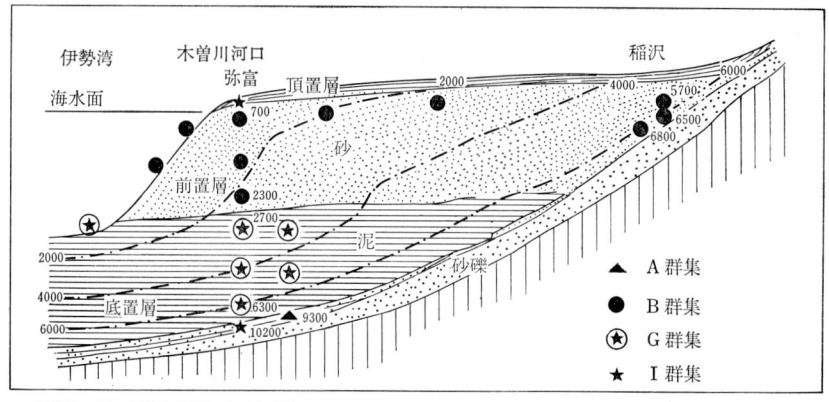

図Ⅱ.87 濃尾平野（三角州）における貝類化石群集の垂直的変化（松島，1984）
　　　　数字は ^{14}C 年代．

7. 群集古生態学の例

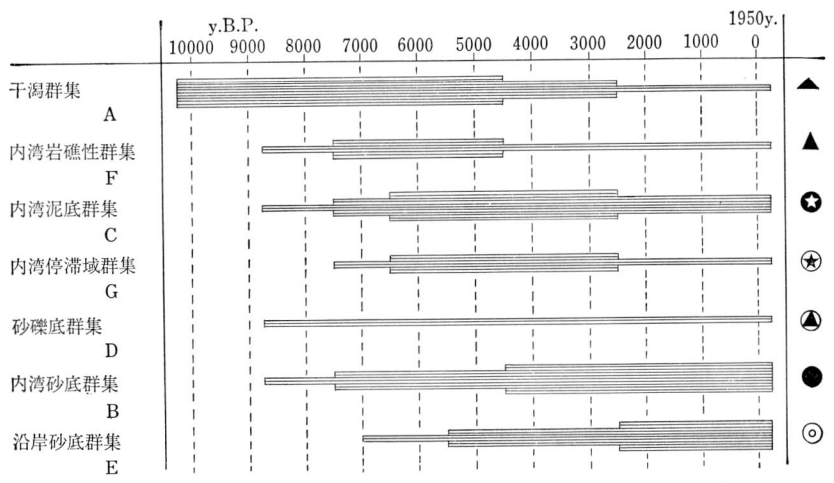

図Ⅱ.88 内湾および沿岸における主要貝類群集の変遷（松島，1984）
太さは相対頻度のめやすを示す．

り，興味深い．これらの貝類化石群集の時間的変遷を示したのが 図Ⅱ.88 である．いくつかの特徴が読みとれる．A群集は海進の初めに出現する群集で，海進最高期まで続く．その後は干潟が埋め立てられ，減少する．C, G群集はA群集に続いて拡大した内湾域に分布し，最高期を中心に発展した．C群集はA群集ほど海の縮小の影響を受けず，現在まで残存している．B, E群集がやや遅れて出現したのは砂底環境の発達のおくれにともなうものであろう．最高期を過ぎて後，三角州・砂州・砂堤が発達し，砂底ができて発展をし，現在に至っている．内湾岩礁性群集（F），砂礫底群集（D）についてはよくわからない．これら貝類化石群集の発展過程は，海進-海退にともなう古環境と対応していて興味深い．

縄文海進は温暖化にともなって起こっている．したがって，海水温にも変化が生じたはずである．すでに示した（図Ⅱ.66）ように，日本列島では暖流（黒潮-日本海流）と寒流（親潮-千島海流）が交

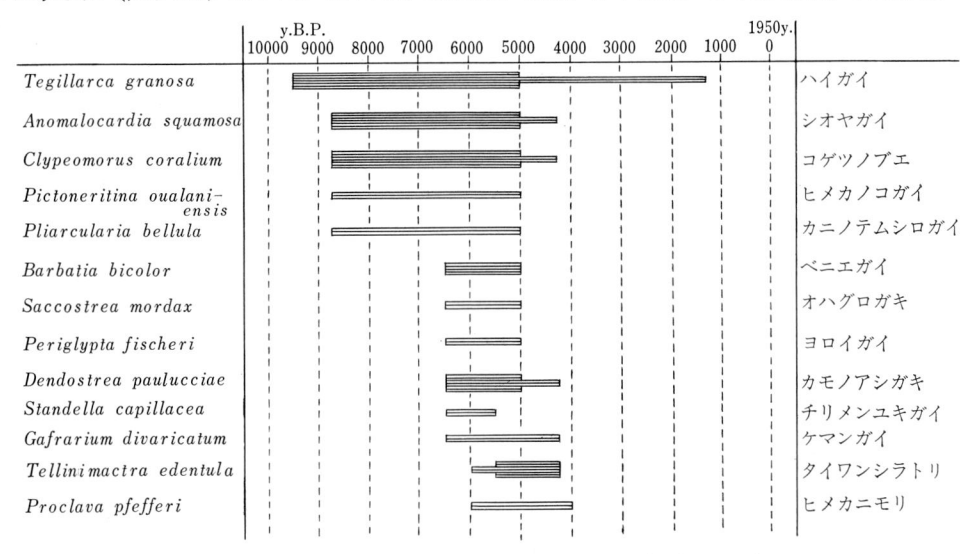

図Ⅱ.89 南関東における温暖種の出現と消滅（松島，1984）
太さは相対頻度のめやすを示す．

II. 古生態学の実際

差し，消長がみられる．暖期には南方系の貝類が北上し，分布を北へ広げる．2つの例で，この時期の状況を説明する．

図II.89は温暖種の出現と消滅を示したものであるが，出現の時期は2回認められる．約9500〜8700年前の，海進初期と，6500〜6000年前ごろの，中期-最高期の初めである．初めにきたものは，ハイガイ（図II.90），シオヤガイ，コゲツノブエなどの亜熱帯系種である．2回目のものは，カモノアシガキ（図II.90），タイワンシラトリを含み，この2種は特徴的な熱帯系種である．6000〜5000年前の海進最高期には暖流系種がもっとも広く分布し，繁栄した．この時期の内湾はこれらの貝類にもっとも適した条件であった．第2回目の種類は三浦半島の東，東京湾側からは知られてなくて，これらの種類がそこまで及ばなかった，すなわち，相模湾周辺が北限であったことを示している．

温暖種の消滅は最高期直後の約5000年前より始まり，まず，亜熱帯種（最初にきたもの）のいくつかが先行する．この，熱帯種より先に亜熱帯種が消えた事実は，水温の低下によるのでなく，生息環境の消滅によるものと考えられる．ハイガイ（約1300年前まで生息）を除き，すべてが4000年前までには，分布しなくなった．水温の低下，海退にともなう，生息環境の消滅によるものであろう．

縄文海進最高期の，海水温分布（2月の表面最低海水温）が推定されている．現在の海水温を基準にとり，現生の貝類分布と，縄文期の化石および貝塚の貝類分布とを比較したものである（図II.91）．図中に，対応する種類の分布が，小さい記号（縄文海進最高期）と大きい記号（現生）で示してある．

図II.90　*Tegillarca granosa* ハイガイ（上）および
Dendostrea paulucciae カモノアシガキ（下）

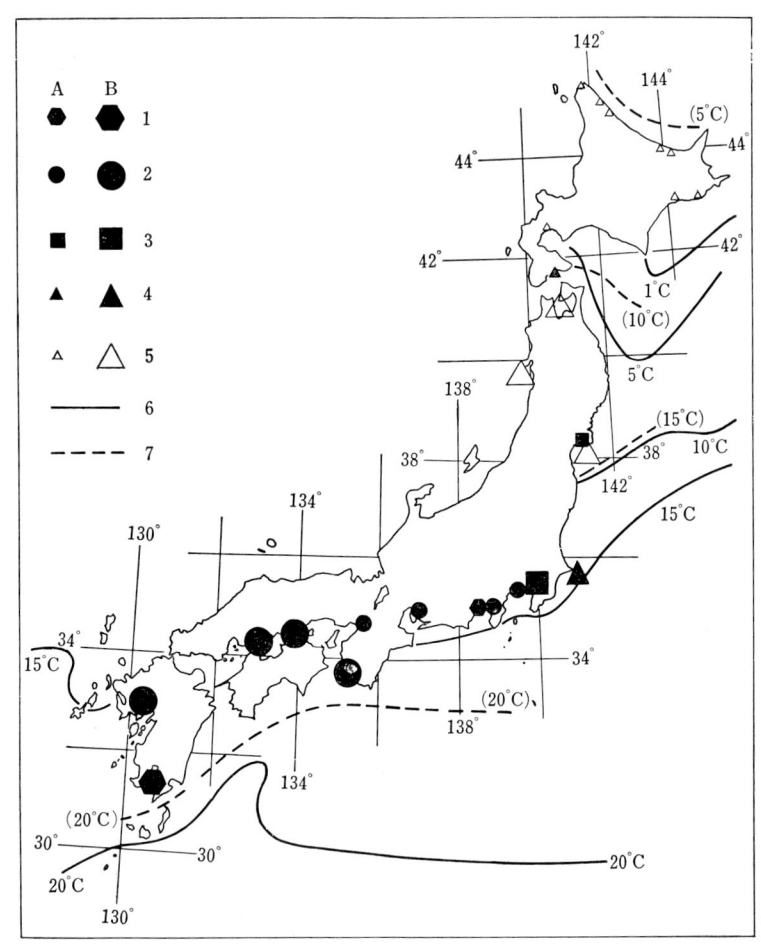

図Ⅱ.91 縄文海進最高期の表面最低海水温分布（松島・大嶋，1974）
A：縄文海進最高期，B：現生
1：モクハチアオイガイ，フドロガイ，ヒオウギガイ，イワカワフデガイ，ヒメカニモリガイ，2：ハイガイ，シオヤガイ，ヒメカノコガイ，カニノテムシロガイ，3：マメウラシマ，ゴイサギガイ，クチキレツノガイ，4：ウネウラシマガイ，5：ハマグリ，シオフキ，アカニシ，ウネナシトマヤガイ，6：表面最低海水温（2月），7：暖流系内湾性種から推定した縄文海進最高期の表面最低海水温（℃）．

たとえば，ハマグリ，シオフキ，アカニシ（三角印）は，最高期には北海道のオホーツク海沿岸に分布し，宗谷岬近くまで及んだ．現生は陸奥湾・仙台湾が北限である．他の貝類も，小さい記号が大きい記号より北にまで及んでいることを示す．

このことから，縄文海進最高期の表面最低海水温分布を推定すると，オホーツク海沿岸で約5℃，仙台湾で約15℃で，現在より約5℃高い．太平洋沿岸地帯でも2℃前後高かったことが考えられる．

鮮新世以後の貝類化石，とくに第四紀のそれは，多くは現生種である．したがって古生態の変化も考えにくい．時間的にみても現在に近く，現生のいろいろなデータをそのまま援用しても大きな間違いはないと思われる．現地性の化石を材料とし，群集としてあつかえば，また，狭環境性の，特別な種類に注目すれば，古生態・古環境の復元は，中新世以前の場合と違って，比較的容易である．

さらに，これらの復元を仲立ちとして，より古い時代に，現生のデータを適用することも可能であ

るし，方法を援用することもできる．このように，現生，またはより新しい時代のデータを，より古い時代のそれとを比較して研究する方法は，比較古生態学，あるいは比較古環境学と呼ぶことができよう．これからの研究の方向の1つであろう．

8. 個体古生態学の例

8.1 カ キ 類

　カキ類は食物として世界的に利用され，よく知られた二枚貝類である．化石としても，すでに三畳紀後半から発見されている．種類も多く，その多くは潮間帯〜浅海帯最上部にすむので，普通に産する．しばしば化石層をつくり（図Ⅱ.92），また，コロニーを形成する（図Ⅱ.93）．この産状は自生的であり，養殖その他に関して，現生種についての多くの生態的資料をもつこととあいまって，カキの類がよい古生態研究の材料であることを示している．

　カキ類のいくつかを図Ⅱ.94に示したが，もっとも普通な種類として，*Crassostrea* がある．*C. gigas*（マガキ）は更新世後期のもので，ナガガキと呼ばれるタイプである．長さが約30 cm あり，コロニーをつくるときに，このように長くなる．北海道厚岸湾の，現生の礁をつくるマガキの場合にも知られている．

　Crassostrea gigas の祖先型とみなされているのが，中新世の *C. gravitesta* である．一般的にみて，カキの類は固着生活をし，形が変わりやすい．この *C. gravitesta* も，形が変わり，極端に厚く円くなる場合とそうでない場合とある．*C. gigas* にみられるような，生活時の条件の違い（密集しているか，そうでないか）があるのかもしれない．

図Ⅱ.92　カキ層
備北層群中の *Crassostrea gravitesta*

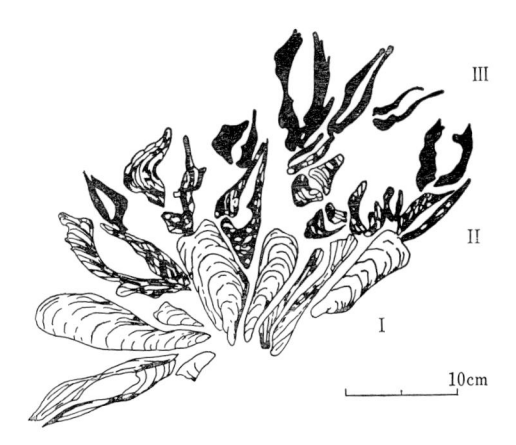

図Ⅱ.93　*C. gigas* マガキのつくる株状のコロニー
東棚倉層群（鎮西ほか，1981）

128　　　　　　　　　Ⅱ. 古生態学の実際

左殻　×0.3　右殻

Crassostrea gigas
マガキ

×0.7
Crassostrea gravitesta

×1.7
Crassostrea pestigris
ネコノアシガキ

×0.5　右殻
Ostrea deselamellosa
イタボガキ

×1.2
カキツバタガキ
Neopycnodonte musashiana

×0.7
Hyotissa hyotis

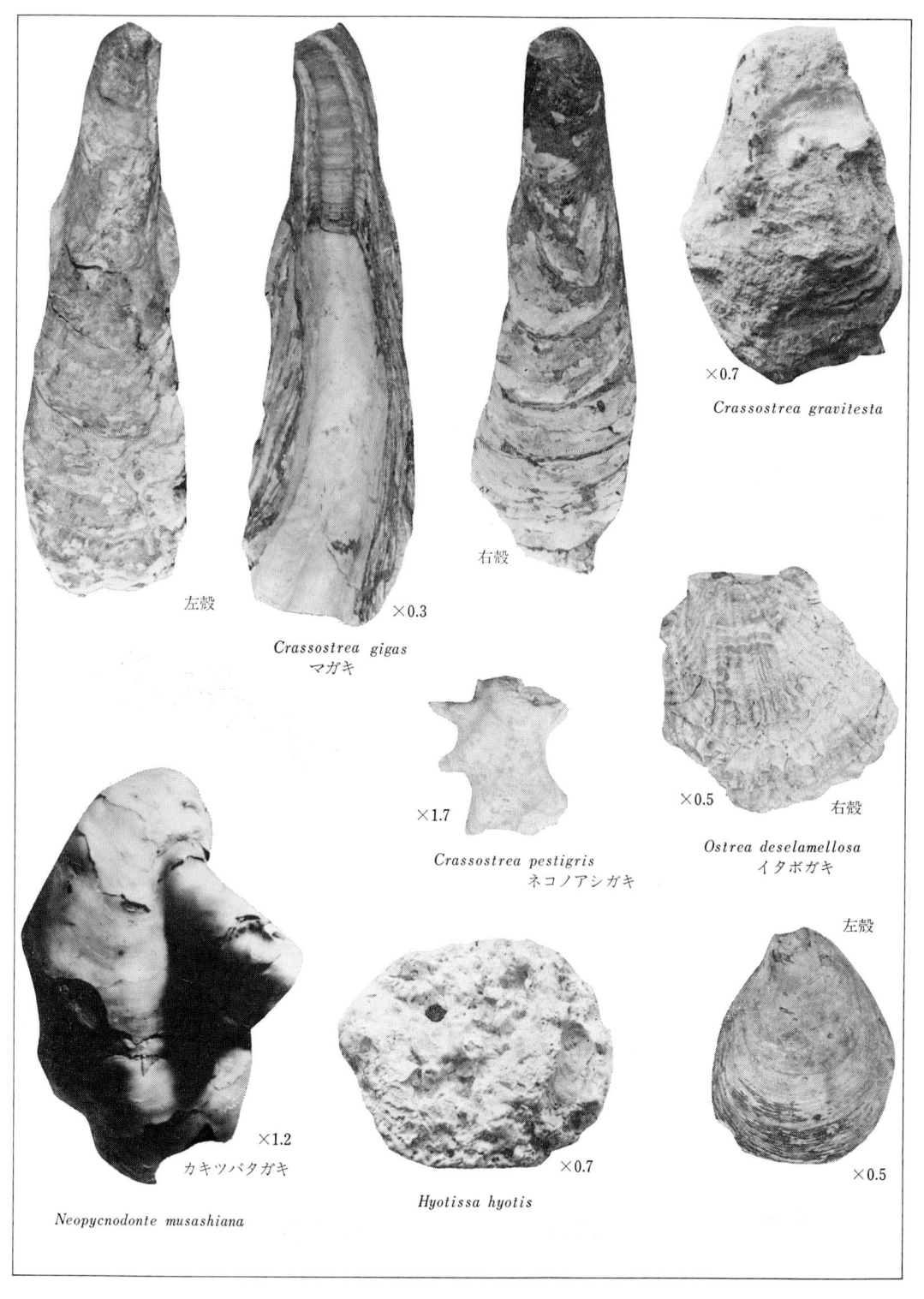

左殻
×0.5

図Ⅱ.94　カキ類の各種

8. 個体古生態学の例

別属の *Ostrea denselamellosa* イタボガキもごく普通のカキである．あとで述べるように，*Crassostrea* とは生態的に大きな違いがある．更新世から知られている．この種の古い形は，*Crassostrea gravitesta* のように，よく知られていない．中新世の礫質堆積物中に含まれたり，基盤近くで密集して産するカキ類があるが，これは *Crassostrea* ではない．多くが破片となっており，また，固結しているのでクリーニングがむずかしく，"*Ostrea*" sp. として一括されることが多い．この中には，明らかに，*Ostrea* 属のものが含まれていて，その産状からみて岩礁性の生態をもつと推定され，関係がありそうである．

Hyotissa hyotis は瑞浪層群宿洞相から産するもので，*Miogypsina*, *Astriclypeus* と共存する．石灰質粗粒砂岩中から産し，黒潮系の種類である．外洋水が卓越する，水の動きの速い，粗砂底の生息者であろう．同様に熱帯系の種類として，縄文海進期やその前の間氷期に本州中部にまで分布したものに，*Dendostrea paulucciae* カモノアシガキ（図Ⅱ.90参照）がある．現生では台湾以南のマングローブ沼が主要生息地であるが，有明海・田辺湾に残存する．同様に，*C. pestigris* ネコノアシガキは第四系（愛知県渥美累層・碧海層）から産し，現生は北緯39°以南の大陸沿岸にすむ．

鹿児島湾内の燃島の完新統産の *Neopycnodonte musashiana* ベッコウガキは深い所にすむ．他の種類が潮間帯～浅海帯最上部であるのに反し，20～500 m で，特徴的である．

このようなカキ類の，現生種の生態については大山（1961）のまとめがある．とくに，沿岸水系，および沿岸水系・外洋水系の中間型について，AMEMIYA（1928）が鹹度と生息深度について調査したデータを，学名を改訂して解説している（表Ⅱ.22）．これらは化石カキ類についての古生態を知り，古環境を推定する上で重要な資料となる．

この表で気がつくのは，すでにふれたが，よく知られた2つのカキ，イタボガキ（*Ostrea deselamellosa*）とマガキ（*Crassostrea gigas*）の相違である．本来，科・属が異なる2種であるが，発生・殻の構造・生態に対照的な差があり興味深い．YONGE（1960）によれば，*Ostrea edulis*（ヨーロッパガキ）と *Crassostrea angulata*（ポルトガルガキ）および *C. virginica*（アメリカガキ）の間には，大きな違いがある．この相違は，日本の2種にも共通する点が多い．図Ⅱ.95と表Ⅱ.23に示した．

これらの，両者にみられる特徴は，殻・軟体部・生態などの，相互に関連している．*Crassostrea*

表Ⅱ.22 おもなカキ類の生態（大山，1961より編集）

	分布（太平洋）°N	（日本海）°N	鹹度 ‰	深度 m	
Ostrea denselamellosa イタボガキ	23−39	−42	27−34	2～10	沿岸水性
Crassostrea echinata ケガキ	−0−35	−41	26−34	潮間帯	やや外洋水性
nippona イワガキ	34−40	−41	28−35	上浅海帯～（潮間帯）	外洋水性～沿岸水性
gigas マガキ	23−43	−46	7−32	潮間帯	内湾～沿岸水的外洋水性
ariakensis スミノエガキ	72−34	−33	9−30	潮間帯	内湾

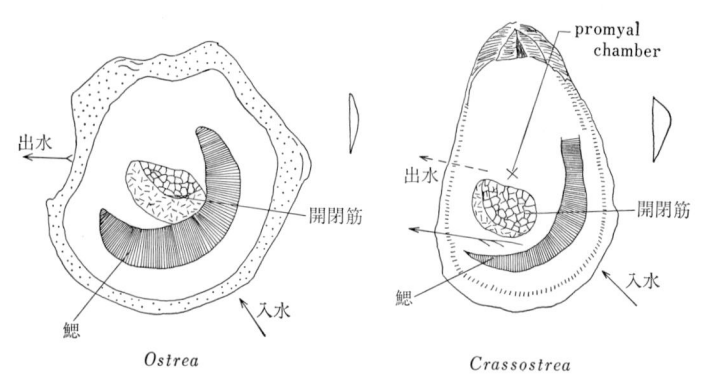

図II.95　カキ類の比較（左殻側と断面）

表II.23　Ostrea と Crassostrea の比較

	Ostrea	Crassostrea
殻	平らである	左殻が深くなる
殻頂部	胎殻が横長で，じん帯がこう板の端にある	胎殻が円く，じん帯はこう板の外側にある
発生	幼生性（体内受精），卵は大きく（0.1 mm），数が少ない	卵生性（体外受精），卵は小（0.05 mm）で数が多い
開閉殻筋	真中にあり，横紋筋（開閉運動をする）が大きい	真中より下寄りにあり，平滑筋（閉殻運動をする）が大
promyal chamber	なし	あり
閉殻運動	弱い	強い
耐鹹度	狭鹹性	広鹹性
生息地	岩礁地	泥底（河口，入江，濁った所）

が広鹹性で，水の濁った河口や入江の泥底の所にすむ（ただし，何か核になるもの——貝殻や小石など——が必要）ことができるのは，左殻が深いこと，promyal chamber と呼ばれる部分があって，水の通行が殻内で自由なこと，開閉筋のうち閉殻運動をする平滑筋が大きくて，真中より下寄りにあることなどに関係している．発生の際，卵が小さくて数が多く，体外受精をすることも，おそらくこのことと関係があると思われる．

　中新世の化石にみられる2つのタイプのカキ類の産状の違いも，この2種類の現生カキにみられるものと対応すると思われる．*Crassostrea gravitesta* はカキ層をつくって自生的に産し，泥岩〜泥質砂岩中に含まれる．"*Ostrea*" sp.は，やはり密集してカキ層〜カキ礁をつくるが破片が多く，他生的産状を示し，砂岩〜礫岩中から産する．前者は汽水・泥底であり，後者は海水・砂・礫・岩石底である．古生態的な差を示すものであり，古環境推定に有用である．西部地域の瀬戸内中新統において，庄原-三次-津山などの 備北層群中に *C. gravitesta* がみられ，小豆島-西大寺-淡路などの 中新統に "*Ostrea*" sp. がある．古生態の違いはさらに，古環境・古生物地理区の違いを示唆し（太平洋側と日本海側からの水の流入——図II.57参照），興味深い．

　Crassostrea の古生態については，鎮西（1982）がくわしく述べている．内湾泥底にすむことについて，この場所は堆積・侵食の速度が大きく不安定であるとする．カキ自身の活動による泥の堆積も含めて，常に埋没・窒息の危険にさらされている．また，固着のための基盤が十分でない（安定なものが少ない．あっても動きやすく不安定である）．このような場所を生息域に選んだことには，浮遊性の食物が豊富なこと，他に競走する動物がないことによる．ただ，そのためには埋没・窒息からま

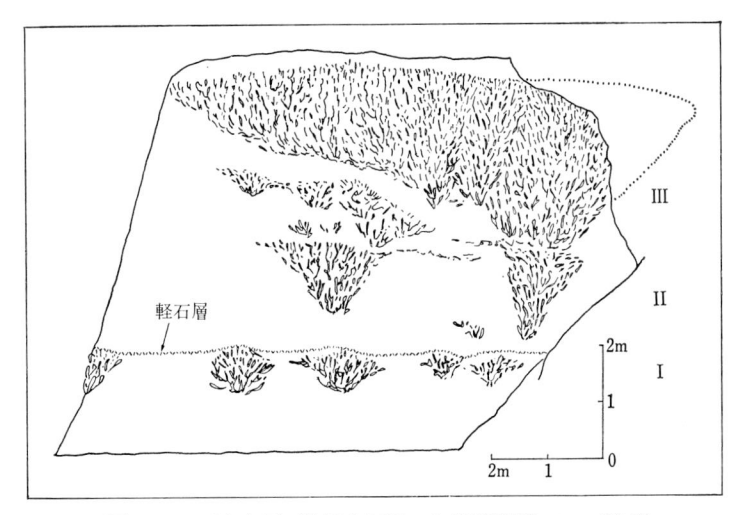

図II.96 下末吉層（横浜市戸塚，上部更新統）のマガキ礁
（鎮西，1982）

ぬかれる方策をもたねばならない．

　Ostrea との比較であげた，*Crassostrea* の殻形・生理・運動上の特徴はこのことに対する適応の結果であろう．発生の上での卵の性質，さらに変態後，長期遊泳に耐え，着生時に集合する傾向が認められるという幼生の性質もこのことに関係している．

　Crassostrea が集合して着生し，カキ礁をつくることもこの環境−生態と関連している．核となる貝殻片か小さい礫の上にいくつかの幼生が付着し，成長するとお互いに殻の基部を接着させた，花びら状〜株状のコロニーをつくる（図II.93）．このあと，株をつくる殻の集合の上に，次の世代以後，次々と着生して株は上へのび，そして横へ広がる．このような，株状・レンズ状のコロニーは各時代

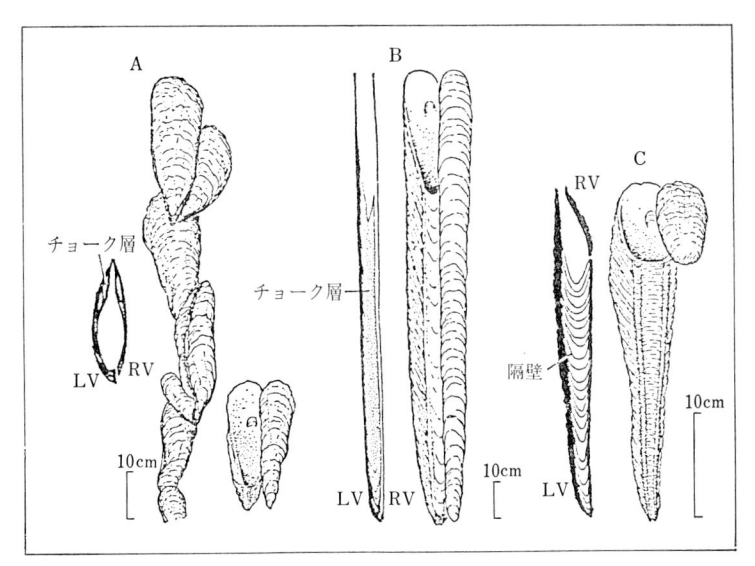

図II.97　マガキ類の泥底への適応戦略（CHINZEI, 1982）
　　A：リレー型戦略（マガキ），B：伸長型（*C. konbo*），
　　C：伸長型（オハグロガキ類）

の地層の中に発見される（図Ⅱ.96）．この，下末吉層の例では，長さ20mをこす礁が，もとは1つの株から出発し，発達したものである．1世代の上の層準にpumice（軽石）層があることは，降灰による環境の急激な変化で，この世代のマガキが，一せいに死滅したことを示すものかもしれない．

　このような，前の世代の殻の上に，次々と付着し，上方へのびて，泥に埋れることからのがれ，世代をかえて生存を維持する方法を，CHINZEI (1982) は，リレー型戦略と呼んだ．そして，このような戦略に対して，個体の殻を長くする方式を，伸長型戦略とした．マガキの殻が長くなること（ナガガキ型）もこの戦略であると思われるが，より典型的にみられる例がある（図Ⅱ.97）．

　1つはオハグロガキ類（*Saccostrea* sp.）のある種にみられるもので，砂泥底にすむ（現生）．2枚の殻のうち，左殻（基盤に固着する側）が円筒状ないしコップ状に長くのび，右殻は小型で，円筒の上面をおおう平たい蓋となるものである．大型の個体では，円筒の径が2〜3cm，長さが20cmにもなるが，軟体部は円筒上端部のコップの中に入っている．筒の中はほとんど空洞で，薄い殻壁によって，多くの小さい部屋に分かれている．成長とともに，薄い殻をつくって，軟体部を上に押し上げたことがわかる．

　他の1つは白亜紀後期に，日本列島の北部から，サハリン南部に生息していた，*Crassostrea konbo* と呼ぶカキである．図に示すように，棍棒型の長い殻（長さ1m，径5〜6cm）をもつ．しばしば直立して産し，内湾で形成された泥岩中での自生的産状を示す．前のタイプとの違いは，2枚の殻が同じ長さであることである．両方の殻は薄く，左殻の内側にはスポンジのような多孔質の層（現在のマガキの殻内部のチョーク層に似る）が形成されている．このタイプでは，隔壁でなく，チョーク層を沈殿して軟体部を上へ押し上げていたことになる．

　両者を比較すると，殻のうちののびる部分が違うことがわかる．オハグロガキの場合は，殻を開閉するためのちょうつがいと，殻頂にある他物への付着点の間がのびたことになる．それに反し，白亜紀の *C. konbo* の場合はちょうつがい部分は移動してなくて，付着点に近い．後者は殻の開閉に手間がかかり，そのために，右殻の弾性を利用する必要が生じ，そのために薄く平らな殻になっている．古生態的にみれば，前者の方が進んだタイプであるといえる．

　最初に述べたように，カキ類は種類が多く，産出，とくに自生的な産出が多い．比較すべき現生種の生態的条件もよくわかっているので有用である．殻形が変わりやすく，種名の同定がしにくい欠点があるが，古生態的に重要なグループである，といえる．

8.2 生痕化石

　瑞浪層群の例でその一端を示したように，生痕化石は多彩で，しかも，古生物学的にも地質学的にも大きい意義をもっている．しかし，生痕化石には体化石のような分類が適用できないので，問題も残されている．生痕化石の分類については，多くの意見があり，統一的なものはない．野田（1978）のまとめにしたがって，主要な分類法をあげる．

（1） 記載的分類： 形によって分ける．4つのランクに分け，科・上科・目・綱に相当するようにした例がある．属以下についてはさらに細分の必要がある．

（2） 行動的分類： 動物の機能的行動の差により，違った生痕が残される．SEILACHER (1953)

（3） 産出論的分類： 生痕化石の産出様式による区分．地層の上面（表層痕），内部（内層痕），下面（底層痕），異質の岩質が付加されたもの（他層痕）に区別される．生活習性を表わすので有用である．

（4） 生痕を残した生物による分類： 生痕化石をつくる動物の大分類に従い分ける．語尾を生痕と判断できる形にして表現する．

（5） 堆積環境による分類： 生痕化石は堆積環境と密接に関連していて，示相化石となる．生物が個有な生息場所をもつことによる．生痕化石群集がモラッセ相（浅海）とフリッシュ相（深海相）で異なることは早くから指摘されていた（SEILACHER 1954）．最近では生痕化石群集によって深度区分を行うことも試みられている．このような堆積環境による生痕化石の分類は利用範囲が広く，重要である．

（6） 成因的分類： 生物の活動によりつくられた，生痕を含む生物源のいろいろな構造を，成因によって区分．生物源堆積構造（成層作用，生物攪乱など），生物源侵食構造（穿孔など），その他（糞・産卵など）となる．

分類し，命名することも大切であるが，同時に，どのような生物によりつくられ，どのような活動が行われたかを復元することも重要である．そして，それのもつ意味を他の現象と関連させて考えると，そのデータはより有用なものとなるであろう（57頁参照）．以下，いろいろな生痕化石の例を紹介する．

1） 穿孔による巣穴

穿孔性貝類についてはすでに説明したが，硬質岩（火山岩類）中の穿孔について，興味ある報告がある．一般に，機械的に穿孔する貝類は泥岩・砂岩のような軟質な岩石を対象としている．MASUDA (1968) は仙台市周辺の中新統の火山岩（流紋岩・安山岩）や火山岩巨礫中に *Penitella* sp. とその穿孔を発見した．さらに，神奈川県真鶴岬において，安山岩中に同属の現生の穿孔性貝類（*Penitella* sp. カモメガイの一種）が *Lithophaga curta* イシマテとともに生息することを示した（増田・松島, 1969）．

両者に共通することは，穿孔が浅いこと（化石で3〜5cm），穿孔の軸が曲ること（イチジク型），貝殻が前後に短いことなどである．これは，穿孔の対象となる岩石が火山岩類で固いことによっていると思われる．このことは，現生の *Penitella* で，殻の前部にある，やすり目状の彫刻が不明瞭であり，前後部の境界がくびれていることにも表われている．

増田はその他の地域も含めて，中新－鮮新統の火山岩の基盤や巨礫から穿孔性貝類の巣穴を発見している．礫の場合，ほとんどが巨礫であるが，このことは，カモメガイなどの穿孔貝が生息する場所と関係すると推定される．すなわち，波浪の強い浅海で，細粒堆積物がなく，また，穿孔の完成する3年間くらいの間，動かないほどの大きさが礫に要求されることによる．

穿孔性貝類には岩石に穿孔する種類（図Ⅱ.98 a, b）のほか，木材に穿孔する種類（図Ⅱ.98 c）もある．さらに，*Barnea manilensis* ニオガイの同属異種 *B. dilatata* ウミタケガイは，柔い泥中にもぐってすむ．

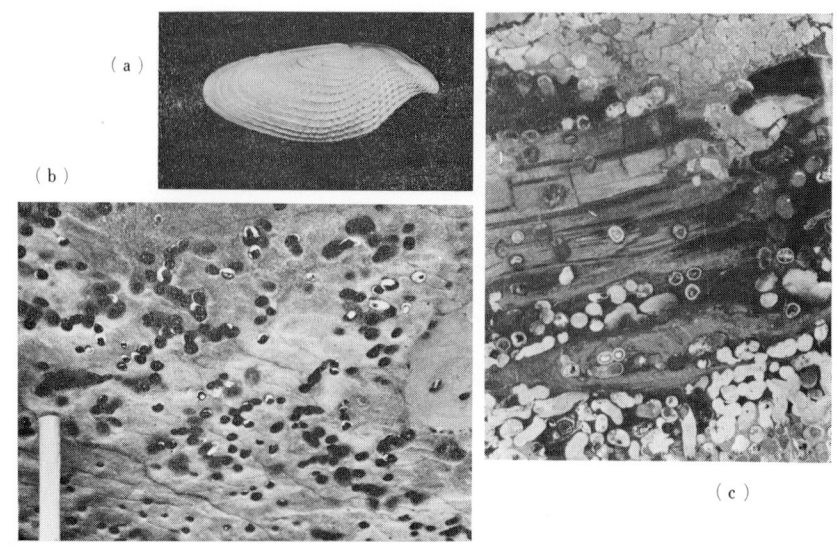

図Ⅱ.98 (a) *Barnea manilensis* ニオガイ (×1), (b) その巣穴 (城ヶ島海岸), (c) "*Teredo*" sp. の巣穴化石 (瑞浪層群) (×0.5)

　知多半島の南部，美浜町奥田の，野間貝層(上部更新統)の露頭からこの類の化石4種が発見された．*Martesia striata* カモメガイモドキ，*Barnea manilensis*，*B. dilatata*，"*Teredo*" sp. である．このうち，*M. striata* と "*Teredo*" は木材穿孔性，*B. manilensis* は岩石穿孔性，*B. dilatata* は泥底埋没性の生態をもつ．

　野間貝層は常滑層群の砂岩・泥岩の互層の上に不整合にのり，砂を主とする地層である．不整合面から下方へ穿孔性貝類による生痕があり，*B. manilensis* がつくったものと思われる．*B. dilatata* は破片が採集されただけで，産状は不明である．おそらく，堆積時にこれがすみうる泥底環境があって，そこにすんだものであろう．

　砂層中に材化石が含まれているが，それに2つのタイプがある．1つは野間貝層堆積時の木材が化

図Ⅱ.99　穿孔貝類の巣穴化石．南フランスの白亜紀石灰岩上にみられる(中新世)

石化したものであり，他は，その時すでに材化石となっていた，常滑層群由来のものである．2つには固結度に差があり，比重も違う．この2つの材化石に含まれる穿孔貝化石に差がある．常滑層群由来のものには *B. manilensis* と *Martesia striata*，野間貝層の材化石には "*Teredo*" がある．このことは，常滑層群由来の材化石は野間層堆積時にかなり固化していたことを示す．なぜならば，*B. manilensis* は木材に穿孔しないからである．また，*Martesia striata* が木材穿孔性であるが，固化の程度によっては材化石に穿孔することを示している．生態（穿孔対象）の違いが化石の産状の差に表われている例である．

穿孔性貝類の巣穴がかつての岩礁海岸であったことを示す場合がある．潮間帯～干潮線直下に生息することが多いので，古海岸線の復元に有効である．図Ⅱ.99は南フランスの白亜紀の石灰岩上にみられるもので，中新世の時代に形成されたものである．近くには，続いて起こった堆積によって岩礁海岸の上をおおった石灰質砂岩層がみられる．

岩石や貝殻など，固いものに穿孔する動物は貝類だけでなく，多毛類（ゴカイ類）などもある．図Ⅱ.100はその例で，石川県の大桑層（鮮新-更新統）産のものである．この類のゴカイには *Polydora* の仲間があり，カキ殻に穿孔して軟体部に影響を与え，養殖業に被害を与える．この多毛類の生痕も貝類が生息中につくられたものであろう．岩石に穿孔するこの類は瑞浪層群の泥岩礫中のものが知られている．

2) 巣　穴

一般的に巣穴と呼ばれるものは未固結の砂・泥中につくられたもので，多くは，異質の堆積物が他から供給されてつまり，いわゆるサンドパイプとなっている．

図Ⅱ.100　*Scapharca amicula* 上のゴカイ類の巣穴（大桑層産）（×1.2）

巣穴をつくる動物はそれぞれ特徴的な巣穴をもち，その生息場所も限られた環境（深さ・塩分濃度・底質）であることが多い．一方，違った動物が非常によく似た巣穴をつくることがあり，逆に，分類的に近いものの巣穴が大きく違うこともある．そのために，この類の巣穴化石の研究には，現生動物との比較研究が不可欠である（図Ⅱ.101）．

大島・松井（1966）は北海道の鮮新統間寒別層に，それぞれ，異なる巣穴化石からなる3つの巣穴化石帯を認め，名称，つくった動物，その生成場所を示している．

第1巣穴化石帯：　*Dominichnia scopimerinae*—コメツキガニによる；潮間帯の高潮亜帯～河口の砂質地．

第2巣穴化石帯：　*Fodinichnia callianassae*—スナモグリによる；潮間帯の砂泥質～泥質底．

第3巣穴化石帯：　下部：*Domichnia sesarmae*—ベンケイガニによる；葦原で砂質底；上部：*Fodinichnia upogebinae*—アナジャコによる；低潮亜帯の砂質底．

このような推定の基礎には，現在の有珠湾における巣穴動物のデータがある（図Ⅱ.102）（大島，

II. 古生態学の実際

図II.101 干潟における巣穴調査

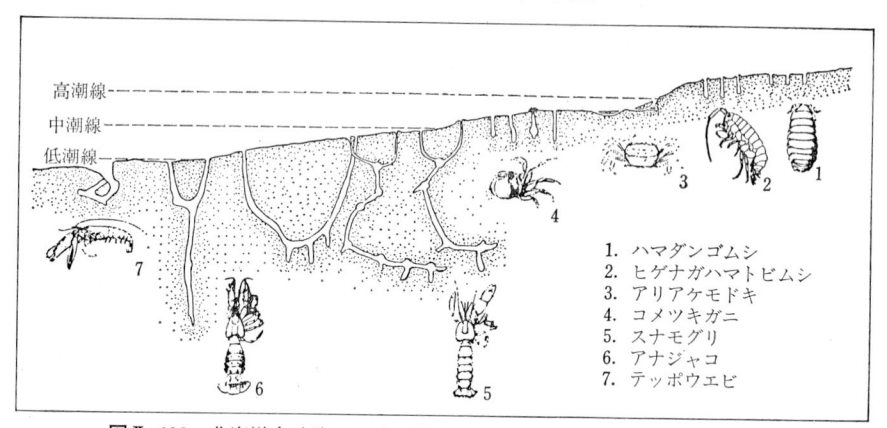

1. ハマダンゴムシ
2. ヒゲナガハマトビムシ
3. アリアケモドキ
4. コメツキガニ
5. スナモグリ
6. アナジャコ
7. テッポウエビ

図II.102 北海道有珠湾における巣穴動物の型と垂直分布（大島，1967）

図II.103 ビーバー (beaver) のつくった巣穴 *Daimonelix* (AGER, 1963)
（中新世，ネブラスカ (Nebraska) 州）

1967).

　巣穴の中には想像できないようなものがある．図Ⅱ.103はその1つで，ビーバーによるものである．巣をつくる動物は多様なので，この他にも，脊椎動物のつくるこのタイプの巣穴があっても不思議ではない．

3) は い 跡

　はい跡の化石も多い．よく知られているのは白亜紀～古第三紀の四万十層群のもので，KATTO (1965など) による多くの報告がある．図Ⅱ.104aはその1つで，高知県室戸岬近くでみられたものである．図Ⅱ.104bに示したはい跡化石は，長野県木曽郡の中生層（味噌川層）にみられる．両者ともフリッシュ相，あるいはそれに近い，深い海の相を示す生痕化石である．

　　　　（a）四万十層群産　　　　　　　　　　　（b）味噌川層産（×0.9）
　　　　　　　　　　　図Ⅱ.104　はい跡の化石

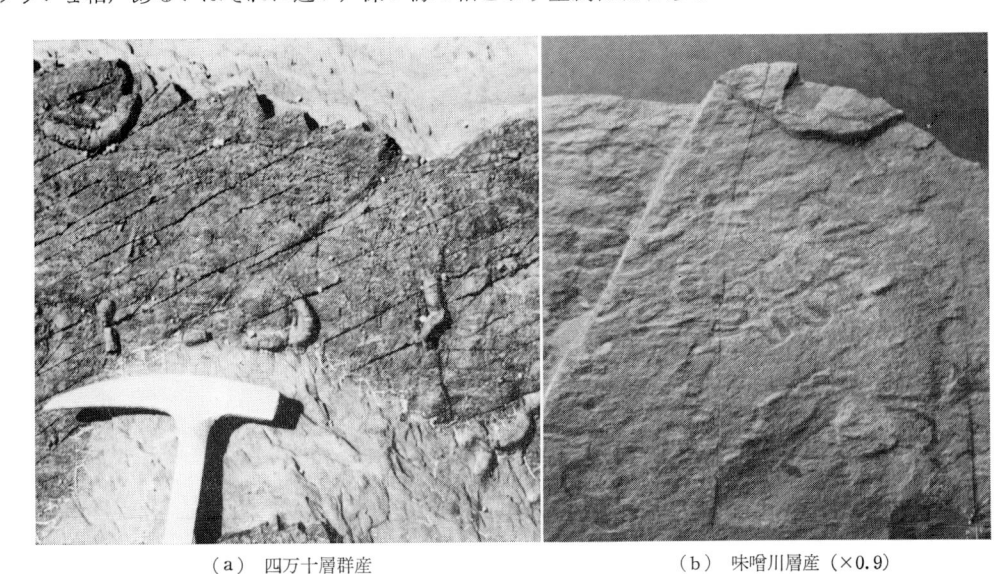

　　　　図Ⅱ.105　恐竜 *Saltosauropus latus* の足跡化石（まるいくぼみ）
　　　　　　　　　（フランス・ジュラ，ジュラ紀）

4) 足　　跡

脊椎動物の歩いた跡はしばしば干潟・沼地などの泥の上にプリントされる．動物の種類によって，足の形・足跡が違い，歩き方もそれぞれである．図Ⅱ.105はフランス北東部のジュラ地方のジュラ紀の恐竜 *Saltosauropus latus* の足跡化石で，2つの足跡がセットになって並んでいるところから，跳躍した跡と推定される．足跡化石の場合も，現生の動物との比較が重要な方法となっている．

5) 付　着　痕

生物の中には他物に付着して生活するものがある．固着するもの（カキ類，フジツボなど），付着

図Ⅱ.106　木材に付着したフジツボ（島根県畳ヶ浦，中新世）

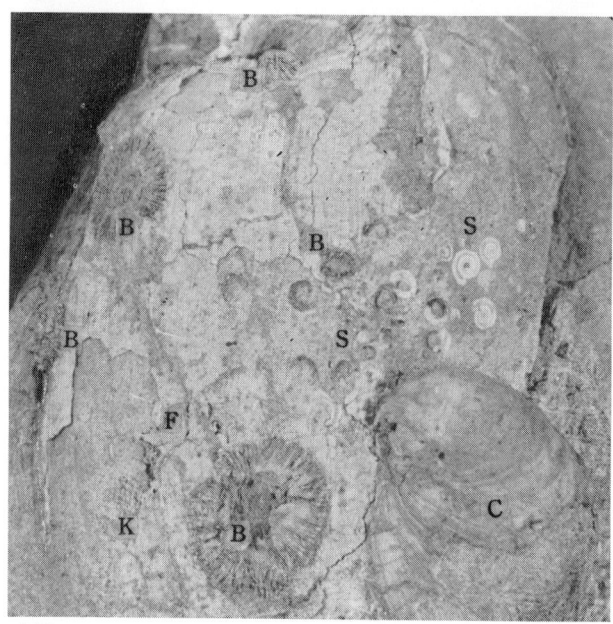

図Ⅱ.107　*Fulgoraria* の殻上の各種の付着痕　B：フジツボ，S：ウズマキゴカイ，C：*Crepidula* の殻，K：コケムシ（三重県，千種層産）（中新世）

するもの（足絲や足を使って——イガイ，カサガイなど）があるが，しばしばそのもの自身あるいはその付着の跡が残る．図Ⅱ.106は木材に付着したフジツボの例で，材木をとり巻いて付着している様子がよくわかる．箱形のものは側面であり，円形ののものは上面が底面である．図Ⅱ.107は *Fulgoraria*（腹足類）の殻に各種の動物が付着した生痕である．フジツボやウズマキゴカイは固着したもので付着痕が残る．*Crepidula* は足を使って付着するもので，体化石が残っている．

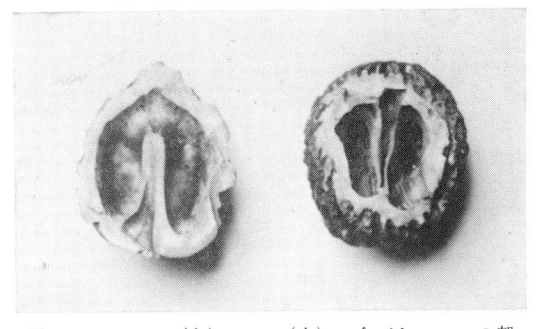

図Ⅱ.108 クマ（左），リス（右）の食べたクルミの殻

6) 食餌活動

食べた跡もいろいろある．虫による植物の葉，動物による木の実などの食痕はよく知られている（図Ⅱ.108）．肉食性の貝類による食痕は，他の貝類の殻にあけられたまるい穴として，目にふれやすいものである（図Ⅱ.109）．Naticidae タマガイ科の腹足類は，歯舌によって穴をあけることが知られている．

図Ⅱ.109 腹足類の食痕
（殻頂近くのまるい穴）

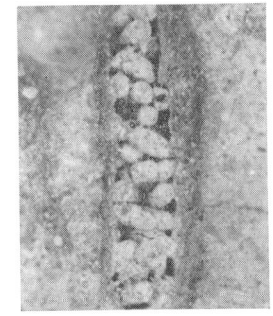

図Ⅱ.110 ゴカイ類（？）の糞化石（瑞浪層群産）（×4）

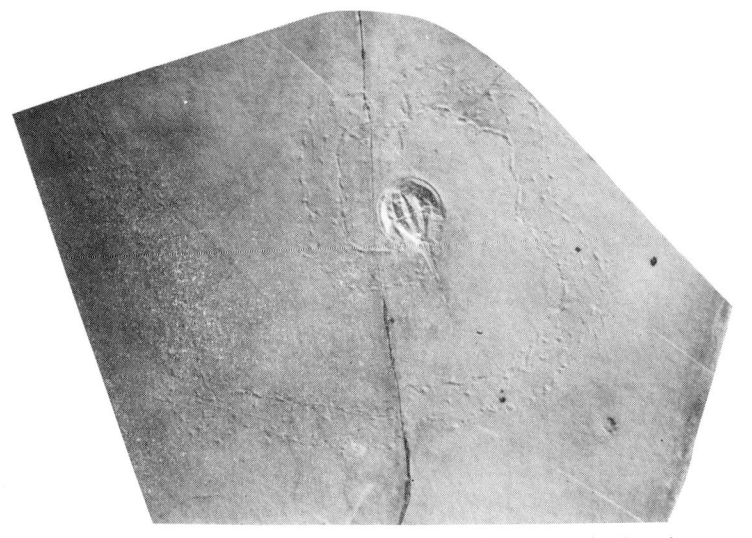

図Ⅱ.111 カブトガニ *Mesolimulus walchi* のはい跡（×約0.1）
（ゾルンフォーヘン産，ジュラ紀）

糞もしばしば発見される生痕化石である．高等動物のものもあるが，無脊椎動物の例も多い．図Ⅱ.110に示すものは，瑞浪層群産のもので，岩石に穿孔した巣穴（直径2-3mm，長さ数cm）中につまっているものである．26個ほどあり，長径1.3mm，短径0.5mm前後で，亜卵形，シルト～細粒砂でできている．表面は平滑に近く，長軸が管壁に60～90°の角度になるような配列で積み重なっている．岩石穿孔性動物のもので，おそらく多毛類（ゴカイ？）のものであろう．

7) 死

西ドイツのバイエルン地方Solnhofenのジュラ紀の石版石石灰岩の中には，始祖鳥はじめ保存のよい化石が含まれている．「死のダンス」で知られる昆虫の死への運動はよく知られている．カブトガニ類 *Mesolimulus walchi* の化石（図Ⅱ.111）も死への歩みを示すものであろう．コハク中の昆虫化石も死を示す記録である（図Ⅱ.112）．

8) その他

生物の生活様式が多様であるのだから，生痕もいろいろあって当然である．いくつかの気のついた例をあげると，コハクは植物の樹脂分泌活動の記録であるし，各地の埋没林や直立樹幹（たとえば手

図Ⅱ.112 コハク中の昆虫化石 *Scatopse* sp.（ニセケバエ科）
　　　　×約8（第四紀，瑞浪市産）

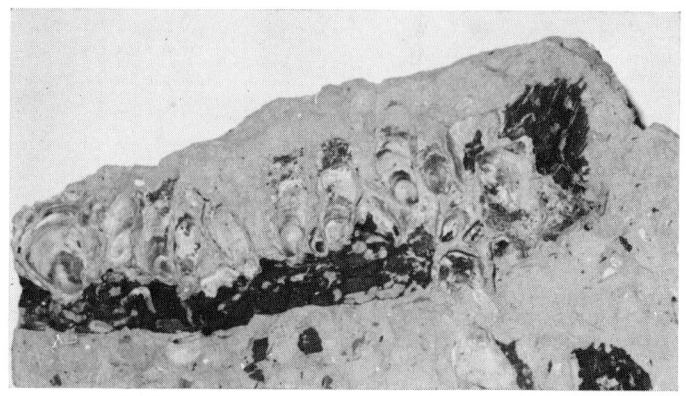

図Ⅱ.113 カキ殻の付着した木材片（長さ約30cm）
　　　　（瑞浪層群産）

8. 個体古生態学の例

図Ⅱ.114 *Linthia nipponica* と植物片の共存（師崎層群，中新世）（×約0.3）

取層群‐ジュラ紀，瑞浪層群，富山県魚津の第四系など）は植物の生育状況を示すものである．ただし，この場合には，根のついた幹の基部が運搬されて，直立したまま化石になる例があるので，注意を要する．生痕化石は現地性であるという鉄則が破られているケースである．

図Ⅱ.113は木材に付着したカキ類の化石である．これを含む地層は瑞浪層群山野内層で，40～60mの深度の，泥底の海で堆積したものである（図Ⅱ.35参照）．カキ類の生息深度とは異なり，より深い．この標本は次のような古生態的な経過を示すものといえる．すなわち，海面上を浮遊していた木材片にカキの幼生が付着し，生育した．それがある程度成長したとき，木材片は重さが浮力を上まわって沈水した．その結果カキは死亡し，泥に埋もれて化石化した．図Ⅱ.106のフジツボもこれと同じケースであろう．

他の例は，知多半島師崎層群のウニ化石（*Linthia nipponica*）である（図Ⅱ.114）．集合して産していて，かつ破損していないので，現地性の化石と推定される．そのまわりには多数の植物片がみられる．この層準の地層の堆積場所は岩質，貝類化石などからみて，やや深い（200m以上？）と考えられる．植物片と，この標本にみられる砂質堆積物は陸上から運搬された異地性のもので，海底地すべりのような現象により，急激に流れ込んだものであろう．*Linthia*類はこのアクシデントにより急死した可能性がある．

8.3 デスモスチルス

デスモスチルス（*Desmostylus*）の仲間は，日本を代表する哺乳類化石である．その名のもとになった独特の歯の形（図Ⅱ.115），がっちりした四肢，胸骨などは特徴的であり，その分類的位置がはっきりしなかったこと，発見がドラマチックであったことなどもあ

図Ⅱ.115 *Desmostylus japonicus* の歯（×0.75）

図Ⅱ.116 *Paleoparadoxia tabatai*（体長約2.3 m）

- ● *Desmostylus*
- ○ *Desmostylella*
- ▲ *Paleoparadoxia*

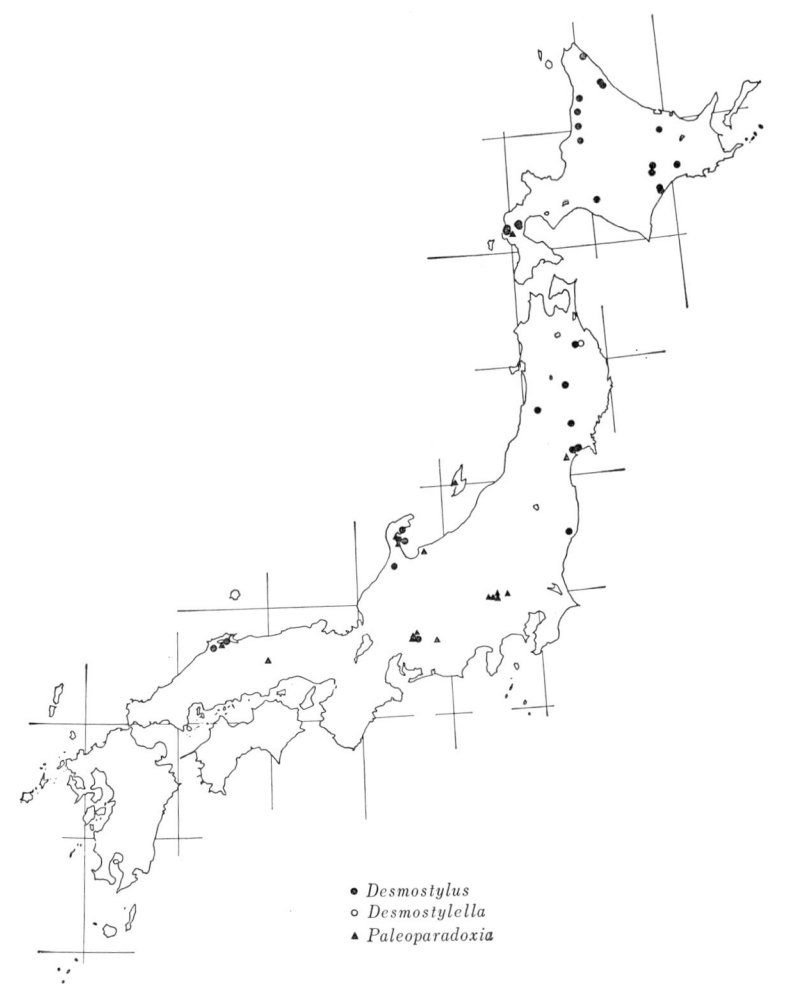

図Ⅱ.117 日本におけるデスモスチルスの分布（犬塚，1984）

8. 個体古生態学の例

って，しばしば話題になってきた．

日本列島には，*Desmostylus*, *Desmostylella*, *Paleoparadoxia*（図Ⅱ.116）の3属があって，図Ⅱ.117に示すように北海道の北端から岡川県まで，各地の中新統から59の標本が知られている．未記載のものもあってさらに多いと思われる．一般に環北太平洋の北方系要素の哺乳動物で，海生・草食といわれている．分類的に束柱目（Desmostylia）を構成し，長鼻類（ゾウ）・海牛類（ジュゴン）・奇蹄類（ウマ）に近縁であるとされる．

このような奇妙な動物について，分類・古生態・層準などについて多くの試論があり，さまざまな復元がなされてきた．1982年に，地学団体研究会の総会において，「デスモスチルスと古環境」のシンポジウムが行われた．専報28号にまとめられた，その結果を中心として，デスモスチルス類の古生態を復元してみる．

1) 層準・分布

鎮西（1984）は，日本のデスモスチルス類の層序的分布を次のようにまとめている．

Desmostylus:　　16.5 Ma～13 Ma

Paleoparadoxia:　17-18 Ma～14 Ma

そして，16.5～15 Maの温暖期（下），15～13 Maの寒冷期（上）の，2つの層準に集中する，としている．

地理的分布（図Ⅱ.117）をみると，*Paleoparadoxia* のほうが *Desmostylus* より南に分布する．*Paleoparadoxia* の北限は北海道南部であり，分布の中心は本州中部にある．*Desmostylus* は本州東北部に多く，北限はさらに北，サハリンからカムチャツカに及ぶ．

2) 古環境

糸魚川（1984）は *Desmostylus*, *Paleoparadoxia* について，おもに共産する瑞浪層群の貝類化石によって，生息古環境を復元した．この地域はこれら2つの種類の南限に近いこと，*Desmostylus* は頭骨，*Paleoparadoxia* は全身骨格が産出していて，現地性に近いこと，共産する貝類化石も自生的で，かつ種類も多く，よく研究されていることなどから，鎮西のいう下の層準（16.5～15 Ma）の，南限の条件を推定するのに好都合である．

瑞浪層群のデスモスチルス類は，次の各層から産する．

a.　明世累層山野内層最下部　　*Desmostylus*（頭骨）
b.　明世累層山野内層下部　　　*Paleoparadoxia*
c.　明世累層久尻相　　　　　　*Paleoparadoxia*（全身骨格）
d.　明世累層宿洞相（?）　　　　*Paleoparadoxia*

このうち，bとcはほぼ同一層準である．

瑞浪層群の古水温の変化はすでに復元されている（図Ⅱ.37参照）．この変遷のカーブに，これらの層準をあてはめると，aは図中のAまたはその直上，b, cはAの上，dはBに相当する．そして，古水温は次のように推定される．

144　　　　　　　　　　Ⅱ．古生態学の実際

	Desmostylus	*Paleoparadoxia*
山野内層最下部	17～18℃	
山野内層最下部（*Felaniella* 層を重視）（A）	15℃	
山野内層下部		17～18℃
久尻相		17～18℃
宿洞相（B）		20°＋

以上から，瑞浪の *Desmostylus* は 17～18℃ か 15℃，*Paleoparadoxia* は 17～18℃ から 20℃＋の古水温をもった海に生息したと考えられる．すなわち，*Desmostylus* のすんだ場所は現在の四国南岸，または銚子付近に相当する環境であったと判断され，*Paleoparadoxia* は現在の種子島あるいは以南～四国南岸とほぼ同じ海水温の状況下に生息したと推定される．

岩質および深度についてみると，山野内層はシルト質～細砂質底，深さは 30～40 m，久尻相は砂質底で深さ 20～30 m，宿洞相は砂質底で 10 m 前後の状況が推定される．ただ，これはデスモスチルス類の産出した地点での状況であり，死後の移動を考慮すれば，それより以浅の地域に生息し，山野内層の場合も，より沿岸の砂質底の古環境であった可能性がある．久尻相の *Paleoparadoxia* は全身骨格標本で，ほぼ自生的な産状を示すものかもしれない．いずれにせよ，浅海上部，おそらく海岸沿いの深さ数十 m までの地域に生息した可能性が大きい．その当時の古地理は図Ⅱ.118 に示される．

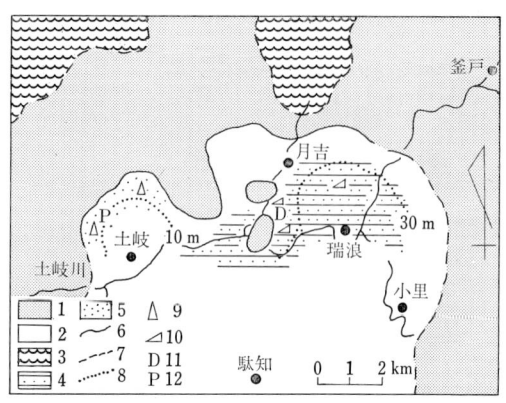

図Ⅱ.118　瑞浪地域の古地理図
1：陸域，2：海域，3：淡水域，4：シルト底，5：砂底，6：水陸境界線（確度高い），7：同（確度低い），8：水深（確度低い），9：*Turritella-Glycymeris* 群集，10：*Saccella-Cyclocardia* 群集，D：*Desmostylus*，P：*Paleoparadoxia*

さらに，この結果を基礎として，上・下の層準について，*Desmostylus* と *Paleoparadoxia* の生息範囲の古水温を推定した（図Ⅱ.119）．*Paleoparadoxia* は温帯から亜熱帯に分布し，南限は熱帯に及

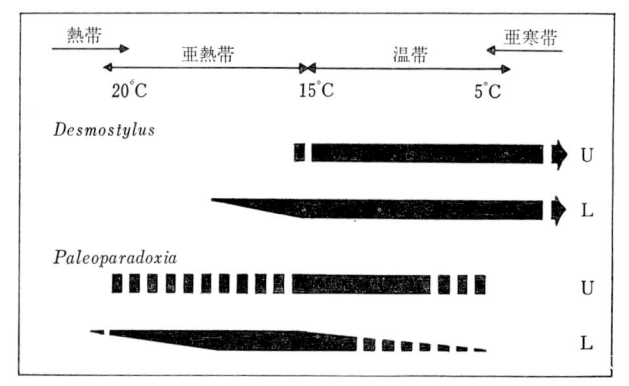

図Ⅱ.119　デスモスチルス類の生息範囲の古水温
数字は冬の海面温度，それぞれのバーの上下の位置は限界の範囲を示す．

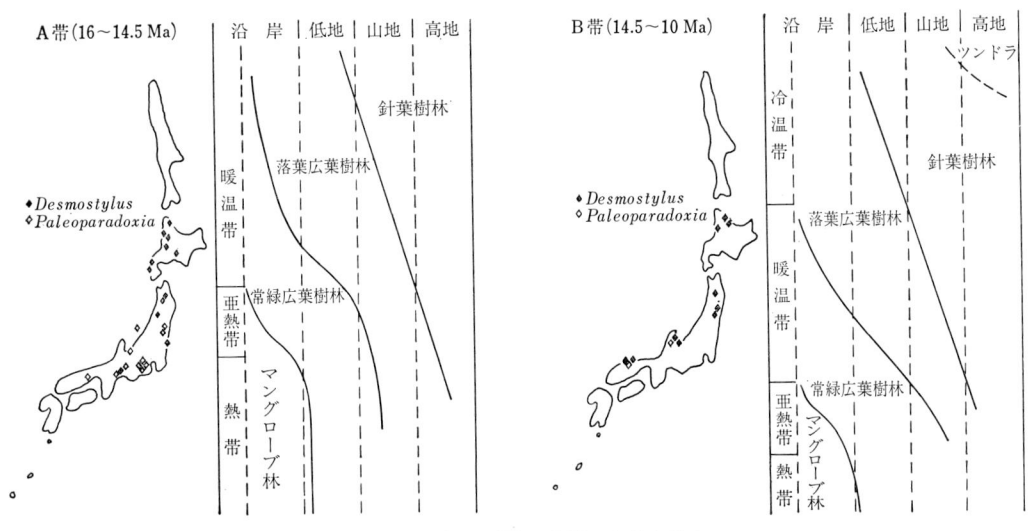

図II.120 A・B両帯の時期の古植生分布

んだ可能性が大きい．*Desmostylus* は温帯〜亜寒帯に分布の中心をもち，時に亜熱帯（南限）に及んだ．北限は確かでない．生息場所については，浅海帯上部，しかも海岸に近い所で，底質はおそらく砂質であったとしている．

山野井（1984）は花粉化石によって，古環境を推定した．図II.120 は下位（A帯）と上位（B帯）の2層準の日本列島からサハリンへかけての古植生分布を示したものである．デスモスチルス類が海岸近くに生息したと推定して，沿岸植物の分布と比較すると，*Paleoparadoxia* は熱帯〜亜熱帯，*Desmostylus* は暖温帯（一部冷温帯）との関係が深い．

花粉化石の組成からみると，*Paleoparadoxia* の生息地付近にはマングローブ沼，*Desmostylus* のそれには内湾に沿う低湿地帯や沼が存在していた．陸上の植物を食べていたと仮定すると，*Paleoparadoxia* はマングローブ植物とりわけ *Sonneratia*（マヤプシキ）や *Avicennia*（ヒルギダマシ）を，*Desmostylus* は常緑および落葉植物など多様なものを食用としたと推定されている．

田口（1984）は津山地方の *Paleoparadoxia*（全身骨格）が *Geloina*, *Operculina* など，熱帯系と思われる化石とほぼ同一層準から産したことを示した．そして，海面水温約22℃，海底水温約10℃を示す海水〜高鹹水（<32‰）の内海で，外洋水の影響する状況下にあったと予想し，フィリピン付近の海を想定できる可能性を指摘している．草食性とすると，マングローブ沼・サンゴ礁と共存する上浅海帯の海草がその対象となりえないかと提案している．三者において多少の差はあるが，基本的には一致する．*Paleoparadoxia* の熱帯への分布についてはさらに検討の必要があろう．

デスモスチルス類の形態・行動の復元は，これまで多くの学者によって試みられている．それらの結果は必ずしも一致したものでなく，論議の対象になっている．ここでは，犬塚（1984）による，*Desmostylus mirabilis*（気屯標本—サハリン産）の骨格復元，さらに，それにもとづいて行われた生体復元の例を示す（図II.121）．

この復元は，系統や生態の似た動物を復元のモデルとして設定せず，個々の骨の形に忠実に組み立てられた．しかも，哺乳類または有蹄類における骨格構成上の法則性を考慮し，骨の形だけでなく，

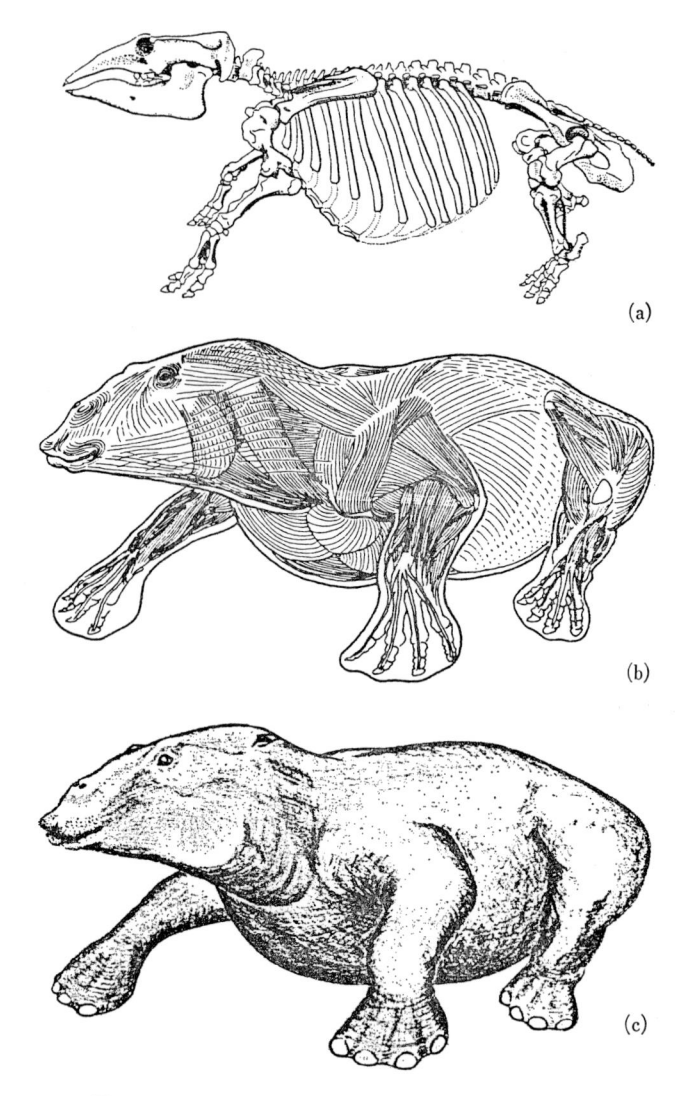

図Ⅱ.121 *Desmostylus mirabilis* の復元（犬塚，1984）
(a) 骨格復元，(b) 筋肉復元，(c) 生体復元

筋の機能も重視してある．この復元骨格は外見上，両生類や爬虫類のような側方型の体肢をもち，有蹄類としては異例である．この姿勢は体重支持・歩行には効率が悪いが，安定している．

　この復元骨格に筋の復元を加え，生体が復元された．体は尾を取り除いた大型のワニのようである．毛皮はないか，あっても短い毛で，水かきもなかった．口のまわりには太くて短い洞毛があった．鼻は長くなくて上向き，丸く開口していた．耳は鼻と目を結ぶ線の上の，高い位置にあり，小さい耳介を備えていた．以上が犬塚の結論である．*Paleoparadoxia* についても同様な検討が必要であろうし，デスモスチルス類全体の，いろいろな復元との比較もこれから行われなければなるまい．

　小沢（1984）は歯の組織から，デスモスチルス類の系統と食性について論じている．それによる食性についての結論は，次のとおりである．

（1）顎・臼歯形態・エナメル質の組織は植物食性の有蹄類に共通性をもつ．

（2） 厚いエナメル質・歯冠セメント質がともなって発達していることは陸上の植物食性哺乳類のいちじるしい特徴である．

（3） 長冠歯と水平交換歯（*Desmostylus*），複雑な形の臼歯は植物食，しかも繊維成分の多い食物をそしゃくするための適応である．

（4） エナメル質中の，エナメル小柱の形態からみると，有蹄類のそれに近く，貝を食べるラッコ・セイウチ，海藻を食べる海牛類などとへだたっている．

これらの結論は，デスモスチルス類が植物食性の動物であることを強く支持するものと思われる．

8.4 浮遊性貝類

すでに述べたように，海生生物の中には浮遊性（planktonic）の生活をするものがある（52頁参照）．有孔虫・珪藻・ナンノプランクトンなど，対比に役立つものとしてよく知られている．海面近くに生活していて，その多くは海水温によって分布が左右され，また，海流によって分布するので，

図Ⅱ.122　浮遊性貝類

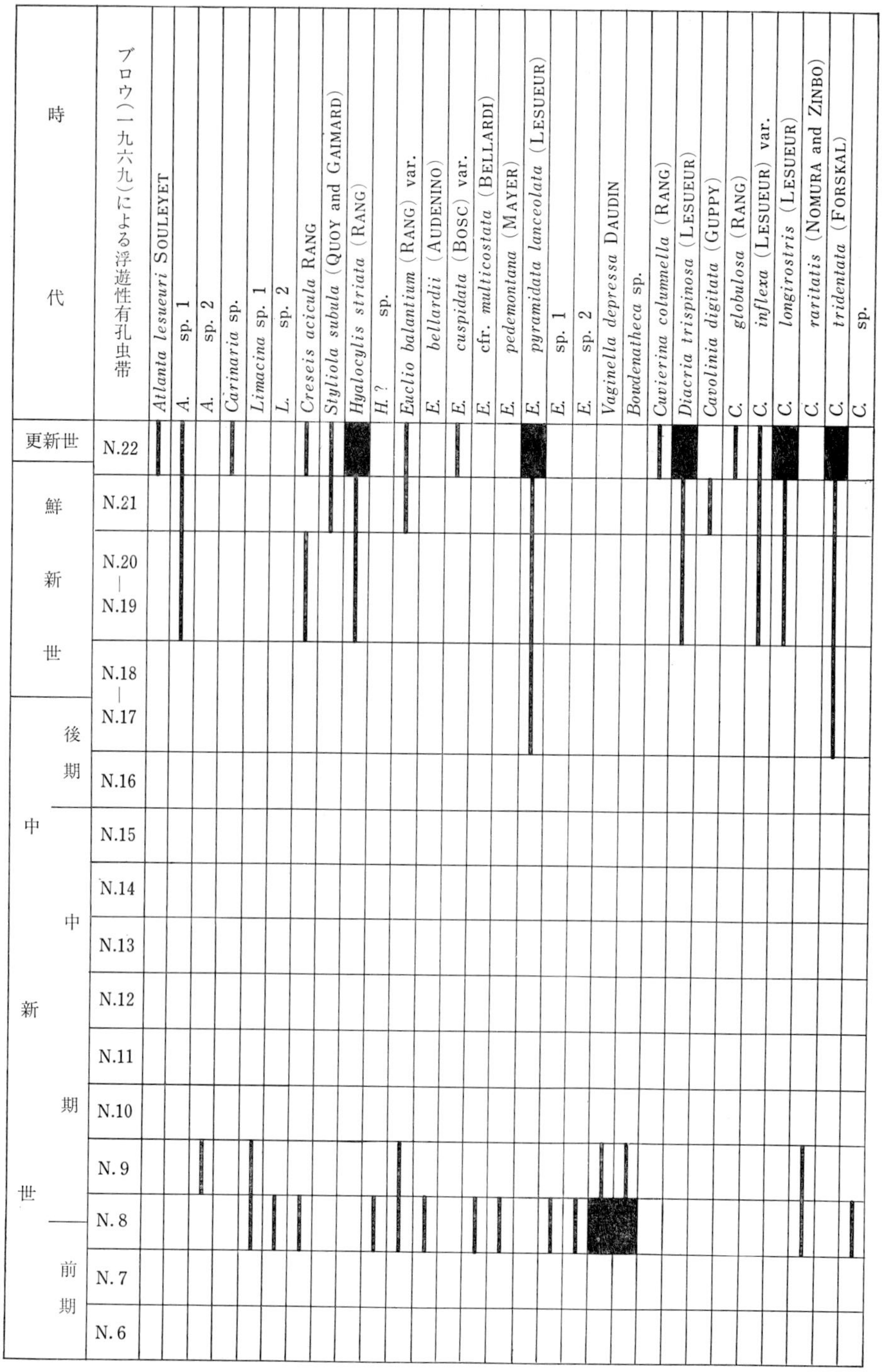

II. 古生態学の実際

時代	ブロウ(一九六九)による浮遊性有孔虫帯	Atlanta lesueuri SOULEYET	A. sp. 1	A. sp. 2	Carinaria sp.	Limacina sp. 1	L. sp. 2	Creseis acicula RANG	Styliola subula (QUOY and GAIMARD)	Hyalocylis striata (RANG)	H. ? sp.	Euclio balantium (RANG) var.	E. bellardii (AUDENINO)	E. cuspidata (BOSC) var.	E. cfr. multicostata (BELLARDI)	E. pedemontana (MAYER)	E. pyramidata lanceolata (LESUEUR)	E. sp. 1	E. sp. 2	Vaginella depressa DAUDIN	Bondentheca sp.	Cuvierina columnella (RANG)	Diacria trispinosa (LESUEUR)	Cavolinia digitata (GUPPY)	C. globulosa (RANG)	C. inflexa (LESUEUR) var.	C. longirostris (LESUEUR)	C. raritatis (NOMURA and ZINBO)	C. tridentata (FORSKAL)	C. sp.
更新世	N.22	│	│	│	│	│	│	│	│	■	│	│	│	│	│	│	■	│	│	│	│	■	│	│	│	│	■	■	│
鮮新世	N.21									│							│	│					│				│		│	
	N.20 — N.19									│							│						│				│		│	
	N.18 — N.17									│							│						│				│		│	
中新世 後期	N.16																													
	N.15																													
中期	N.14																													
	N.13																													
	N.12																													
	N.11																													
	N.10																													
前期	N.9	│		│	│	│	│	│									│	│	■							│			
	N.8			│	│	│	│	│									│	│	■							│			
	N.7																													
	N.6																													

図II.123 中部地方における異足類・翼足類の層序的分布 (柴田・石垣, 1981)

8. 個体古生態学の例

古水温・古海流の復元に有用である．これらの生物は死後沈積して，海底堆積物に含まれる．したがって，異地性の化石として，底生生物の遺骸と共存する．前章に示したように，両者によって，掛川層群の場合では，海底と表層の古水温が推定されている（110頁参照）．

貝類の中にも，このような生活型をもつものがある．いくつかの例を示す．

異足類（Heteropoda）・翼足類（Pteropoda）（図 II.122）は薄い殻をもつ浮遊性の貝類で，軟泥 (ooze) をつくって，深海底に分布することは古くから報告されている．広い地理的分布をもち，水温・海流により，限られた，あるいは広い水域に分布する．たとえば，現生各種の分布地域は次のように区分されている．

(1) 北部冷水域（① 北極地域，② 亜北極地域）
(2) 汎地球暖水域（① 南北亜熱帯地域，② 熱帯地域，③ 全世界的暖水域）
(3) 南部冷水域（① 亜南極地域，② 南極地域）
 ○ 南北漸移帯
 ○ 漸深海遠洋帯（>1000 m 深度）

したがって，ある種類あるいは群集の出現によって，生息地域を限定することができる．

柴田・石垣（1981）は中部地方の新生界について，異足類・翼足類の層序分布を示した．共産する浮遊性有孔虫にもとづいて各種の産出層準をきめ，最近組立てられた，層序区分の中に分布を入れたのが図 II.123 である．

中部地方の新生界産の浮遊性腹足類のうちの，現生種はすべて暖水性の種であり，その他の種も同様であると考えられる．この産出は，堆積時の，高い海水温あるいは強い暖流の影響を示唆する．これに対し，産出しないことは，ただちに低水温と結びつけられない．というのは，内湾度・水深などの局地的な堆積環境，死後の保存状態などに関係するからである．

N8 および N9（中新世前期の終わり〜中期の初め）に属する地層から，広い範囲にわたって，しかも豊富に出ることは，この時期に，この地方が強い暖流に影響され，高水温の海況にあったことを示す．前後の時期の地層からは産出がなく，海水温の上昇があったかのようにみえる．N8 の時期はすでに述べたように（99頁参照），中部日本以西において，熱帯的古環境が卓越した時期であり，世界的にも，同様な高海水温を示す証拠が多い．

掛川地方の相良・掛川層群でみると，N17-18 から N22 にかけて，浮遊性腹足類の分布がみられるが，種および個体数は細谷凝灰岩層（T_4 凝灰岩——110頁参照）から土方シルト層の最上部に至る層準の，中部以上で多い（N22 層準の下部）．これは，この時期に，もっとも海水温が高かったことを示すように思われる．熱帯種に属する *Hyalocylis striata*, *Cavolinia globulosa* の産出はほとんどこの層準に限られ，この推定を支持するものである．

翼足類などの浮遊性腹足類は，房総半島の鮮新・更新統をはじめ，各地の新第三系・第四系に多く含まれることが明らかになってきている．日本列島周辺の，新生代の古水温・古海流を知る上で，重要な材料であるといえる．

掛川地方の新生界からは，この他に浮遊性腹足類が知られている．Janthinidae アサガオガイ科に属する *Hartungia japonica* である．アサガオガイ科の貝類は翼足類などにくらべて，殻が大きく少

し厚いが，粘膜泡をつなぎ合わせた浮袋をつくり，これを筏として浮遊する．熱帯海域にすみ，暖流に乗って日本近海に達する．

Hartungia japonica（図Ⅱ.122参照）は掛川層群大日砂層から産し，その他1種（*H.* sp.）が相良層群満水層から出ている．最初，この科に属する新属として，*Parajanthina* が立てられたが，その後，オーストラリア・ニュージーランドの鮮新統から出る *Hartungia* と同属であることがわかった．このように，南北両半球の中緯度地方の同層準の地層から共通する属が産出することは古海流を考える上でたんへん興味深いことである．満水層産の *H.* sp. は，オーストラリア産の *H. chavani* に形がよく似ていて，同種の可能性もある．

相良層群・掛川層群の堆積時の，古水温を推定する材料の一つであると同時に，翼足類・異足類とともにグローバルな古海流を考える資料となるものである．堆積相・貝類群集からみて，大日砂層は太平洋側へ開いた沿岸で，深さが2～20mの砂底の海に堆積したと推定される．古黒潮の暖流が強く影響していて，*Hartungia* もそれによって運ばれてきて，漂着したものであろう．

翼足類や Janthinidae と違った浮遊性の貝類がある．現生のオウムガイ *Nautilus* の仲間で，死殻が浮遊する死後浮遊性生物（necroplankton）である．殻の内部が多くの隔壁で仕切られていて（図Ⅱ.122），死んで軟体部が失われたあと，海流にのって遠くまで運ばれるのである．

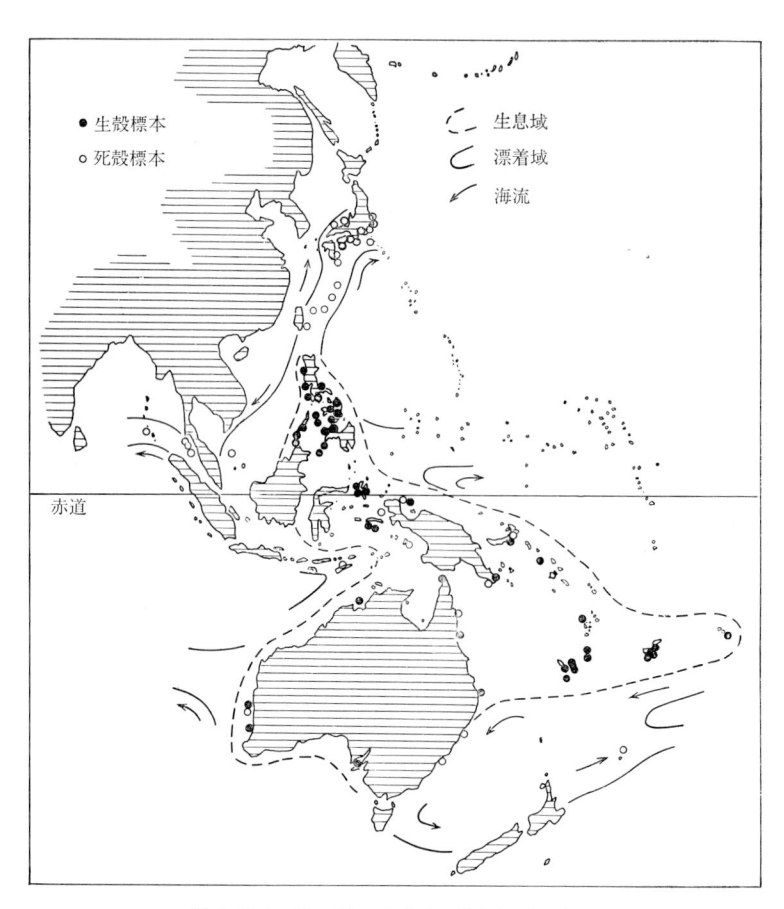

図Ⅱ.124　*Nautilus* の分布（浜田，1965）

8. 個体古生態学の例

　現生のNautilusは，サンゴ礁のまわりの50～60 mから500～600 mの深さにすみ，遊泳-ほふく生活を行っている．したがって，生活圏は赤道周辺の低緯度地域となる．しかし，死後浮遊性の性格をもつので，死殻の分布は生活圏の周辺に広がる（図Ⅱ.124）．この図からわかるように，分布は海流の影響を大きく受けている．日本列島へはフィリピン方面から，暖流に乗って運ばれ，太平洋・日本海の海岸に広くまきちらされ，北限は関東地方にまで及んでいる．最近では，九州南部で，生体の入った殻がみつかっている．偶然の分布であろう．

　同様な，死後浮遊の例は日本の新生代においてもみられる．図Ⅱ.125は，オウムガイ類の古第三紀・新第三紀の化石の分布を示したものである．古第三紀の産出は，新第三紀のそれと違った性質をもっているが，くわしいことはわからない．浅海性の地層の発達のよい九州と北海道に多いが，太平洋岸の，常磐地方以南の各地（深い相の海成層が分布する）にみられないのは不思議である．漂着して化石化する場合が多く，沈水して深い海で堆積することが少ないことを意味するのかもしれない．

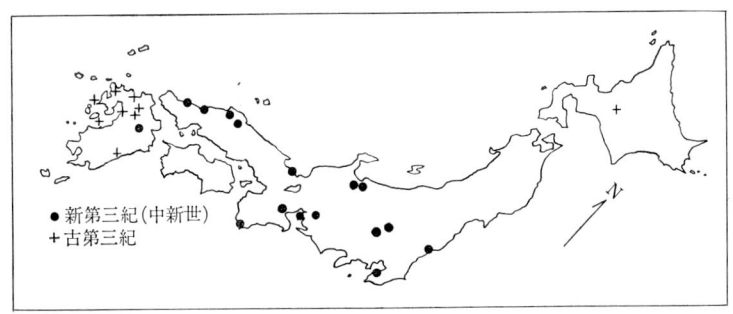

図Ⅱ.125　新生代におけるオウムガイ類の分布（浜田，1966に一部追加）

　中新世のAturia，とくにA. minoensis（図Ⅱ.122）は，その分布がよく確かめられている．その多くは破損・変形しており，また，破片となっている．この保存状況と分布を，現生のオウムガイの漂着死殻と比較研究して，古海流学（paleoflumenology）が提唱されている（KOBAYASHI, 1954）．すなわち，Aturiaは，南方地域に生活していて，死後浮遊をし，海流によって日本列島へ運ばれて漂着し，化石化したというのである．そして，そのデータを総合して古海流が復元できるというものである．翼足類やJanthinidaeなどの貝類，あるいは他の浮遊性生物の化石も，同様な考えにもとづいてあつかえると思われる．

　例外としてあげられるのが京都府舞鶴のAturia cf. minoensisである（104頁参照）．死後浮遊性の殻が破損したり，付着物があったりするのに反し，ここから産した標本は幼体が含まれ，標本も多い（5個）ので，現地性であると推定されている．熱帯環境を指示することになる．

　同様な死後浮遊性の種類に，やはり頭足類のトグロコウイカ（Spirula spirula（図Ⅱ.122））がある．現生種は熱帯太平洋と大西洋の，水温10℃以下の外洋中層水にすむといわれる．殻は，イカの甲にあたるものである．この類の化石が瑞浪層群名滝層から産出している（Spirula mizunamiensis：図Ⅱ.122）．きわめてまれな産出例であるが，熱帯地域からの外洋水の流入を指示するものとして重要である．さらにデータがふえることが望まれる．

8.5 真珠化石

1981年冬，静岡県掛川市本郷の，掛川層群大日砂層より，1個の球状の化石が産した．貝類・板鰓類化石にともない，みたところ真珠と思われた（図Ⅱ.126）．

真珠化石は古くから報告があり，時代的にもシルル紀から新生代まで，地域的にもヨーロッパからアメリカ・ニュージーランドなどにみられる．海生・淡水生を問わず，多様な分類群にその起源があることが知られている．日本でも，瑞浪層群から，殻の内壁に真珠様の半球状突起をもった *Barbatia minoensis* が発見されている．しかし，単体の球状真珠化石はきわめてまれである．この真珠様球体を観察・分析して，その性質をつきとめ，形成過程を明らかにすることが行われた（ITOIGAWA *et al.*, 1981）．

貴重な資料であるので，切ったり，壊したりすることを避けて観察，測定が行われた．その結果は次のとおりである．

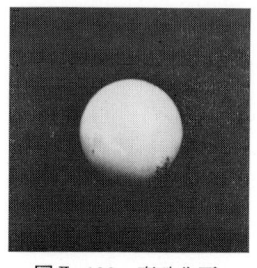

図Ⅱ.126 真珠化石（直径約12 mm）（ITOIGAWA *et al.*, 1981）

形： 球形
色： 淡灰褐色で，ピンク〜クリーム色の色合いをもつ．
光沢： 磁器質光沢
大きさ： 長径12.28 mm，短径11.98 mm
重さ： 2.6398 g（13.199 カラット）
比重： 2.8674（比較：アラゴナイト2.94，天然真珠2.715±）
構造： 表面は多孔質で，同心球状の層状構造がある．

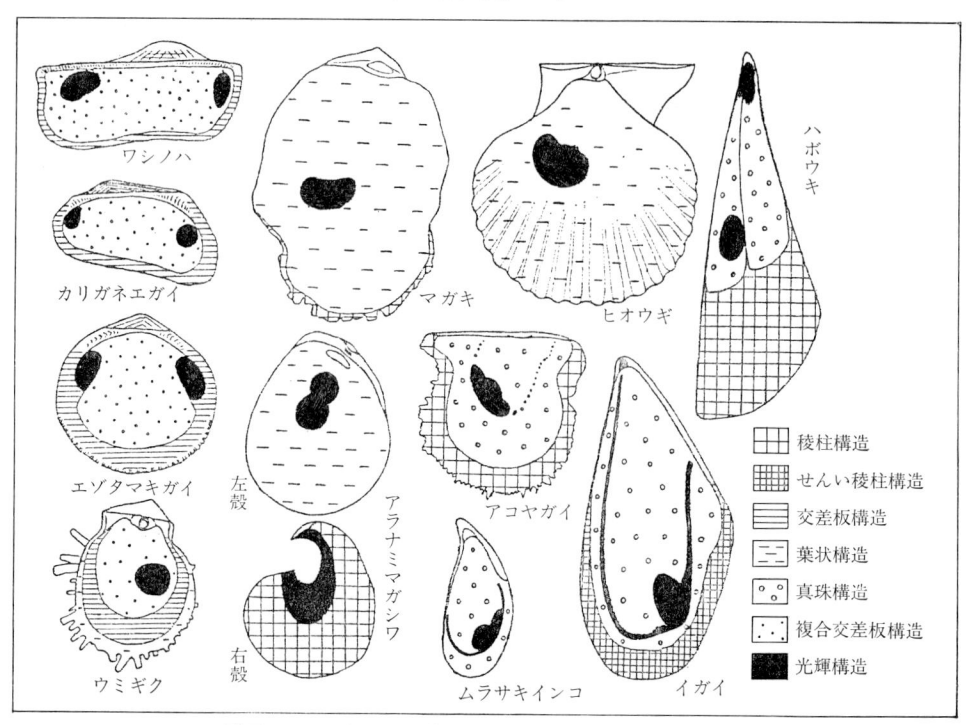

図Ⅱ.127 二枚貝の貝殻の内表面の各構造（小林, 1964）

8. 個体古生態学の例

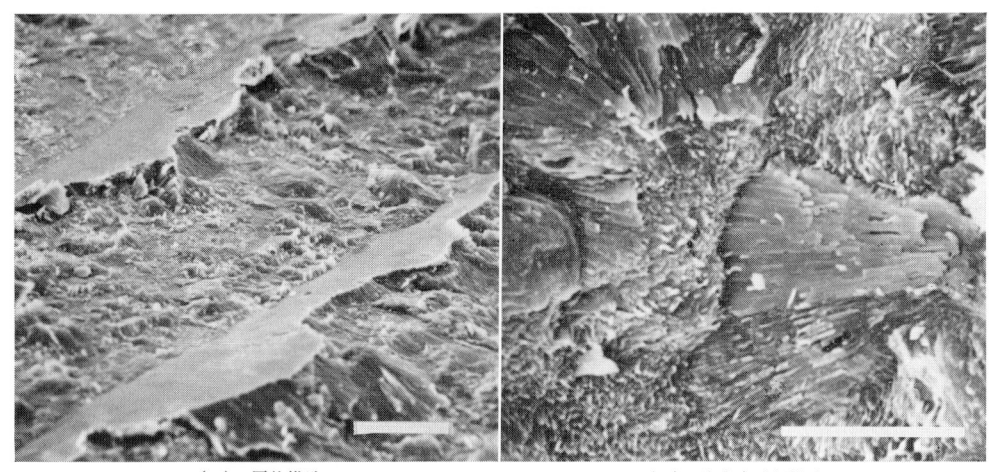

(a) 層状構造　　　　　　　　　　　(b) 複合交差板構造

図Ⅱ.128　真珠化石にみられる構造（電子顕微鏡写真）(ITOIGAWA et al., 1981)
（スケール：50 μm）

次にX線回折分析が行われた．その結果，構成鉱物はアラゴナイト (aragonite) であることが明らかになった．このことは紫外線分析で確かめられた．このような特徴は，この球体がほぼ間違いなく真珠化石であることを示している．さらに，貝殻構造を確かめることが行われた．

貝類の貝殻は種類によって，また貝殻の部位によって異なる構造をもつ（図Ⅱ.127）．したがって，貝殻構造を調べれば，この真珠化石をつくった母貝の種類が何であるか，推定することができる．

走査型電子顕微鏡 (SEM) によって，構造が調べられた．標本をそこなわないように，表面および表面が傷んで内部が露出している部分について，レプリカをつくり，観察した．その結果，表面に小孔があること，同心球状の層状構造があり，1つの層の厚さが60～90 μm であること，層内は複合交差板構造であることが確かめられた（図Ⅱ.128 a, b）．

図Ⅱ.127をみるとわかるように，真珠養殖に使用されるアコヤガイはその内面に真珠構造をもち，アコヤガイがつくった真珠にも真珠構造がみられる（図Ⅱ.129）．複合交差板構造がアラゴナイトの小さい長方板状の結晶の集合によって構成されているのに反し，真珠構造はアラゴナイトの結晶が板状に発達しながら，しだいに積み重なってつくられる．両者には形成過程に差があり，違った種類に特徴的に表われている．

真珠化石が複合交差板構造をもつことは，これをつくった貝類が複合交差板構造の殻をもつことを意味する．したがって，現在の真珠をつくるアコヤガイではないことを示し，これは，この産地からこの種類の貝殻が知られていないことと一致する．

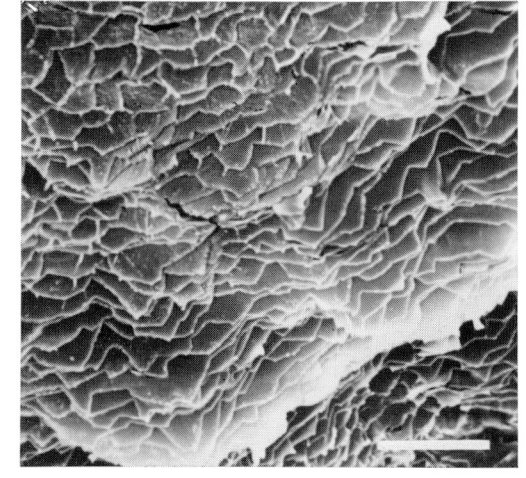

図Ⅱ.129　養殖真珠にみられる真珠構造（電子顕微鏡写真）(ITOIGAWA et al., 1981)
（スケール：10 μm）

図 II.130 *Anadara satowi castellata*

　それでは、この構造をもち、この地層から真珠化石と一緒に産し、かつ、このサイズの真珠をつくりうる大きさをもった貝類は何かということになる。2つの種類、*Glycymeris nakamurai*（図II.123）と*Anadara satowi castellata*（図II.130）があげられる。すなわち、複合交差板構造をもち、アラゴナイトからなり、大きさも十分である。

　真珠化石と貝殻との構造をくわしく調べると、真珠化石の構造は、*A. satowi castellata* のそれに大変よく似ていて、*G. nakamurai* でなく、この種を、真珠化石の母貝と考える方が妥当であると結論できる。一般的にみて、自然真珠が形成される場合、真珠の大きさは母貝の殻の厚さと比例し、その半径が貝殻の厚さとほぼ等しいという。しかし、養殖真珠では、真珠層が殻より厚いことはまれであるといわれるし、天然真珠でも、12 mm 程度の大きさで、球形真珠が形成される確率は非常に低い。また、核となった物質の大きさ・形が問題となる。検討する余地が残されているといえる。

　なお、貝類の貝殻形成・分泌活動の面からみれば、真珠化石はその特異な例であり、生痕化石の1つとして、とらえることができよう。

9. 古生態学とフィールド観察

　古生態学の基本として，フィールド・ワークが大切なことはすでに述べた．地質調査の確かな技術を身につけていること，化石を観察・記録し，採集するための，基礎的な知識・技術をもっていることが望まれる．これらのことは，誰でも，最初からできるわけではない．経験を積み，身体と頭のトレーニングを続けてできることである．

　実践篇の最後として，このようなトレーニングのできる地域の例をあげた．また，フィールドで，どのようなことをみたり，考えたりしたらよいか，D. V. AGER の "Principles of Paleoecology" (1963) より，質問表を引用し，参考とした．

9.1　古生態観察のモデル地

　狭い国土であり，また，変動を受けていて保存は決してよくないが，日本列島には多様な化石がみられる．その中には，古生態学的にたいへん興味があり，古環境を考える上でよい材料となるものがある．新生代以後の，わかりやすい，そして多くの人が行きやすい場所をいくつか紹介する．

1）北九州市西北部（図Ⅱ.131）

　北九州市若松区岩屋-脇田の海岸．漸新世の芦屋層群山鹿・坂水・脇田の各層．おもに砂岩からなる地層で，多くの貝類化石を含む．岩屋の遠見ノ鼻では，海岸を廻ることができるが，*Glycymeris*（両殻合わさっている）からなる化石層，生痕化石（何か動物のすみ跡，大・小2種類ある）などがみられる．連続して露出しているので，地層の観察にもよい．

　脇田の八幡岬も露出がよい．脇田層の中の，*Balanus*（フジツボ），*Glycymeris* などの化石層が観察できる．*Chlamys*，カキなどの化石も出る．岩屋の地層によく似ているが，やや細粒の砂岩，シルト岩などもある．

　若松（筑豊本線），折尾（鹿児島本線），芦屋などから近い．地形図は 1/50,000「折尾」，1/25,000

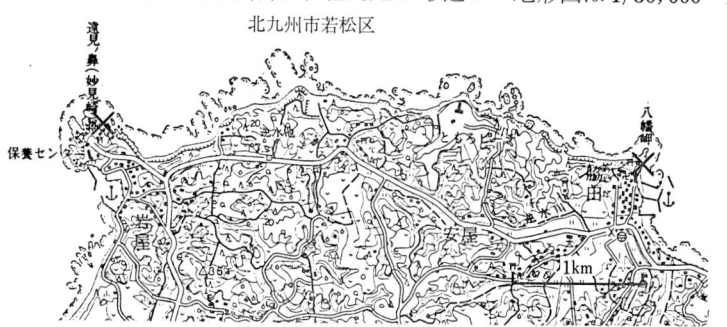

図Ⅱ.131　北九州市岩屋・脇田（国土地理院 1/50,000「折尾」による）

「岩屋」．

2) 浜田市畳ケ浦（図Ⅱ.132, Ⅱ.133）

海岸に広く中新統の唐鐘累層が露出している．1872（明治5）年の浜田地震によって隆起した海岸で，天然記念物になっている．化石が対象の天然記念物ではないが，化石は多く，面白い古生態学的な現象がみられる．ただし，採集は禁止である．おもな事項をあげると，① 地層の重なり方，② ノジュール，③ 貝類化石群集の変化（下から上へ），④ 生痕化石，⑤ 化石の産状，などである．化石の産状はすでにいくつか示したが（図Ⅱ.21, Ⅱ.22, Ⅱ.106 参照），この他，*Turritella* の塔状の殻の配列方向，クジラの産状なども興味深い．

この他，小断層の観察，マッピング（地質図をつくる）の練習，夏ならば海岸生物の生態観察など，いろいろと楽しむことができる．冬はやめた方がよい．

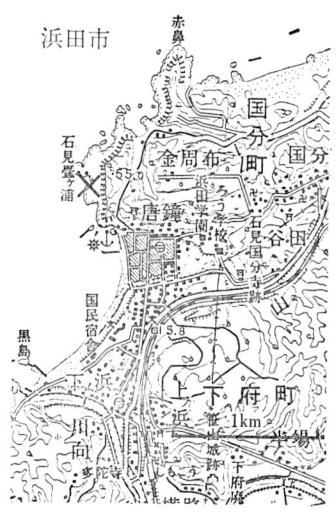

図Ⅱ.132 浜田市畳ケ浦
（国土地理院 1/50,000「浜田」による）

山陰本線下府駅より徒歩，または浜田駅からバス．近くに国民宿舎，民宿などが多い．地形図：1/50,000「浜田」，1/25,000「下府」．『山陰地学ハイキング』（たたら書房）がガイドブックとしてよい．

図Ⅱ.133 畳ケ浦の地層

3) 室戸市羽根岬（図Ⅱ.134, 図Ⅱ.104a）

海岸に四万十層群奈半利川層の砂岩・頁岩の互層が露出している．リズミックな互層で，見事である．写真をとるのによい．この頁岩のみかけ上の上面（実は地層が逆転しているので，下面になる）に，管状の生痕化石がみられる．形・大きさはさまざまであるが，層面に平行な方向にのびるサンドパイプで，はい跡であろう．探してみるとかなり多いが，出てくる層準が，きまっているようである．スケッチ・計測など，試みるとよい．

ここから東へ約2kmの登付近には，登層（鮮新統）の泥岩が分布する．採土場があり，化石がと

れる．魚の耳石が多く，貝化石の密集層もある．登層はやや深い海の堆積物であるが，貝化石は浅海にすむものが多く，流れこんだものであろう．

地図からはずれるが，西北へ約 10 km の，安田町唐浜には，鮮新世の唐ノ浜層が露出し，貝化石を産する．後述の8)でふれる，掛川層群のものとよく似ている．

高知市または室戸市よりバス，地形図は 1/50,000「奈半利」，1/25,000「室戸岬」．

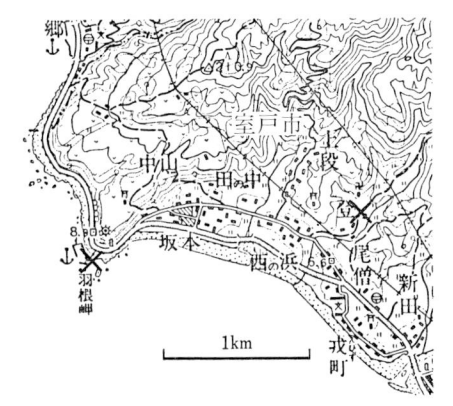

図Ⅱ.134　室戸市羽根岬（国土地理院 1/50,000「奈半利」による）

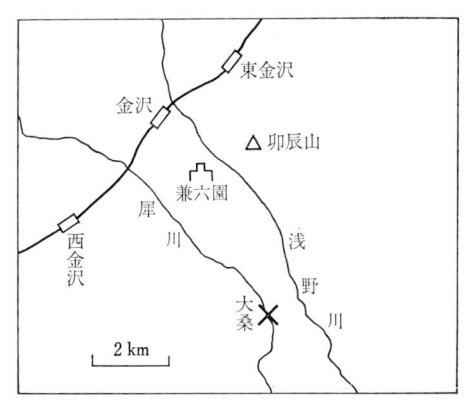

図Ⅱ.135　金沢市大桑

4) 金沢市大桑（図Ⅱ.135，Ⅱ.136）

石川県下に広く分布している大桑層は，化石の多いことで昔から有名である．鮮新統と考えられてきたが，最近では更新統の部分もあるといわれている．その模式地である，大桑の犀川の川原には地層がよく出ている．化石はもろいが，ていねいにあつかえば，よいものがとれる．

古生態学の面からいえば，化石の産状（両殻合わさった自生的なものと，他生的なものとある），貝類群集の組成およびその変化（層準による），生痕化石などが面白い．生痕化石はシルトの壁をもつ，やや細いサンドパイプ，太いサンドパイプ，*Barnea*（ニオガイ）のすみ穴などがあり，くわしく調査されてないが，興味深い．

図Ⅱ.136　大桑層の露頭（犀川川原）

158　　　　　　　　　　Ⅱ．古生態学の実際

　北陸地方の中新世以後更新世までの地層は化石を含むことが多く，また，バラエティに富んでいるので，古生態学・古環境学のよい研究材料である．適当な場所・地域も多い．冬期は観察・採集に不向きである．

　大桑は金沢駅および市内中心からバスの便がある．地形図：1/50,000，1/25,000「金沢」，ガイドブック：「日曜の地学6」『北陸の地質をめぐって』（築地書館）．

5) 能登半島北部 （図Ⅱ.137）

　能登半島の地質構成は複雑で，とくに中新世以後の地層については，まだ多くの問題点が残っていて，議論が行われている．ここでとり上げるのは，おもに石灰質砂岩からなる，中新統（おそらく中部）である．各種の貝類，フジツボ，コケムシ・ウニなどを産し，とくに板鰓類の歯が出ることで知られている．

　これらの，石灰質砂岩層という，特殊な岩質の中に含まれる化石に注目し，採集したり産状を観察するのもよいが，生痕化石も多い．さまざまなタイプのものがあり，とくに輪島岬と関野鼻が観察によ

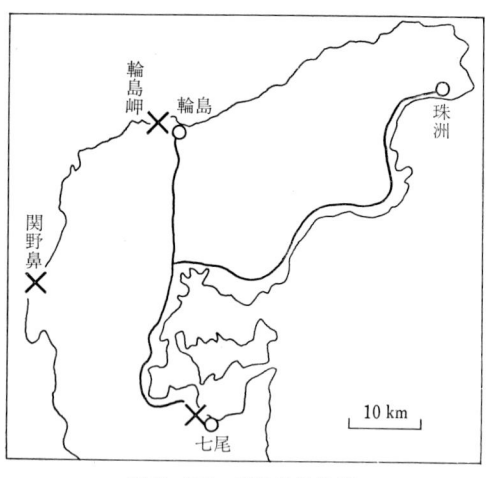

図Ⅱ.137　能登半島北部

い．地層の露出もよく，関野鼻にはスランプ構造を示すと思われる地層もある．冬季は行かない方がよい．

　国鉄七尾線（七尾・輪島）およびバスの便がある．地形図：1/50,000および1/25,000「輪島・剱地・七尾」．輪島岬は輪島駅より約2km北，関野鼻は能登金剛の近く．七尾は七尾市岩屋の旧病院の近く（七尾駅より西へ約1km）．

6) 瑞　浪 （図Ⅱ.138；31頁参照）

　第6章で述べた，瑞浪層群（中新世）の地層と化石がみられる．まず，博物館で展示をみてアウトラインをつかみ，野外へ出るとよい．① 化石の洞くつ（屋外展示）で化石の産状をみる．② 博物館の向い側（ヘソ山）で，戸狩層・山野内層・狭間層・（生俵層）の層序と化石群集の変化をみる．③ 凝灰岩層の連続を追う（とくに，アベックタフ）．④ ヘソ山で生痕化石を調べる（アベックタフの層準付近でよくわかる）．⑤ 松ヶ瀬で山野内層の化石を採集し，化石の産状を観察する．

　中央線瑞浪駅より西へ約1.5km，中央自動車道瑞浪インター・チェンジ近く．地形図：1/50,000「美濃加茂」，1/25,000「土岐」．瑞浪市化石博物館は瑞浪市明世町山野内（〒509-61），（電話：0572-68-7710）．多くの情報が得られる．

図Ⅱ.138　瑞浪市（Mは化石博物館）
　　　　　（国土地理院 1/25,000
　　　　　「土岐」による）

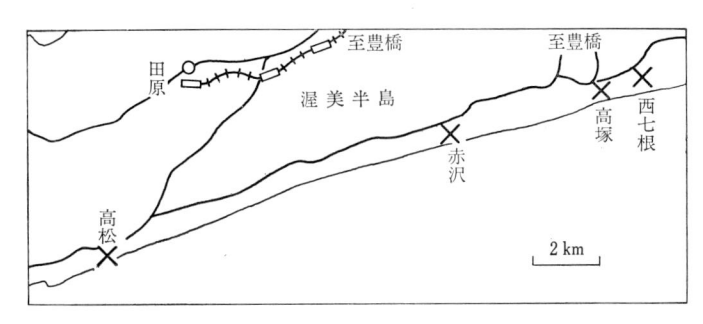

図Ⅱ.139 渥美半島（愛知県渥美郡赤羽根町・田原町，豊橋市）

7) 渥美半島（図Ⅱ.139，Ⅱ.140）

渥美半島の南岸に，海成の中部更新統が露出している．

赤羽根町高松では，大きく下位のシルト層と上位の砂層に分けられ，それぞれ 2 つの化石帯をもつ．すなわち，シルト層には *Batillaria zonalis* イボウミニナ帯，泥層中に *Dosinella penicillata* ウラカガミ帯（この種と *Barnea dilatata* ウミタケが自生的に産する）があり，砂層中に，*Mya arenaria oonogai* オオノガイ帯（下），*Tonna luteostoma* ヤツシロガイ帯（上）がある．下から上へ，汽水の環境から内湾の泥底の海，浅くて広い海（砂底）へ変わってゆく様子がよくわかる．砂層中の貝化石層から下位のシルト層中へのびる生痕化石（サンドパイプ）があり，化石の破片がつまっている．シルト層中に，何かの動物（甲殻類であろう）が巣穴をつくり，それに，その後に堆積した砂がつまってできたものである．

東の方へ地層はよく連続し，各地で同様な化石が採集でき，観察もできる．赤沢ではイボウミニナ帯の下にあると思われる，*Corbicula japonica* ヤマトシジミ帯があり，*Crassostrea gigas* マガキの層もあって産状をみることができる．

東海道線の豊橋駅より伊良湖岬ゆきのバス（表浜線）がある．地形図は 1/50,000「伊良湖岬・田原」，1/25,000「野田・田原」．ガイドブックとして『愛知県地学のガイド』（コロナ社）がある．

図Ⅱ.140 渥美半島の化石の産状（高松）

8) 掛川市付近（図Ⅱ.141；108頁参照）

掛川層群が広く分布している．どの層にも化石が含まれているが，有孔虫などの微化石は，ほとんどが肉眼ではみえない．前述の 7.3 節で述べたように，各層によって含まれる化石が異なる．一般的にいえば，東海道線より北では浅い相の化石，南では深い相の化石が多い．大日，方橋などは古くから知られている産地である．本郷は砂をとっているので露頭が新しく，一時，化石がよくとれた．このような産地はどんどん変わってゆくので，むずかしい（行ってもとれないことがある）．富部では浮遊性貝類がみつかっている．各層による貝化石群集の変化は，ていねいにみて歩くとわかるだろ

160　　　　　　　　　　　　Ⅱ．古生態学の実際

う．この地域も，都市化が進んだので，変わり方がはげしい．うまく，造成地や砂取場にあたれば，化石はとりやすい．見学コースは走向と直角な南北〜北東−南西の方向にとると，地層の重なり方がわかりやすい．

　東海道線掛川駅下車，地形図は 1/50,000「掛川・磐田」，1/25,000「掛川・山梨」．ガイドブックとして『えんそくの地学—静岡県の地学案内』（静岡県地学会）がある．

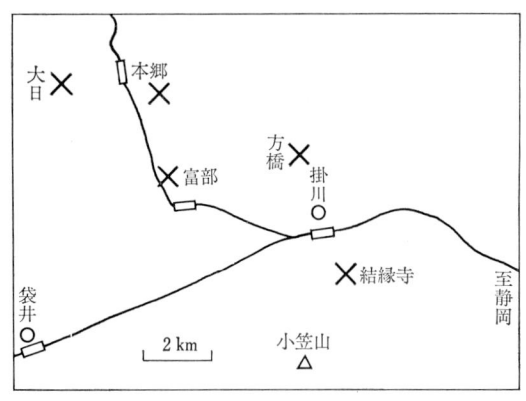

図Ⅱ.141　掛川市付近

図Ⅱ.142　千葉県下の各地（更新統）

9）千葉県下（図Ⅱ.142，Ⅱ.143）

　千葉県下の更新統下総層群（成田層群）は，多くの保存のよい貝化石を含み，東京から近いこともあって，昔からよく研究され，採集や見学に訪れる人が多い．

　代表的な産地を図に示したが，この地域も開発が進み，どんどん変わっているので，注意が必要である．瀬又は古くから知られた産地で，瀬又層と呼ぶ地層があり，貝化石を多産する．浮遊性貝類である翼足類化石（149頁参照）が出るので気をつけるとよい．貝化石層のできた様子がよくわかるので，観察に適している．サンドパイプも多い．

　その他の場所でも，同じような現象がみられるが，出てくる化石の種類に違いがあり，産状にも差

図Ⅱ.143　木下の貝化石層

があるのでくらべてみるとよい．貝化石の多くは現生の種類なので，その生態や分布をくらべてみて，古環境を復元することができる．この他にも産地・見学地は多い．

瀬又：市原市瀬又，房総東線誉田駅より；酒々井：千葉市酒々井，成田線酒々井；多古：千葉県香取郡多古町，総武線八日市場または成田線成田より；木下：千葉県印旛郡印西町木下，成田線木下．地形図は1/50,000「千葉・佐倉・成田・龍ケ崎」．ガイドブックとして，『千葉県地学のガイド（正・続）』（コロナ社）がある．

10) 館山市付近（図Ⅱ.86，Ⅱ.144）

完新統の沼サンゴ層（121頁参照）の観察である．図Ⅱ.86のうち，沼，香谷，西郷などがよい．沼は天然記念物となった場所で，各種の造礁サンゴが展示されている．香谷は谷の奥でわかりにくい場所だが，造礁サンゴがあり，その他の貝類，穿孔性貝類の生痕などもみられる．西郷では平久利川の川岸に露頭がある．川の水の少ない時（秋—冬）がよい．基盤となっているシルト岩（鮮新統）に，*Saxodomus*（ウチムラサキ）や *Barnea manilensis*（ニオガイ）などが穿孔しており（図Ⅱ.144），その上に重なる沼層にはサンゴ，*Pretostrea imbricata*（カキツバタ），タカラガイなどを含む層，さらに上位に *Dosinella penicillata*（ウラカガミ），*Macoma tokyoensis*（ゴイサギガイ）などの層がある．古生態・古環境の観察にたいへんよい材料である．

図Ⅱ.144　沼貝層の基底部（館山市西郷）

沼層全体をみると，堆積環境によって群集が異なり，たいへん面白い．図Ⅱ.86の図によくそれが表われている．

房総西線館山駅より，地形図は1/50,000「館山・那古」，1/25,000「館山・安房古川」，ガイドブックは『千葉県地学のガイド』（コロナ社）．

11) 福島県棚倉町（図Ⅱ.145）

中部中新統の東棚倉層群が分布していて，貝化石が多い．久保田層と呼ぶ地層に化石が多いが，2つの点で古生態学的に興味をそそられる．1つは *Crassostrea gigas* マガキの産状で，図Ⅱ.93に紹介したものがここでみられる（たとえば，棚倉町豊岡東の谷）．他の1つは塩原型動物群といわれる

貝化石群集で，*Anadara-Dosinia* 群集で代表される．泥質の中〜粗粒砂岩中に含まれ，内湾の干潮線下の浅海砂底に生息したものと推定されている．塙町西河内(はなわ)の各地にみられ，一部では採取されて家畜の飼料となっている．

水郡線磐城塙駅または近津駅(ちかつ)．1/50,000および 1/25,000「塙」．

12) 各地の博物館

各地にある博物館の中には自然史の分野が含まれ，すぐれた古生態学・古環境学的展示をもつものがある．本文中にふれた事項と関係深い展示をもつ博物館を紹介しておく．

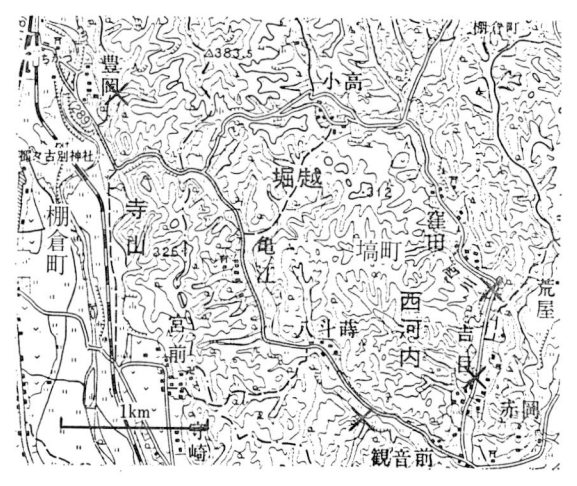

図Ⅱ.145 福島県棚倉地方
(国土地理院 1/50,000「塙」による)

(1) 北九州市立自然史博物館：展示のテーマが「地球といきものの歴史」であり，とくに，白亜紀〜新生代へかけての，この地域の化石の展示が注目される．鹿児島本線八幡駅・駅ビル内．

(2) 津山科学教育博物館(岡山県)：勝田層群(＝備北層群−瀬戸内中新統の1つ)の化石の展示がある．姫新線津山駅下車．

(3) 大阪市立自然史博物館：「大阪の自然」の展示がよい．その他，地層・化石について，展示・普及活動・資料収集・研究が盛んに行われている．最近，展示替えが行われた．大阪市の地下鉄御堂筋線長居駅下車，長居公園内．

(4) 名古屋海洋博物館：パレオパラドキシアの古生態復元がある．その他に，「伊勢湾のおいたち」も．名古屋市の地下鉄名城線名古屋港駅下車．ポートビル内．

(5) 魚津市立埋没林博物館(富山県)：魚津港改修の時に，海底から発見された埋没林の樹根を展示．特別天然記念物となっている．巨大な樹根は目をみはらせる．北陸本線魚津駅下車．

(6) 横須賀市自然博物館：地質・古生物だけでなく，自然史分野全体にわたっての，すぐれた展示がある．博物館活動も盛ん．京浜急行横須賀中央駅より徒歩10分．国鉄横須賀線横須賀駅よりバス．

(7) 神奈川県立博物館：11のジオラマがあり，神奈川県の自然を復元している．地学部門では，「神奈川のおいたち」がやさしく，ダイナミックに説明されている．国鉄桜木町駅から近い．

(8) 埼玉県立自然史博物館：パレオパラドキシアの全身骨格が復元されている．秩父鉄道上長瀞(ながとろ)駅，長瀞駅下車．

(9) 野尻湖博物館：20年以上にわたる野尻湖発掘の成果を展示．最終氷期を中心に，この地の自然環境と人間の関わりあいが復元されていて，興味深い．信越本線黒姫駅下車，バス．

(10) 地質調査所標本館(茨城県)：地質学全般にわたる展示がある．「地球の歴史」展示ではデスモスチルスをはじめ各種の化石や，海底についての展示(第2展示室)もある．常磐線荒川沖駅より，バス(筑波大中央ゆき)で15分，並木2丁目下車．地質調査所内．

(11) 斉藤報恩会自然史博物館（仙台市）： 伝統ある自然史博物館．わかりやすい化石・地質の展示がある．仙台市本町2丁目20-2．

(12) 北海道開拓記念館： 北海道の第四紀についての展示がある．復元された野幌産ナウマンゾウの全身骨格が見事である．国鉄札幌駅から国鉄バス「森林公園」ゆき，終点下車（約40分）．

9.2 フィールドでの質問表（AGER, 1963による）

それぞれの地層・岩相について，次の問にできるだけ答えること．

分布

(1) 1つの層の中に，化石は平均に分布しているか．
(2) ポケット・レンズ・バンド・ノジュールをつくっているか．
(3) 1つ層の中で特別，化石の多い層準があるか．
(4) 礁（reef）やバンク（bank）になっているか．
(5) いろいろな種類の化石が同じように分布しているか．
(6) 他の場所の，同じような層の中に同じ化石がみられるか．
(7) 他の場所でもっと普通にみられる種類が，この地域ではめずらしい．そんな例があるか．
(8) およそどのくらいの数の種がありそうか．

組合わせ

(1) ざっとみて，いろいろなグループの中でどれが相対的に多いか．
(2) 密接に関係していることが明らかなもの，たとえば木片についている海百合のようなものがあるか．
(3) 白亜紀の海成頁岩中にはアンモナイトが含まれていないが，このような，欠けていることが明らかなものがあるか．
(4) 明らかな誘導化石（derived fossil）はあるか．
(5) それぞれの種の中に，すべての成長過程のものがあるか．もしそうでなければ，どの種類の，どの段階があるか．
(6) 外側をおおわれたり，穿孔されたりしたものがあるか．そうであれば，どんな様子か（たとえば，二枚貝の貝殻の内側または外側のコケムシ）．
(7) どんな形にせよ，他の化石のどれかと付着関係にあるものはあるか．
(8) 他の環境から由来した生物が混じっている証拠があるか．たとえば，陸生植物と棘皮動物のように．

保存

(1) 保存の点で何か変わった点があるか．たとえば，オウムガイ類のカラーバンド（色帯）のような．
(2) 化石のすべてが同じように保存されているか．
(3) 何か軟体部の痕跡がみられるか．
(4) 繊細な構造が保存されているか．たとえば，プロダクタス類（腕足類）の仲間のとげのよう

なもの．
（5） 化石はすりへったり，こわれたりしているか．そして，あるものが他のものより多く，そうなっているか．
（6） 二枚の殻をもつ種類（軟体動物，腕足類，そして／または節足動物）の殻は分離しているか．もしそうなら，両方の殻の数は同じか．
（7） もし，二枚貝の両殻が結合しているならば，かたく閉じているか，一部開いているか，または広く開いているか．
（8） 海百合かまたは他の有柄類（pelmatozoa）の茎がある時，柄片（ossicles）は短く，または長くて，離れているか．
（9） 背の高い植物が残っているとき，それは植物のどの部分か（たとえば，根，草，葉または果実）．

堆積物との関係
（1） 化石を含む堆積物の種類は何か．
（2） 堆積構造はあるか．たとえば，偽層，スランプ構造，漣痕，スコアマーク（scour mark）など．
（3） 堆積物の性質，そして／または粒度のグレードと化石の間に明らかな関係があるか（たとえば粗粒砂中にはより大型の有孔虫があるような）．
（4） 明らかに場違いな化石があるか，たとえば，頁岩中の礁性サンゴのような．
（5） 化石はノジュールの中に入っているか，もし，どれかがそうであれば，まわりの堆積物の中のものと同様に保存されているか．
（6） 閉じた殻の中をみたしている物質は何か．
（7） 生物によって堆積物が乱された痕跡はあるか．
（8） 化石のどれかは自生的か．もしそうなら，それぞれの種で何％くらいか．
（9） 化石のどれが特別の方向を向いているか．たとえば，箭石（Belemnite）の鞘（rostra）が平行に配列しているような．

形
（1） 特別な形をもつものがあるか．たとえば，繊細なえだわかれをもつサンゴのような．
（2） 適応の特別な形のものがあるか．たとえば，三葉虫における広がった頭鞍（glabella）のような．
（3） 明らかに病気をしたような，あるいは生存中に損傷を受けたような標本があるか．
（4） 付着するタイプのものはあるか．たとえば，カキの類，またはつかまるための固い基礎（下層）を必要とする仲間のもの．
（5） 穿孔，巣穴，はい跡，足跡はあるか．
（6） 生物活動の跡，たとえば，糞化石はあるか．
（7） 極端に装飾的なもの，あるいは滑らかなものがあるか．またはそれぞれ，いくつあるか．
（8） 発育不全のもの，あるいは巨大化したものがあるか．

（9） 殻の異常に厚いもの，あるいは極端な装飾をもつものがあるか．
（10） 季節による成長の違い，成長の割合または成長方向の変化はあるか．

一　般

（1） 他に，古生態学的に興味のあることがあるか．
（2） 群集のうちの固有の部分に，優勢種によって名前をつける．

引用参考文献

[Ⅰ. 古生態学の基礎]

AGER, D. V. (1963): Principles of Paleoecology. McGraw-Hill Book Co., Inc.

CHAPPELL W. M., DURHAM J. W. & SAVAGE D. E. (1951): Mold of Rhinoceros in basalt, Lower Grand Coulee, Washington. *Bull. Geol. Soc. America*, **62**.

DUNBAR C. O. (1964): Historical Geology. John Wiley & Sons, Inc.

深田淳夫 (1951): 室戸層群からの多毛目 (polychaeta) の産出について～干潟の堆積物 (Wattenschlick) についての若干の考察～. 鉱物と地質, **4**(1～2).

HAYASAKA, I. (1948): Notes on the Echinoids of Taiwan. *Bull. Oceanogr. Inst., Taiwan*, **4**.

ヘッケル, R. Th. (市川輝雄・桑野幸夫訳) (1959): 古生態学入門. 築地書館.

KATTO, J. (1960): Some Problematica from the so-called Unknown Mesozoic Strata of the Southern Part of Shikoku, Japan. *Sci. Rep. Tohoku Univ.* 2nd Ser. Spec. Vol., 4 (Hanzawa Memorial Volume)

湊 正雄 (1953): 地層学. 岩波書店.

MINATO, M. and SUYAMA, K. (1949): Kotfossilien von Arenicola-artigen Organismus aus Hokkaido, Japan. *Jap. Jour. Geol. Geogr.*, **21**.

MOORE, R. C. (1958): Introduction to Historical Geology. McGraw-Hill Book Co., Inc.

森下 晶他 (1982): 恐竜の時代. 講談社.

NISIYAMA. S. (1968): The Echinoid Fauna from Japan and Adjacent Regions, Ⅱ. *Palaeont. Soc. Japan, Special Papers*, 13.

ラポート, L. F. (桑野幸夫訳) (1971): 古環境学入門. 共立出版.

SCHÄFER, W. (1972): Ecology and Palaeoecology of Marine Environments. Oliver & Boyd, Edinburgh.

塚田松雄 (1974): 古生態学, Ⅰ. 共立出版.

ZUMBERGE, J. H (1963): Elements of Geology. John Wiley & Sons, Inc.

[Ⅱ. 古生態学の実際]

AGER, D. V. (1963): Principles of paleoecology. McGraw-Hill Book Co., Inc.

AMEMIYA, I. (1928): Ecological study of Japanese oysters with reference to the salinity of their habitats. *Jour. Coll. Agr. Imp. Univ. Tokyo*, 9(5).

AOSHIMA, M. (1978): Depositional environment of the Plio-Pleistocene Kakegawa group, Japan. *Jour. Fac. Sci., Univ. Tokyo*, sec. Ⅱ, **19**.

青島睦治・鎮西清高 (1972): 化石硬組織の酸素同位体比に基づく掛川層群堆積時の古水温推定. 化石, 23・24.

「千葉県の地学」編集委 (編) (1974, 1982): 千葉県地学のガイド, 正・続. コロナ社.

鎮西清高 (1980): 掛川層群の軟体動物化石群, その構成と水平分布. 国立科博専報, 13.

鎮西清高 (1982): カキの古生態学 (1) (2). 化石, 31, 32.

CHINZEI, K. (1982): Morphological and structural adaptations to soft substrates in the Early Jurassic monomyaarians *Lithiotis* and *Cochlearites*. *Lethaia*, **15**.

鎮西清高 (1984): デスモスチルス類の産状と時代的・地理的分布. 地団研専報, 28.

鎮西清高・岩崎泰頴・松居誠一郎 (1981): 福島県棚倉地方の新第三系: その層序と化石群. 日本地質学会第88年会学術大会巡検案内書.

江口元起 (1974): 岐阜県瑞浪市附近の中新世珊瑚. 瑞浪市化石博研報, 1.

肥後俊一 (編) (1973): 日本列島周辺海産貝類総目録. 長崎県生物学会.

ヘッケル, R. Th. (市川輝雄・桑野幸夫訳) (1959): 古生態学入門. 築地書館.

伊奈治行 (1981): 瑞浪層群の化石, 1. 可児・瑞浪盆地の植物. 瑞浪市化石博専報, 2.

稲葉明彦 (編) (1963): 瀬戸内海の生物相. 広島大学向島臨海実験所.

犬塚則久 (1984): デスモスチルスの研究と諸問題. 地団研専報, 28.

犬塚則久 (1984): *Desmostylus* の形態復元. 地団研専報, 28.

引用参考文献

石島　渉 (1975)：瑞浪層群産石灰藻類について．瑞浪市化石博研報, 2.
ITOIGAWA, J. (1960)：Paleoecological studies of the Miocene Mizunami group, central Japan. *Jour. Earth Sci., Nagoya Univ.*, 8(2).
糸魚川淳二 (1967)：中新世穿孔性貝類およびその生痕の化石．地球科学, 67.
糸魚川淳二 (1974)：瑞浪層群の古環境・古地理・地史．瑞浪市化石博研報, 1.
ITOIGAWA, J. (1978)：Evidence of subtropical environments in the Miocene of Japan. *Bull. Mizunami Fossil Mus.*, 5.
糸魚川淳二 (1980)：瑞浪層群の地質．瑞浪市化石博専報, 1.
糸魚川淳二 (1984)：軟体動物化石から見たデスモスチルス類の生息古環境．地団研専報, 28.
糸魚川淳二・西本博行・柄沢宏明・奥村好次 (1985)：瑞浪層群の化石　3.板鰓類（サメ・エイ類）．瑞浪市化石博専報, 5.
糸魚川淳二・奥村好次・西本博行 (1979)：瑞浪層群の腕足動物化石相．瑞浪市化石博研報, 3.
糸魚川淳二・柴田　博・西本博行 (1974)：瑞浪層群の貝化石．瑞浪市化石博研報, 1.
糸魚川淳二・柴田　博・西本博行・奥村好次 (1981, 1982)：瑞浪層群の化石　2.軟体動物（貝類）．瑞浪市化石博専報, 3-A, B.
Itoigawa, J., Tomida, S., Matsuoka, K. and Ito, Y. (1981)：Fossil pearl from the Pliocene Kakegawa group, central Japan. *Bull. Mizunami Fossil Mus.*, 8.
亀井節夫・岡崎美彦 (1974)：瑞浪層群の哺乳類化石．瑞浪市化石博研報, 1.
絈野義夫（編・著）(1979)：日曜の地学6, 北陸の地質をめぐって．築地書館．
KATTO, J. (1965)：Some sedimentary structures and problematica from the Shimanto Terrain of Kochi Prefecture, Japan. *Res. Rep. Kochi Univ.*, 13.
小林巌雄 (1964)：二枚貝の貝殻構造概説．地球科学, 73.
KOBAYASHI, T. (1954)：A contribution toward paleo-flumenology, science of the oceanic current in the past, with a description of a new Miocene *Aturia* from Central Japan. *Jap. Jour. Geol. Geogr.*, 25.
KURODA, T. and HABE, T. (1952)：Check list and bibliography of the recent marine mollusca of Japan. Leo W. Stach, Tokyo.
MAKIYAMA, J. (1931), Stratigraphy of the Kakegawa Pliocene in Tôtômi. *Mem. Coll. Sci. Kyoto Imp. Univ.*, 12.
MASUDA, K. (1968)：Sandpipes penetrating igneous rocks in the environs of Sendai, Japan. *Trans. Proc. Palaeont. Soc. Japan, N.S.*, 72.
増田孝一郎・松島義章 (1969)：神奈川県真鶴岬産の火山岩に穿孔する二枚貝類について．貝類学雑誌, 28(2).
松本幸雄（編・著）(1979)：三重の貝類．鳥羽水族館．
松島義章 (1984)：日本列島における後氷期の浅海性群集．神奈川県博研報, 15.
松島義章・大嶋和雄 (1974)：縄文海進期における内湾の軟体動物群集．第四紀研究, 13(3).
宮脇　昭・佐々木好之 (1967)：植生の調査法（生態学実習懇談会編：生態学実習書）．朝倉書店．
森　忍 (1974)：瑞浪層群生俵層下部の珪藻化石．瑞浪市化石博研報, 1.
森　忍 (1981)：濃尾平野の沖積層のケイソウ群集．瑞浪市化石博研報, 8.
森下　晶 (1974)：瑞浪のウニ類．瑞浪市化石博研報, 1.
MORISHITA, A. (1976)：*Astriclypeus* and *Echinodiscus* in Japan. *Bull. Mizunami Fossil Mus.*, 3.
濃尾平野第四紀研究グループ (1977)：濃尾平野第四系の層序と微化石分析．地質学論集, 14.
野田浩司 (1978)：生痕化石研究序説（その1）——分類について．化石, 28.
岡崎美彦 (1977)：瑞浪層群の哺乳動物化石（その2）．瑞浪市化石博研報, 4.
大久保雅弘（編）(1976)：山陰地学ハイキング．たたら書房．
大島和雄 (1967)：日本産スナモグリ上科の巣穴形態．地球科学, 21(1).
大島和雄・松井　愈 (1966)：北海道問寒別層（鮮新世）より産する巣孔化石．地球科学, 83.
大山　桂 (1961)：応用古生物学の資料としてのカキの生態．槇山次郎教授記念論文集, 京都．
小沢幸重 (1984)：歯の組織からみた系統と食性——デスモスチルス類の歯の形態と組織構造——．地団研専報, 28.
坂本　亨・桑原　徹・糸魚川淳二・高田康秀・脇田浩二・尾上　亨 (1984)：名古屋北部地域の地質（1/50,000 名古屋北部）．地質調査所．
SEILACHER, R. (1953)：Studien zur Palichnologie, I. *Neues Jahrb. Geol. Paleont. Ab.*, 96.

SEILACHER, R. (1954): Die geologische Bedeutung fossilier Lebensspuren, *Zeitsch. Deutsch. Geol. Gesell.*, **105**(1).

SHIBATA, H. (1978): Molluscan paleoecology of the Miocene First Setouchi Series in the eastern part of the Setouchi Geologic Province, Japan. *Bull. Mizunami Fossil Mus.*, 5.

柴田　博（1985）：中新世における瀬戸内区．地団研専報，29．

柴田　博・石垣武久（1981）：中部地方の新生界における異足類・翼足類生層序．瑞浪市化石博研報，**8．**

柴田　博・糸魚川淳二（1980）：瀬戸内区の中新世古地理．瑞浪市化石博研報，7．

柴田　博・糸魚川淳二（1981）：瀬戸内区の中新世貝類化石群．軟体動物の研究，東京．

鹿間時夫（1961）：進化学．朝倉書店．

SHIKAMA, T. and SUYAMA, Y. (1976): Fossil chelonia from the Miocene marine formation in Susa, Yamaguchi Prefecture. *Bull. Yamaguchi Pref. Mus.*, 4.

静岡県地学会（編）（1983）：えんそくの地学—静岡県の地学案内，黒船出版部．

庄子士郎（編）（1978）：愛知県地学のガイド．コロナ社．

高橋正志（1976）：瑞浪層群産魚類耳石化石．瑞浪市化石博研報，3．

鳥居雅之・林田　明・乙藤洋一郎（1985）：西南日本の回転と日本海の誕生．科学，**55**(1)．

TSUCHI, R. (1976): Kakegawa district (Guidebook for Excursion 3). 1st Int. Congr. Pacific Neog. Str., Tokyo.

TSUCHI, R. and IBARAKI, M. (1981): Kakegawa area, Tokyo, (TSUCHI, R. (ed): Neogene of Japan).

TSUDA, K., HASEGAWA, Y. and KOMATSU, M. (1977): Occurrence of red colored beds in the middle Miocene Tsugawa formation, Niigata Prefecture, central Japan. *Jour. Gen. Educ. Dep., Niigata Univ.*, 7.

TSUDA, K., ITOIGAWA, J. and YAMANOI, T. (1984): The Middle Miocene paleoenvironment of Japan with special reference to the ancient mangrove swamps. The evolution of the East Asia environment (Hongkong), **1**.

和歌山県貝類目録編集委（1981）：和歌山県貝類目録Ⅰ．同刊行会．

山野井徹（1984）：デスモスチルスと古植物．地団研専報，28．

YONGE, C. M. (1960): Oysters. Collins, London.

YOSHIWARA, S. and IWASAKI, C. (1902): Notes on new fossil mammal. *Jour. Coll. Sci., Imp. Univ. Tokyo*, **16．**

あ と が き

　1950年代の前半，京都大学の地質学鉱物学教室と動物学教室では，スタッフ・大学院生の間にいろいろな交流があり，私たちもその中にあって，議論したり，臨海実習に参加したりしていた．話題になったことの一つに古生態の問題があり，中新世の化石産地で共同研究を試みたこともあった．

　層序をきめる手段としてのみ化石を見るのでなく，古生態や古環境を考える上にまで及ぼそうとした，槇山次郎先生の掛川の研究（1931）や，池辺展生先生の鮎河層群の研究（1934）などがすでにあって，そんなふん囲気が当時の京大にあったことが伺える事実である．

　その後，名古屋大学に移り，1970年代の前半に，私たちは相次いでヨーロッパへ在外研究員として出かけた．ウエールズ大学・スオンジー校（イギリス）のエイガー教授（Prof. D. V. Ager）のところへである．1963年に，"Principles of Paleoecology" を出版された同教授は，その著によって日本にまで名前が知られており，私たちはその研究の一端を知り，イギリスを初め，ヨーロッパ各地でそれを確かめようとしたのである．

　それ以後，同教授との交流は続き，1981年には来日された．また，私たちがスオンジーに滞在したころから，"Principles of Paleoecology" を日本語に翻訳する話があり，同意を得ていたが，改訂版が出てからということで，そのままになり，現在にいたった．

　翻訳がなかなか実現しないうちにあって，朝倉書店の編集部から，むしろ日本の材料をベースとして，図や写真を多く使った，わかりやすい本をまとめてみたらとのおすすめがあり，改めて検討してみて，その実現に努力することになった．そして誕生したのが，この『図説 古生態学』である．

　執筆は，第Ⅰ部「古生態学の基礎」は森下が，第Ⅱ部「古生態学の実際」は糸魚川が分担した．

　古生態学が古生物学の一分野として姿を現わしたのは，19世紀終り〜20世紀の初めといわれる．日本で，確実な地歩を得たのは，第2次世界大戦以後，1950年代に入ってからである．私たちも，すでに30年近くこの道の研究に従事しているが，「日暮れて道遠し」の感がある．しかし，本書が日本における古生態学，ひいては古生物学の進歩の一助になれば，著者らの望外の喜びである．

　なお，著者のひとり森下は，1986年3月吉日をもって名古屋大学を定年で退官したが，退官記念会および朝倉書店の御厚意で，本書を「退官記念出版」に充当させていただく御了解を得た．記して，感謝の意を表する．

　おわりに，序文をいただき，著書からの多くの引用を許された D. V. Ager 教授，よき先輩，そして，仲間として私たちをはげまし，また，いろいろ討論していただいた方々に厚くお礼申し上げる．多くの方々のすぐれた業績を引用し，図・表などを使用させていただいた．これらの方々に深く感謝の意を表する．

1986年5月

森　下　　　晶
糸魚川　淳　二

日本のおもな化石の博物館

〔北海道〕
三笠市郷土資料室　〒068-22　三笠市幸町（電 01267-2-3056）
釧路市立郷土博物館　〒085　釧路市鶴ヶ岱（電 0154-41-5809）
北海道開拓記念館　〒061-01　札幌市白石区厚別町小野幌（電 011-898-0456）

〔岩手県〕
岩手県立博物館　〒020-01　盛岡市上田字松屋敷34（電 0196-61-2831）
大船渡市立博物館　〒022　大船渡市大船渡町字笹崎11（電 01922-7-3962）

〔秋田県〕
秋田県立博物館　〒010-01　秋田市金足鳰崎字後山52（電 0188-73-4121）

〔山形県〕
山形県立博物館　〒990　山形市霞城町霞城公園内（電 0236-45-1111）
山形大学附属博物館　〒990　山形市小白川町山形大学内（電 0236-31-1421）

〔宮城県〕
斎藤報恩会自然史博物館　〒980　仙台市本町2の20の2（電 0222-62-5506）

〔福島県〕
石炭化石館　〒972　いわき市常磐湯本町向田3（電 0246-42-3155）

〔茨城県〕
地質調査所地質標本館　〒305　筑波郡谷田部町東1 地質調査所内（電 0298-54-3750）

〔栃木県〕
栃木県立博物館　〒320　宇都宮市睦町2の2（電 0286-34-1311）
木の葉化石園　〒329-29　塩谷郡塩原町中塩原472（電 028732-2052）

〔群馬県〕
群馬県立自然科学資料館　〒370-23　富岡市一ノ宮1353（電 02746-2-2042）

〔埼玉県〕
埼玉県立自然史博物館　〒369-13　秩父郡長瀞町長瀞1417（電 04946-6-0404）

〔東京都〕
国立科学博物館　〒110　台東区上野公園7の20（電 03-822-0111）
東京大学附属総合研究資料館　〒113　文京区本郷7の3の1 東大内（電 03-812-2111）

〔神奈川県〕
神奈川県立博物館　〒231　横浜市中区南仲通5の60（電 045-201-0926）
横須賀市自然博物館　〒238　横須賀市深田台95（電 0468-24-3683）

〔新潟県〕
新潟県立自然科学館　〒950　新潟市女池字蓮潟東2010の15（電 0252-83-3331）
佐渡博物館　〒952-13　佐渡郡佐和田町八幡（電 02595-2-2447）

〔富山県〕
富山市科学文化センター　〒930-11　富山市西中野町3の1の19（電 0764-91-2123）
魚津市立埋没林博物館　〒937　魚津市釈迦堂814（電 0765-22-1049）

〔福井県〕
福井市立郷土自然科学博物館　〒910　福井市足羽上町147（電 0776-35-2844）
福井県立博物館　〒910　福井市大宮2の19の15（電 0776-22-4675）

〔長野県〕
長野市立博物館茶臼山自然史館　〒388　長野市篠ノ井 茶臼山公園内（電 0262-92-7622）
信濃町立野尻湖博物館　〒389-13　上水内郡信濃町野尻287の5（電 02625-3-2090）
戸隠村郷土資料館　〒381-42　長野県上水内郡戸隠村栃原（電 02625-2-2228）
阿南町化石館　〒399-17　下伊那郡阿南町富草3905（電 02602-2-2501）

〔岐阜県〕
岐阜県博物館　〒501-32　関市小屋名 百年公園内（電 05752-8-3111）

金生山化石館　〒503-22　大垣市赤坂町4527の22(電0584-71-0294)
浅見化石コレクション　〒502　岐阜市長良高見2の2972の2(電0582-31-3997)
ひだ自然館　〒506-14　吉城郡上宝村福地温泉(電0578-9-2462)
瑞浪市化石博物館　〒509-61　瑞浪市明世町山野内(電0572-68-7710)
〔愛知県〕
名古屋大学総合資料館　〒464　名古屋市千種区不老町　名大内(電052-781-5111)
名古屋海洋博物館　〒455　名古屋市港区7の9　ポートビル内(電052-652-1111)
東栄博物館　〒449-02　北設楽郡東栄町本郷大森(電05367-6-0437)
鳳来町立鳳来寺山自然科学博物館　〒441-19　南設楽郡鳳来町門谷字森脇6(電05363-5-1001)
〔三重県〕
志摩マリンランド　〒517-05　志摩郡阿児町神明字カシコ(電05994-3-1225)
三重県立博物館　〒514　津市広明町147(電0592-28-2283)
〔大阪府〕
大阪市立自然史博物館　〒546　大阪市東住吉区東長居町長居公園内(電06-697-6221)
〔鳥取県〕
鳥取県立博物館　〒680　鳥取市東町2の124(電0857-26-8042)
〔岡山県〕
成羽文化センター　〒716-01　川上郡成羽町下原(電086642-2525)
津山科学教育博物館　〒708　津山市山下98の1(電08682-2-3518)
〔広島県〕
西川化石標本室　〒720-18　広島県神石郡油木町(電08478-2-0353)
〔山口県〕
秋吉台科学博物館　〒754-05　美禰郡秋芳町大字秋吉秋吉台山(電08376-2-0640)
山口県立山口博物館　〒753　山口市春日町8の2(電03392-2-0294)
〔徳島県〕
徳島県博物館　〒770　徳島市新町橋2の20(電0886-22-9011)
〔愛媛県〕
愛媛県立博物館　〒790　松山市堀之内(電0899-41-1441)
〔高知県〕
化石館　〒780　高知市五台山　牧野植物園内(電0888-82-2601)
〔福岡県〕
北九州市立自然史博物館　〒805　北九州市八幡東区西本町　国鉄八幡駅ビル内(電093-661-7308)
〔佐賀県〕
佐賀県立博物館　〒840　佐賀市城内1の15の23(電0952-24-3947)
〔熊本県〕
熊本市立熊本博物館　〒860　熊本市古京町3の2(電096-324-3500)
〔宮崎県〕
宮崎県立総合博物館　〒880　宮崎市神宮2の4の4(電0985-24-2071)
〔鹿児島県〕
西之表市立種子島博物館　〒891-31　西之表市西之表(電09972-3-3215)
〔沖縄県〕
沖縄県立博物館　〒903　那覇市首里大中町1の1(電0988-32-2243)